P. Lugner / K. Desoyer / A. Novak

Technische Mechanik

Aufgaben und Lösungen

Vierte, verbesserte Auflage

Springer-Verlag Wien New York

Univ.-Doz. Dipl.-Ing. Dr. techn. Peter Lugner
O. Univ.-Prof. Mag. rer. nat. Dr. phil. Kurt Desoyer

Institut für Mechanik
der Technischen Universität Wien
Österreich

Dipl.-Ing. Dr. techn. Anton Novak

Austrian Airlines, Wien
Österreich

Printed in Austria by Novographic, Ing. Wolfgang Schmid, A-1230 Wien
Gedruckt auf säurefreiem Papier

Mit 305 Abbildungen

Die Deutsche Bibliothek – CIP-Einheitsaufnahme

Lugner, Peter
Technische Mechanik : Aufgaben und Lösungen / P. Lugner ; K. Desoyer ; A. Novak. – 4., verb. Aufl. – Wien ; New York : Springer, 1992
ISBN 3-211-82332-8 (Wien) brosch.
ISBN 0-387-82332-8 (New York) brosch.
NE: Desoyer, Kurt:; Novak, Anton:

ISBN 0-211-82332-8 Springer-Verlag Wien New York
ISBN 0-387-82332-8 Springer-Verlag New York Wien

ISBN 3-211-82082-5 3. Aufl. Springer-Verlag Wien New York
ISBN 0-387-82082-5 3rd ed. Springer-Verlag New York Wien

Vorwort zur ersten Auflage

Die vorliegende Aufgabensammlung zur Mechanik der festen Körper soll dem Studierenden helfen, den Weg von den Grundlagen der Technischen Mechanik zu deren Anwendung zu finden. Sie wurde angeregt durch oftmals geäußerte Wünsche der Hörerschaft des I. Instituts für Mechanik der Technischen Universität Wien. Deshalb haben wir Übungs- und Prüfungsaufgaben der letzten Jahre gesichtet, zusammengestellt und durch einige spezielle Beispiele erweitert.

In den ausführlich gehaltenen Lösungen wurde besonderer Wert auf die Verbindung zwischen Grundlagen und aufgabenspezifischen Lösungswegen gelegt. Deshalb ist auch eine Zusammenstellung der benötigten Grundlagen angeschlossen, die dem Leser zum Nachschlagen dienen soll, keinesfalls aber ein Lehrbuch ersetzen kann oder will. Zum vertiefenden und weiteren Studium sei hier auf das Lehrbuch von H. Parkus, Mechanik der festen Körper (Springer-Verlag Wien-New York, 2. Aufl. 1966), verwiesen.

Diese Sammlung wendet sich demgemäß in erster Linie an Studierende und bietet die Möglichkeit, parallel zu Vorlesungen und Übungen bzw. zur Vorbereitung auf die Prüfungen selbständig zu arbeiten. Wir glauben aber, daß diese Sammlung auch Absolventen technischer Studien gelegentlich als Repetitorium dienen kann.

Ein großer Teil der Aufgaben wurde von Univ.-Doz. Dr. U. Gamer entworfen, der sich wegen anderer Verpflichtungen leider außerstande sah, an der Ausarbeitung dieser Sammlung mitzuwirken. Ihm sei an dieser Stelle bestens gedankt. Danken wollen wir auch den Herren Dipl.-Ing. Dr. W. Weigert und Dipl.-Ing. R. Reiser für ihre Mitwirkung bei der Entstehung mancher Aufgaben und besonders auch Fräulein G. Sarvari für ihren persönlichen Einsatz beim Schreiben und Fertigstellen der Druckvorlagen.

Wien, im Sommer 1976 **P. Lugner, K. Desoyer** und **A. Novak**

Vorwort zur vierten Auflage

Die stetige Nachfrage nach dieser Übungs- und Aufgabensammlung zeigt, daß sie von den Studenten als praktisches Hilfsmittel für die Grundausbildung in der Mechanik herangezogen wird. Rückmeldungen von seiten der Studierenden haben bestätigt, daß der Aufbau dieses Buches mit Aufgabenteil, ausführlichen Herleitungen und Erklärungen der Lösungen und angeschlossener Formelsammlung ihren Wünschen und Erfordernissen entspricht.

Wien, im Sommer 1991 P. Lugner, K. Desoyer und A. Novak

Inhaltsverzeichnis

Hinweise für den Benützer

Die Aufgabensammlung ist in drei Teile gegliedert:
Angaben, Lösungen und eine Zusammenstellung der für die Lösung der Aufgaben wesentlichen Grundlagen.

Teil 1, Angaben: Die Angaben wurden im allgemeinen so formuliert, daß bereits eine in mechanischer Hinsicht idealisierte Aufgabenstellung vorliegt. In diesem Sinne sind auch die Auflagersymbole zu verstehen. Die Aufgaben zu Beginn der einzelnen Kapitel sind meist etwas einfacher und sollen die spezielle Problematik aufzeigen und erläutern.

Da für den Druck die Originalseiten und damit die Abbildungen verkleinert wurden, sind alle Zeichengrößen in den Abbildungen gegenüber den Angaben entsprechend kleiner. Für die graphischen Lösungen sollten jedoch zweckmäßigerweise die angegebenen Werte verwendet werden.

Teil 2, Lösungen: Bei der Lösung der Aufgaben werden die einzelnen Schritte erläutert. Dabei wird auf die Zusammenstellung der Grundlagen im dritten Teil verwiesen - z.B. (G.2). Für die Zuordnung der Zahlenwerte zu den graphischen Lösungen sind den Zeichnungen Maßstäbe beigefügt.

Wenn in den Lösungen auch nach "Freimachen" des betrachteten Körpers noch Auflager und andere Systemteile dünn eingezeichnet sind, so soll dies die Anschaulichkeit erhöhen.

Grundlage für die Aufgaben der Elastostatik ist die linearisierte Elastizitätstheorie. Dies bedeutet: Ansetzen der Gleichgewichtsbedingungen am unverformten Körper, kleine Verschiebungen gegenüber den Abmessungen, kleine Winkeländerungen.

Einheitenkontrollen sind durch eckige Klammern gekennzeichnet.

Teil 3, Zusammenstellung der benötigten Grundlagen: Diese Zusammenstellung enthält alle jene Formeln und Sätze aus der Mechanik, die zur Lösung der Aufgaben benötigt werden und ist, dem Zweck des Buches entsprechend, auf die einfachsten Hilfsmittel begrenzt.

Die in allen Teilen verwendete einheitliche Symbolik soll optisch die Übersichtlichkeit erhöhen:

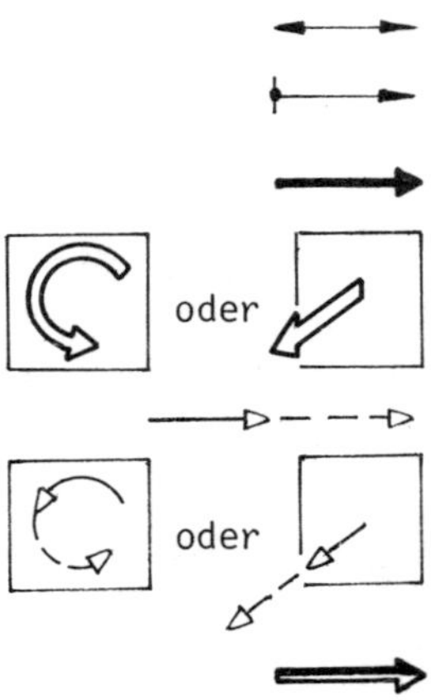

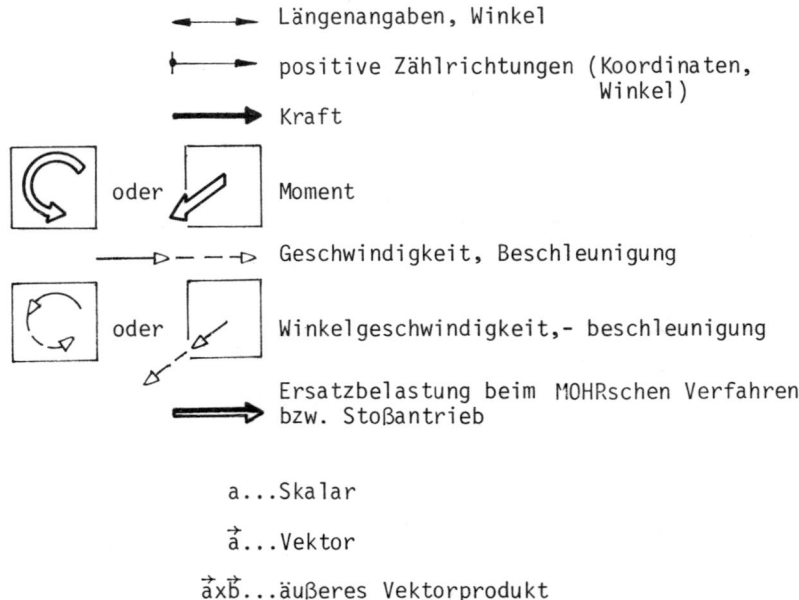

Längenangaben, Winkel

positive Zählrichtungen (Koordinaten, Winkel)

Kraft

Moment

Geschwindigkeit, Beschleunigung

Winkelgeschwindigkeit,- beschleunigung

Ersatzbelastung beim MOHRschen Verfahren bzw. Stoßantrieb

a...Skalar

$\vec{a}$...Vektor

$\vec{a}\times\vec{b}$...äußeres Vektorprodukt

Empfehlung:

Es hat sich zur Erfassung der Aufgabenstellung als günstig erwiesen, die wesentlichen Teile der Angaben zunächst nochmals selbst zu Papier zu bringen. Dann soll versucht werden, die Aufgabe möglichst ohne Hilfsmittel zu lösen. Die im zweiten Teil zusammengefaßten Lösungen sollen vor allem zur Kontrolle dienen und Überlegungen, die zur Lösung führen, präzisieren.

Nur eigene Bemühungen bringen einen Bezug zur Aufgabenstellung und damit schließlich einen Beitrag zur sicheren Anwendung der Grundlagen der Mechanik - dem Ziel, dem diese Aufgabensammlung dienen soll.

1.1 Gleichgewicht ohne Reibung

Aufgabe 1.1.1

Parallelflachzange:

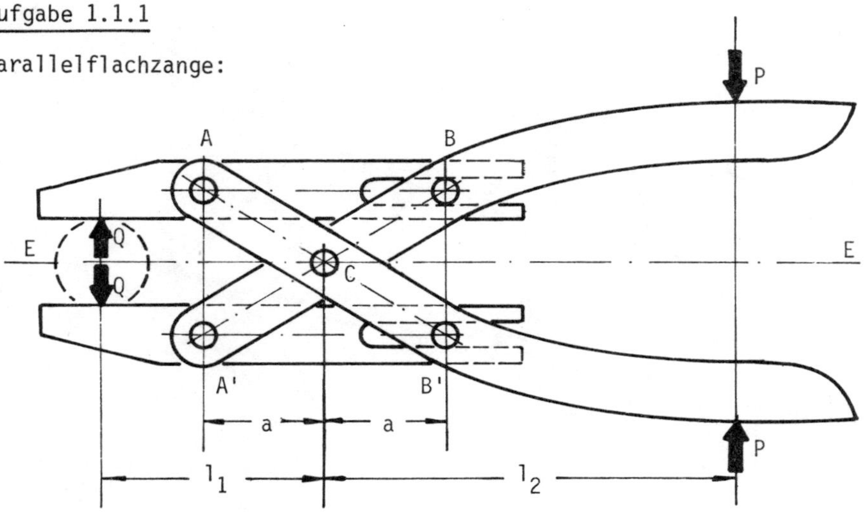

GEG: Längen a , l_1 , l_2 ; alles reibungsfrei , Symmetrie bezüglich Ebene E.
GES: Verhältnis P/Q rechnerisch .

Aufgabe 1.1.2

Drei Stäbe stützen sich auf dem Rand einer kreisförmigen Öffnung bzw. aufeinander ab. Stab 1 ist im Punkt A durch eine vertikale Kraft P belastet.

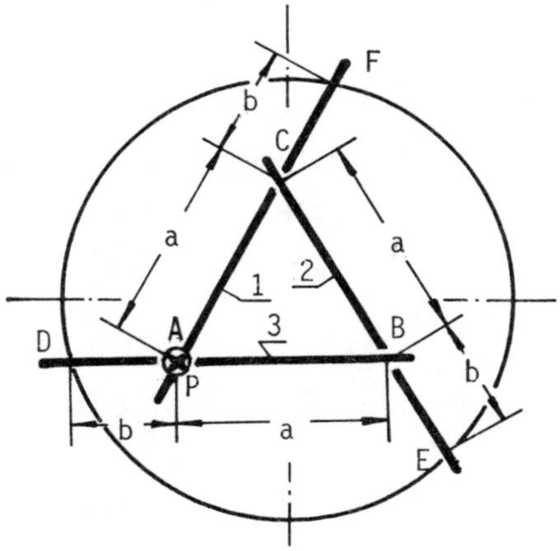

GEG: a,b;P.
GES: Stützkräfte in den Punkten A bis F , zuerst allgemein, dann für a = 2b .

Aufgabe 1.1.3

Kippvorrichtung zum Entleeren von Eisenbahnwagen, Skizze nächste Seite .
GEG: Gewichte G_1 = 60 kN , G_2 = 30 kN , Kräftemaßstab μ_F = 10 kN/cm
S_1..Gesamtschwerpunkt von Wagen und Ladung
S_2..Schwerpunkt der Kippbühne , alle übrigen Teile sind als masselos anzusehen und alle Lagerungen als reibungsfrei.
Zum Üben sind die Maße aus der Skizze zu entnehmen.

Kippvorrichtung:

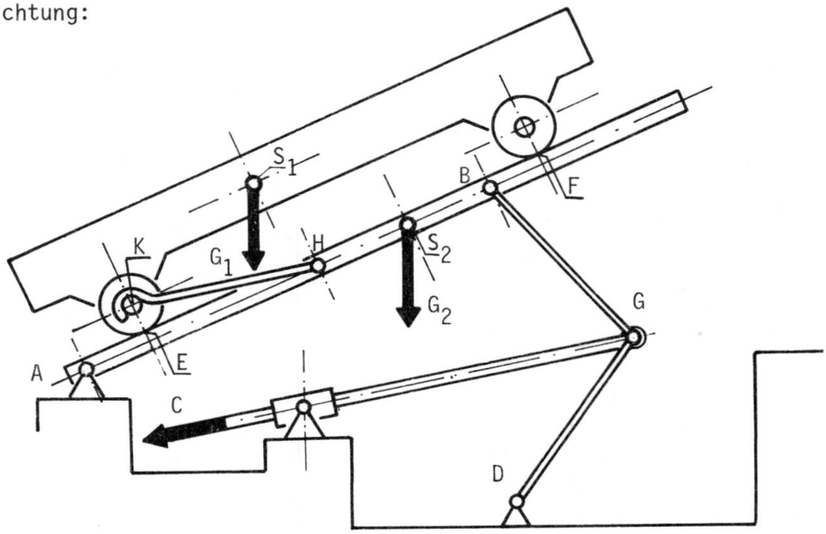

GES: Graphisch sind Größe, Richtung und Orientierung der in den Punkten E , H , B , F der Bühne , A und D des Fundamentes angreifenden Kräfte und die Kraft C auf die Zugstange zu ermitteln .

Aufgabe 1.1.4

Schema eines Haltemechanismus. In der gezeichneten Lage herrscht Gleichgewicht.

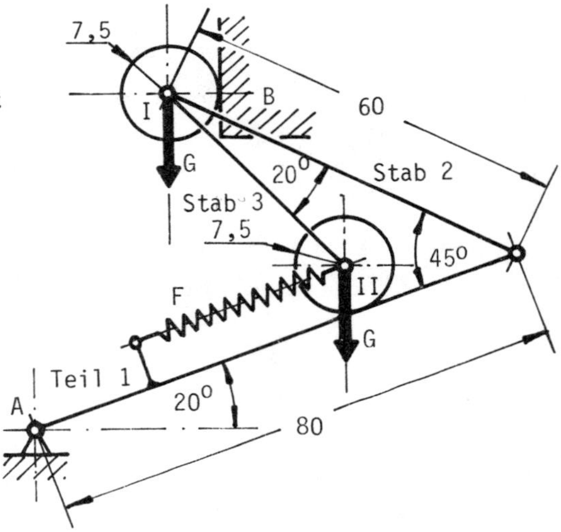

GEG: Maße in cm laut Skizze,

Längenmaßstab μ_L = 10 cm/cm

Rollengewicht G = 20 N

Kräftemaßstab μ_F = 10 N/cm

Stäbe gewichtslos ,

reibungsfreie Lager.

GES: graphisch:

a) Anpreßkraft in B

b) Kräfte S_2 und S_3 in den Stäben 2 und 3

c) Federkraft F

Aufgabe 1.1.5

Hubmechanismus

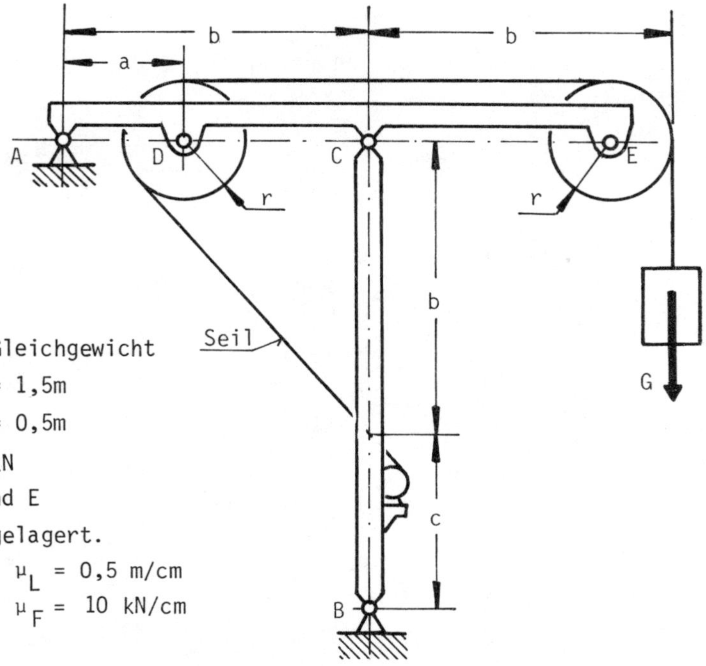

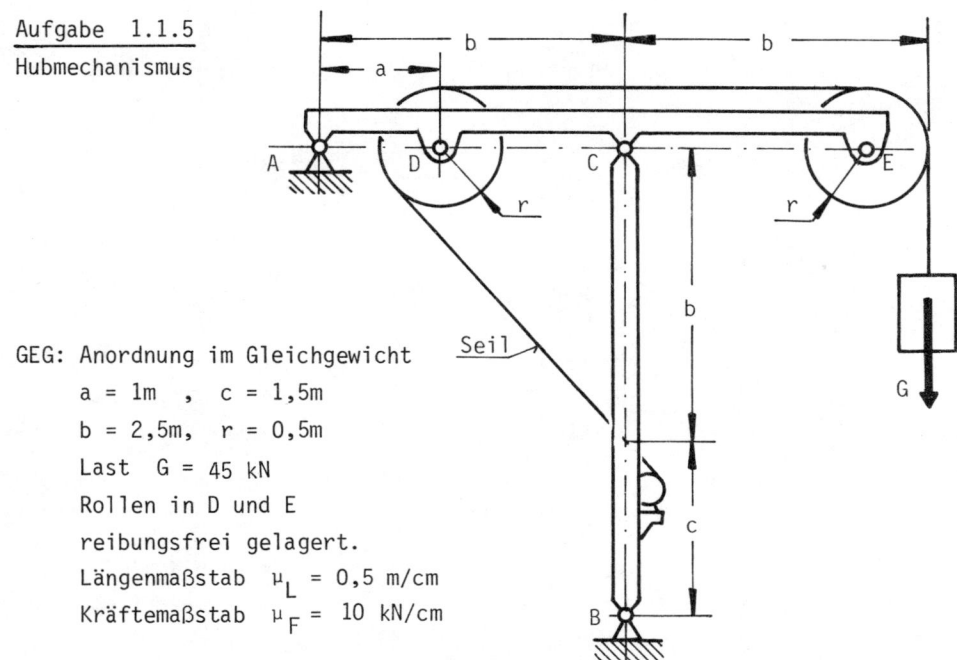

GEG: Anordnung im Gleichgewicht

$a = 1m$, $c = 1,5m$

$b = 2,5m$, $r = 0,5m$

Last $G = 45$ kN

Rollen in D und E

reibungsfrei gelagert.

Längenmaßstab $\mu_L = 0,5$ m/cm

Kräftemaßstab $\mu_F = 10$ kN/cm

GES: graphisch: Auflagerkräfte in A und B , Gelenkskraft in C .

Aufgabe 1.1.6

GEG: Anordnung , Längen l_1 und l_2 , lineare Federn bei waagrechter Lage der Stäbe entspannt , Drehfederkonstante c_T , Federkonstanten c_1, c_2. Stäbe gewichtslos und starr.

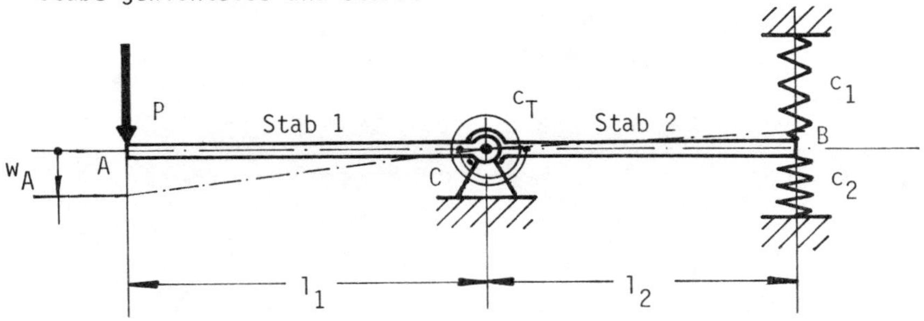

GES: Ersatzfederkonstante $c' = P/w_A$ des Systems bei kleinen Verschiebungen.

Aufgabe 1.1.7

Ein schrägverzahntes Zahnrad mit Welle läuft mit konstanter Winkelgeschwindigkeit .

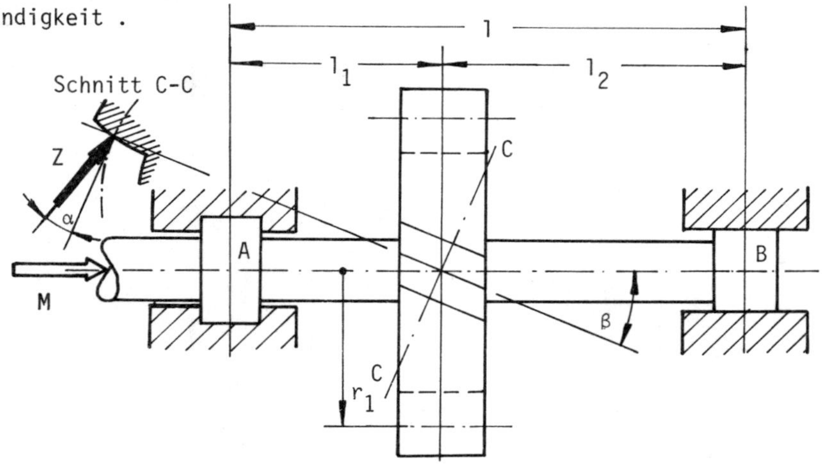

GEG: Abmessungen l_1 , l_2 , l , r_1.
Antriebsmoment M an der Welle .
Eingriffswinkel α
Schrägungswinkel β

GES: Unter Vernachlässigung der Reibung: Lagerkräfte auf die Welle, Zahnkraft Z .

1.2 Fachwerke

Aufgabe 1.2.1

Dreiecksfachwerk

GEG: Anordnung gleichseitiger Dreiecke
Belastung P = 60 kN
Kräftemaßstab μ_F = 10 kN/cm

GES: Cremonaplan

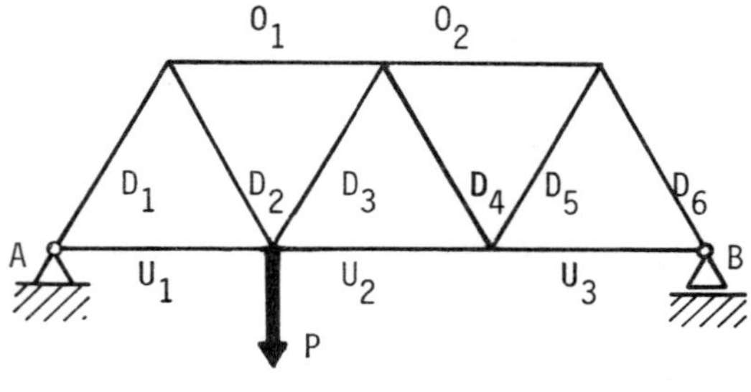

Aufgabe 1.2.2

Fachwerk laut Skizze

GEG: Belastung P = 59 kN , Kräftemaßstab μ_F = 10 kN/cm
Maße laut Skizze in m, Längenmaßstab μ_L = 1 m/cm

GES: Cremonaplan .

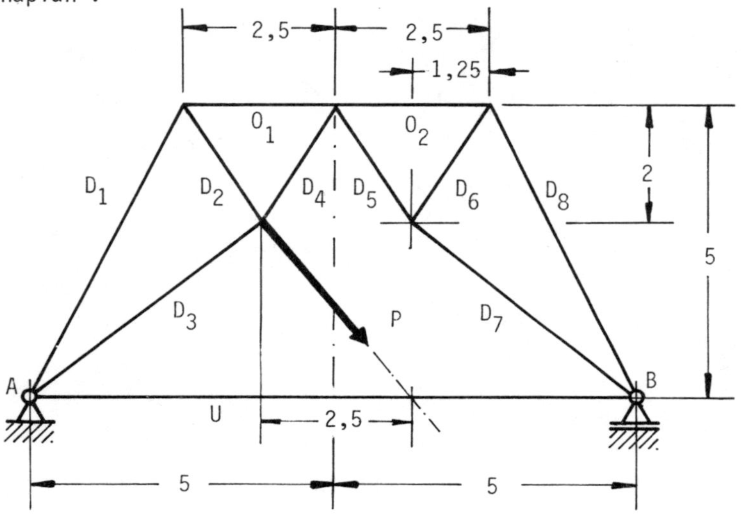

Aufgabe 1.2.3

Fachwerk

GEG: Seil: befestigt in A,
belastet mit G,
reibungsfreie
Umlenkrollen bei
D und E

G = 40 kN
Kraftmaßstab μ_F= 10 kN/cm

GES: graphisch
a) Auflagerkräfte bei A,B
b) Cremonaplan für den rechten Teil

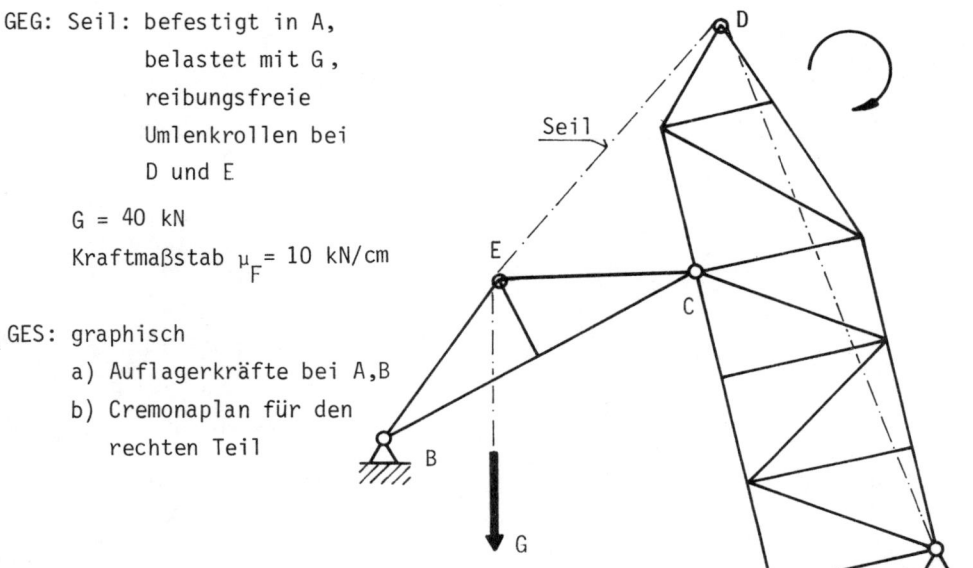

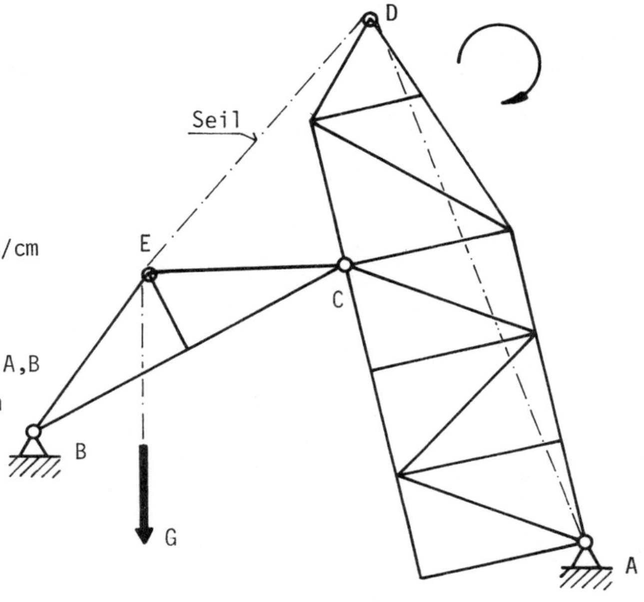

Aufgabe 1.2.4

Tragwerk mit Umlenkwalzen

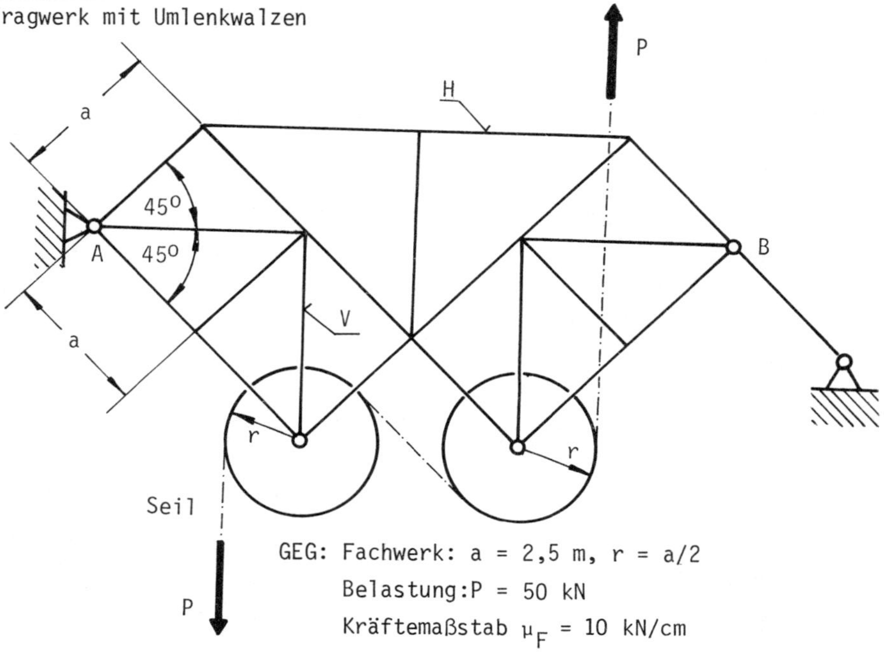

GEG: Fachwerk: $a = 2{,}5$ m, $r = a/2$
Belastung: $P = 50$ kN
Kräftemaßstab $\mu_F = 10$ kN/cm
Längenmaßstab $\mu_L = 1$ m/cm

GES: graphisch und rechnerisch
a) Auflagerkräfte in A und B
b) Kräfte in den Stäben H und V

Aufgabe 1.2.5

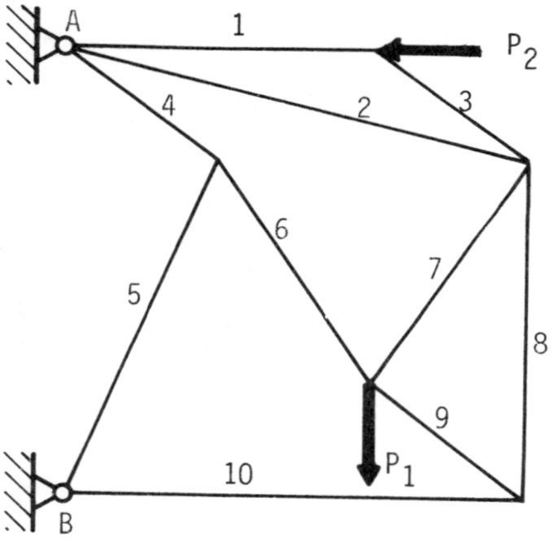

Fachwerk

GEG: Belastungen $P_1 = 25$ kN
$P_2 = 20$ kN
Kräftemaßstab $\mu_F = 5$ kN/cm
Längen sind aus der Skizze zu entnehmen.

GES: Cremonaplan und Auflagerkräfte in A und B.

1.3 Haften und Gleiten

Aufgabe 1.3.1

Eine Walze liegt in einer Nut und wird über ein Seil durch eine Kraft P exzentrisch belastet.

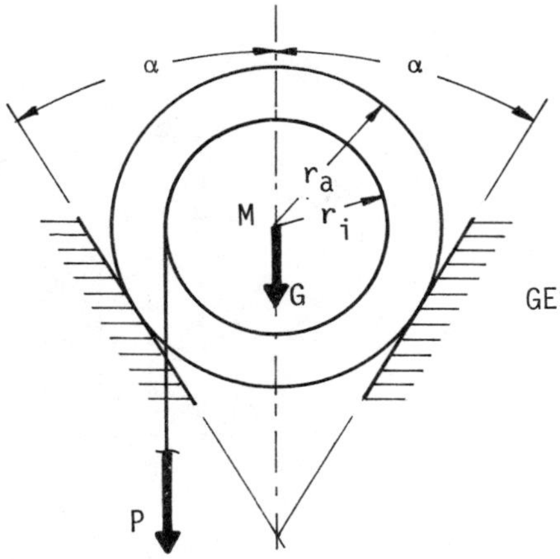

GEG: Abmessungen $r_i = 20$ cm
$r_a = 30$ cm
$\alpha = 30^o$

Gewicht der Rolle G = 100 N
Haftgrenzzahl $\mu_h = \tan 15^o$
Längenmaßstab $\mu_L = 10$ cm/cm
Kräftemaßstab $\mu_F = 100$ N/cm

GES: graphisch
Wie groß darf P maximal werden, damit sich die Walze gerade noch nicht in der Nut dreht?
Wie groß sind dann die Normalkräfte von den Wänden auf die Walze?

Aufgabe 1.3.2

GEG: Die gezeichnete Anordnung befindet sich mit den Kräften P = 60 N, G = 30 N im Gleichgewicht. Gleiche Haftgrenzzahlen in A und B. Gewichtsloser horizontaler Träger in C reibungsfrei gelenkig befestigt.

Für die Zeichnung verwende man:
R = 2 cm
h = 2,4 cm
a = 1,6 cm
b = 2,4 cm
c = 2 cm
Kräftemaßstab $\mu_F = 10$ N/cm

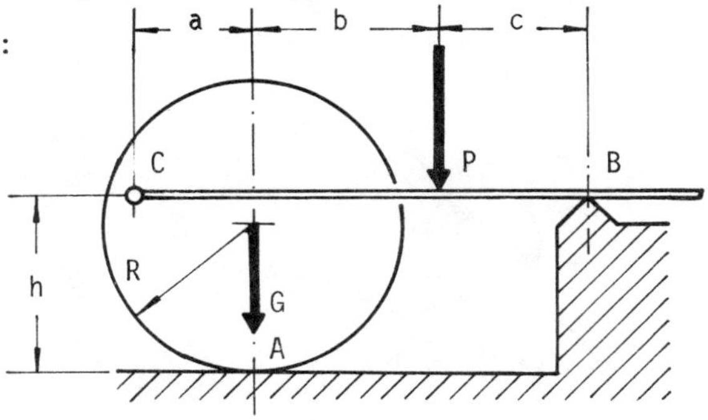

GES: graphisch:

a) Für die gegebenen Größen: Berührkräfte in A und B?
Wie groß muß die Haftgrenzzahl μ_h aufgrund der Zeichnung mindestens sein?

b) Für $\mu_h = 1$, G und P gleich wie in a):
Wie weit kann P nach links wandern, wenn der Träger im Gleichgewicht bleiben soll?
Ist diese linke Grenzlage vom Betrag der Kraft P abhängig?

Aufgabe 1.3.3

In einer Haltevorrichtung werden Platten mit Hilfe einer kleinen Walze festgeklemmt.

GEG: Anordnung: α, b
Walze: Radius r, Gewicht vernachlässigbar
Platte: Gewicht G, Dicke d.

GES: a) kleinstmögliche Haftgrenzzahl $\mu_{min,1}$ in den Kontaktpunkten der Walze.
b) kleinstmögliche Haftgrenzzahl $\mu_{min,2}$ zwischen Platte und Wand.

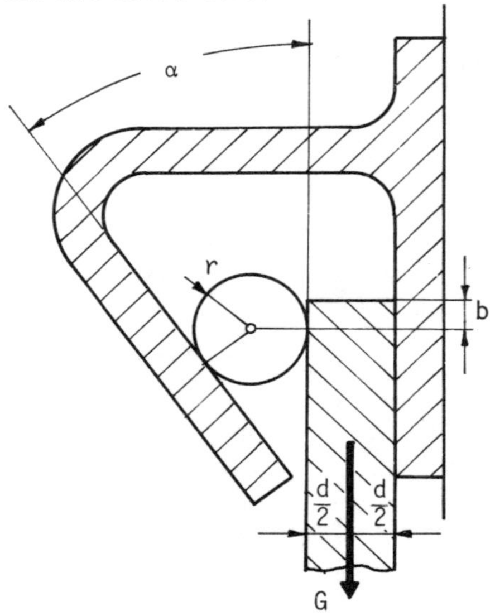

Aufgabe 1.3.4

Über ein Reibrad wird eine Trommel mit konstanter Drehzahl angetrieben und so ein Seil aufgewickelt.

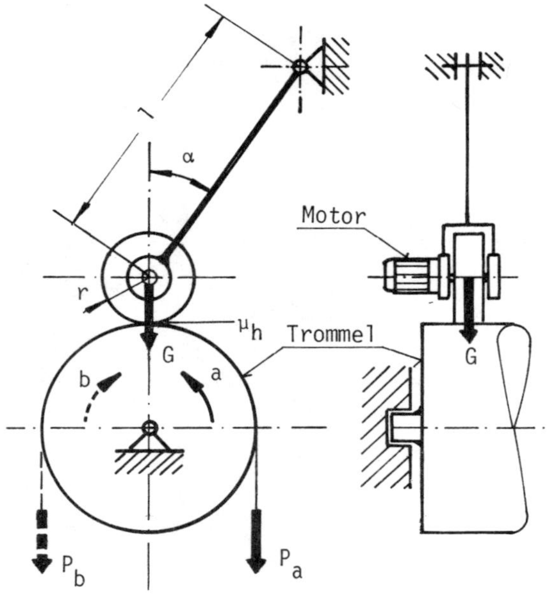

GEG: r, l, α
Gewicht G
Haftgrenzzahl μ_h
Lagerungen reibungsfrei

GES: Welche maximale Last P kann angehoben werden, wenn das Seil
a) von rechts,
b) von links
aufgewickelt wird?

Aufgabe 1.3.5

Ein Seil, das über drei Rollen geschlungen ist, trägt einen Balken, an dem eine Kraft P angreift.

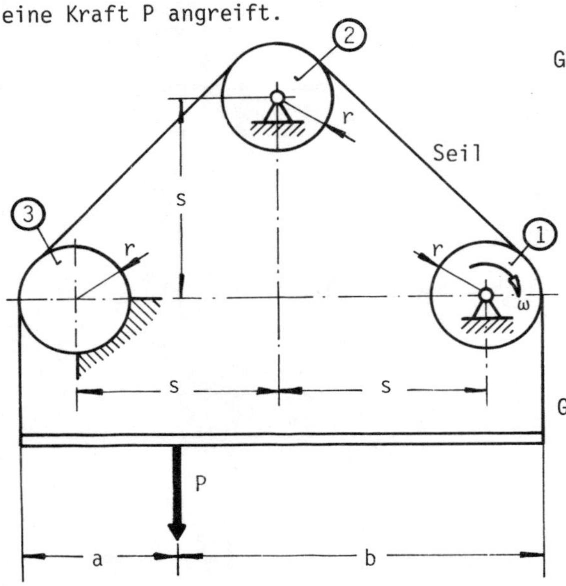

GEG: Rolle 1 dreht sich mit konstanter Winkelgeschwindigkeit ω,
Rolle 2 ist reibungsfrei gelagert,
Rolle 3 wird festgehalten,
Haftgrenzzahl = Gleitreibungskoeffizient μ für alle drei Rollen.

GES: In welchem Bereich ($\ldots \geq a/b \geq \ldots$) darf die Kraft P angreifen, wenn der Balken im Gleichgewicht bleiben soll?

Aufgabe 1.3.6

Ein Werkstück der angegebenen Form (schweres Kettenglied) soll auf horizontaler, rauher Unterlage mit Hilfe eines Seiles gezogen werden.

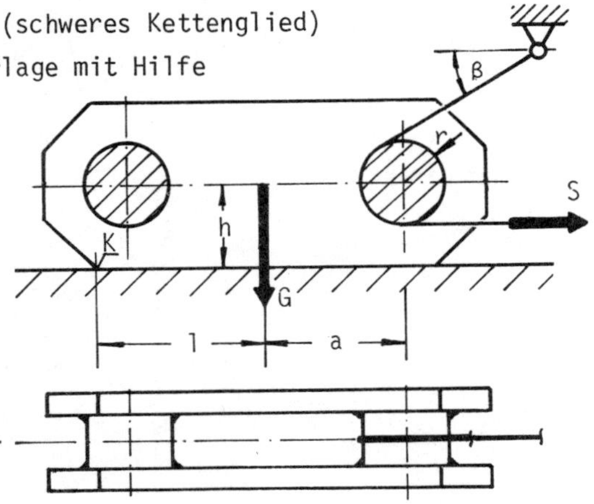

GEG: Abmessungen l,a,h;
Gewicht G;
zwischen Werkstück und Unterlage: Haftgrenzzahl μ_h und Gleitreibungskoeff. μ_g;
zwischen Werkstück und Seil: Haftgrenzzahl = Gleitreibungskoeffizient $\overline{\mu}$.

GES: a) Wie groß muß die Kraft S mindestens sein, damit Bewegung eintritt ?
b) Wie groß muß S in Abhängigkeit von β sein, damit das Werkstück mit konstanter Geschwindigkeit gleitet ?
c) Bei welchem Winkel β hebt das Werkstück vorne ab und gleitet auf der Kante K weiter ?

1.4 Schnittgrößen

Aufgabe 1.4.1

Tragwerk

GEG: Abmessungen r, l;
Gleichlast q.

GES: Biegemoment M, Normalkraft N und Querkraft Q im geraden Teil in Abhängigkeit von x, im Viertelkreis des Trägers als Funktionen des Winkels ϕ.

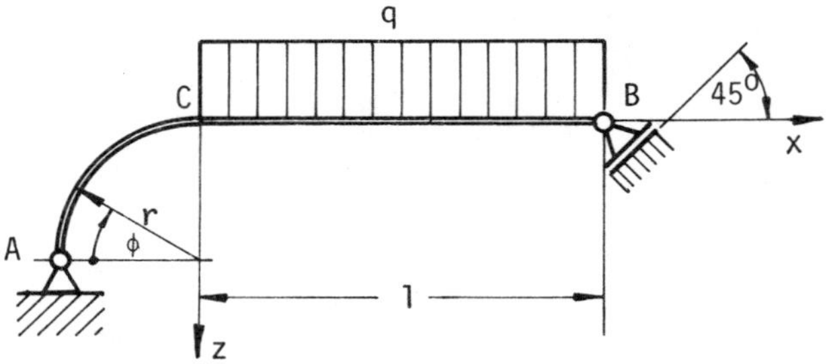

Aufgabe 1.4.2

Statisch bestimmt gelagerter Rahmen

GEG: P, l;

GES: Man bestimme den Verlauf von Normalkraft, Querkraft und Biegemoment in den einzelnen Rahmenteilen.

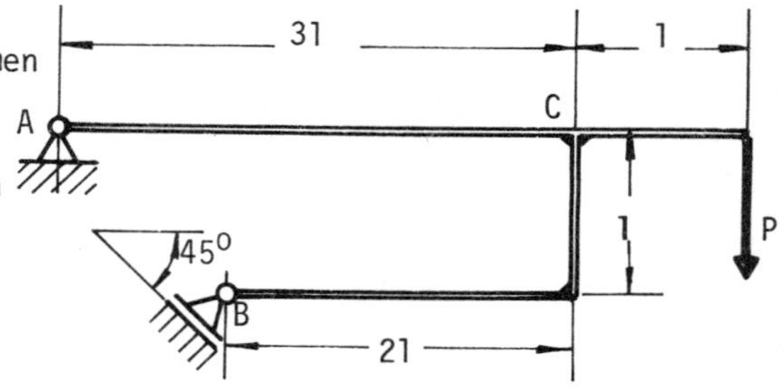

Aufgabe 1.4.3

Dachkonstruktion

GEG: Abmessungen:

$a = 3$ m

$b = 5$ m

$l = 2$ m

$\alpha = 18^{o}$

Gleichlast $q = 5$ kN/m

q bezogen auf die Horizontale

Kräftemaßstab $\mu_F = 10$ kN/cm

Längenmaßstab $\mu_L = 1$ m/cm

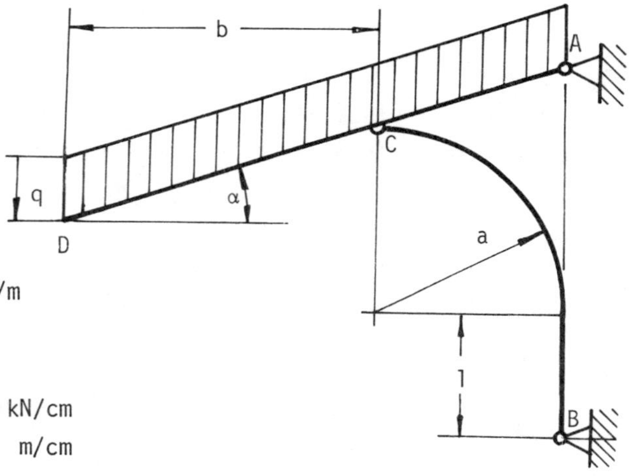

GES: graphisch: Kräfte in A,B und C ; Momentenverlauf, Querkraft- und Normalkraftverteilung im Teil AD.

Aufgabe 1.4.4

Für den dargestellten Träger sind graphisch Momentenverteilung und Querkraftverlauf zu ermitteln.

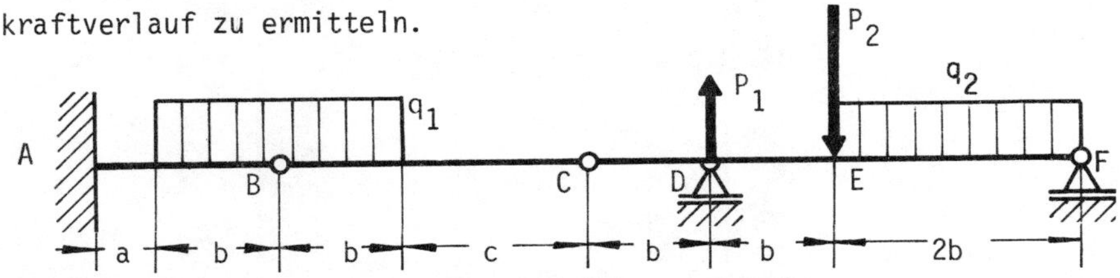

GEG: Gleichlast $q_1 = 12{,}5$ kN/m

$q_2 = 10$ kN/m

$P_1 = 10$ kN

$P_2 = 35$ kN

a = 1 m

b = 2 m

c = 3 m

Maßstäbe: $\mu_L = 1$ m/cm

$\mu_F = 10$ kN/cm

GES: graphisch:

a) Auflagerkräfte, Momenten- und Querkraftverlauf,

b) Maximales Biegemoment

c) Rechnerische Bestimmung der Auflagerkräfte und des Einspannmomentes

Aufgabe 1.4.5

Tragwerk mit Laufkatze.

GEG: G = 30 kN

Kräftemaßstab $\mu_F = 10$ kN/cm

Längenmaßstab $\mu_L = 1$ m/cm

Haftgrenzzahl $\mu_h = \tan\rho_h$, $\mu_h = 0{,}6$

Die Haupträder der Laufkatze sind eingebremst, die Stützräder frei drehbar. Maße in m, reibungsfreie Gelenke.

GES: graphisch:

a) Wie groß muß das Gewicht G_1 der Laufkatze mindestens sein, damit kein Gleiten eintritt?

b) Man bestimme mit dem aus a) gewonnenen G_{1min} die Auflagerkräfte in A und B.

c) Man stelle den Querkraftverlauf im Träger DK dar.

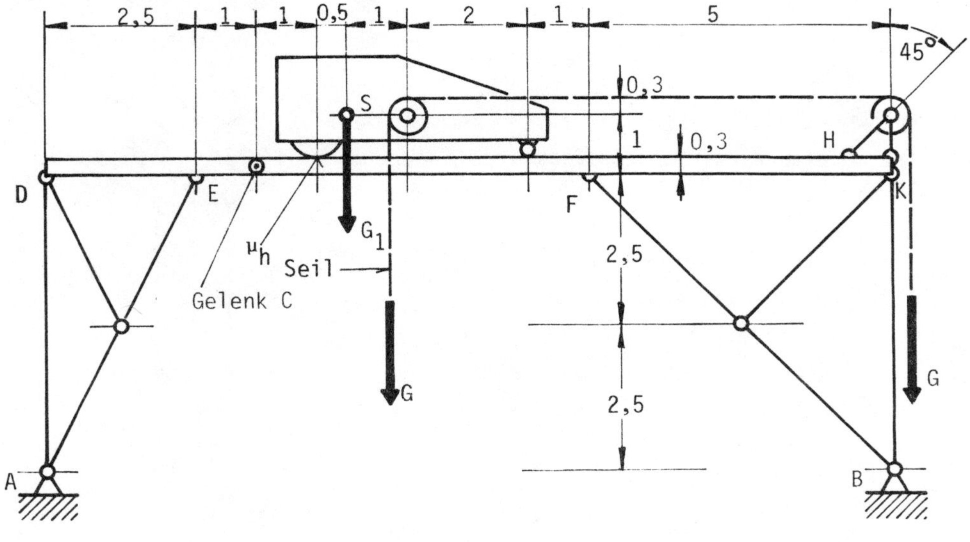

2.1 Flächenträgheitsmomente, Bemessung gerader Träger

Aufgabe 2.1.1

GEG: Abmessungen b, c
Profildicke a

GES: Lage der Trägheitshauptachsen ξ, η durch den Flächenschwerpunkt S für
$b = 6a$, $c = 2a$

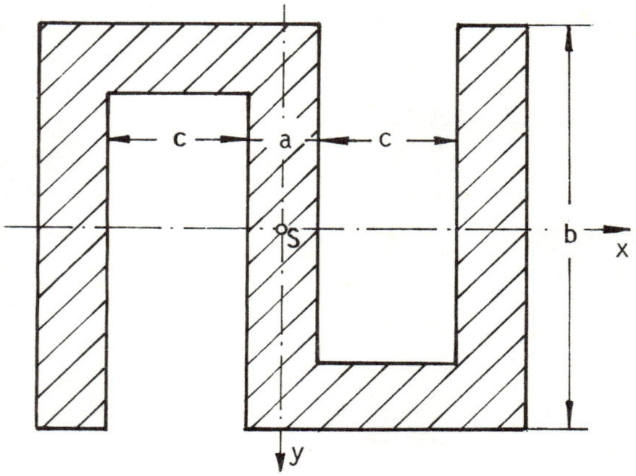

Aufgabe 2.1.2

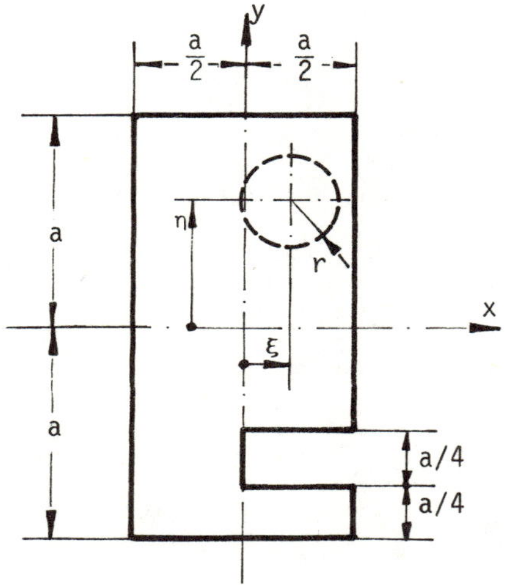

Das homogene Werkstück (Dicke d, Dichte ρ) soll durch Bohren eines Loches statisch und dynamisch um die in der Mittelebene liegende x-Achse ausgewuchtet werden.

GEG: a

GES: ξ, $\eta(r)$

Aufgabe 2.1.3

Der Querschnitt eines Trägers ist aus drei gleichen Rechtecken zusammengesetzt.

GEG: Anordnung, a, b

GES: Flächenträgheits- und Widerstandsmomente bezüglich der x- und y-Achse durch den Flächenschwerpunkt S.

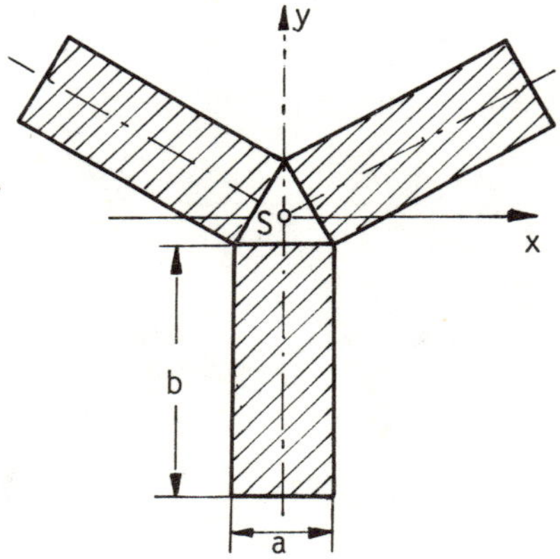

Aufgabe 2.1.4

Träger mit gegebener Querschnittsform

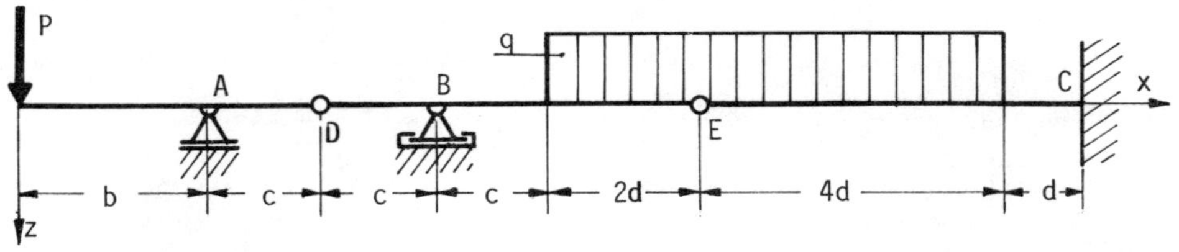

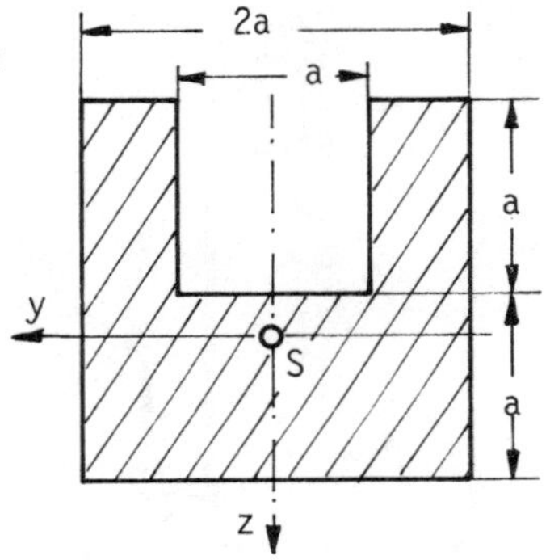

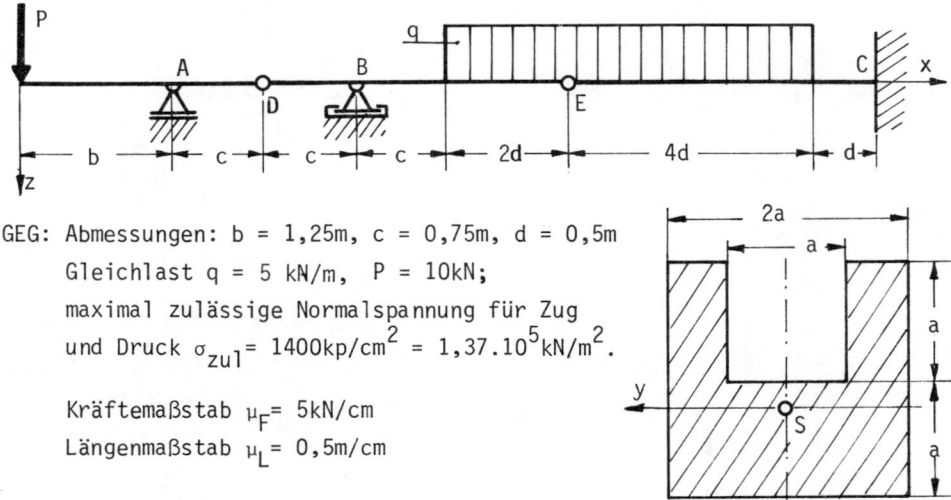

GEG: Abmessungen: b = 1,25m, c = 0,75m, d = 0,5m
Gleichlast q = 5 kN/m, P = 10kN;
maximal zulässige Normalspannung für Zug und Druck σ_{zul} = 1400kp/cm^2 = 1,37.10^{5}kN/m^2.

Kräftemaßstab μ_F= 5kN/cm
Längenmaßstab μ_L= 0,5m/cm

GES: graphisch

a) Biegemomentenverlauf, Maximalwert M_{max} des Biegemomentes
b) Querkraftverlauf

rechnerisch

c) Flächenträgheitsmoment J_y des dargestellten Querschnittes
d) Wie groß muß a mindestens gewählt werden, damit σ_{zul} nirgends überschritten wird?

Aufgabe 2.1.5

Auf eine quadratische Platte 1, die bei C mit einem eingespannten Stab 2 verschweißt ist, wirkt einseitig der Druck p.

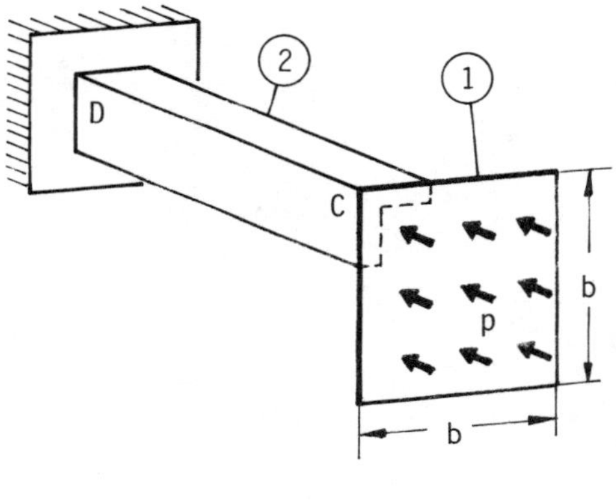

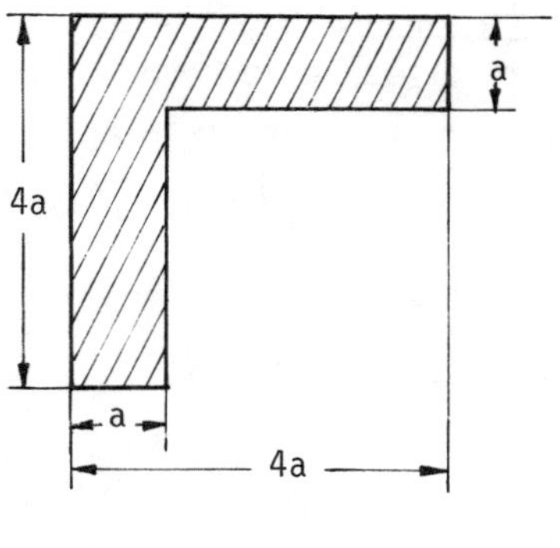

GEG: Platte 1: Seitenlänge b, Druck p,
Stab 2 : Querschnitt nach Skizze: a

GES: a) Biegemoment im Stab 2
b) Extremwerte der Zug- und Druckspannung im Stab 2
c) Wie groß muß das Verhältnis b/a sein, damit im Stab 2 keine Zugspannungen auftreten?

Aufgabe 2.1.6

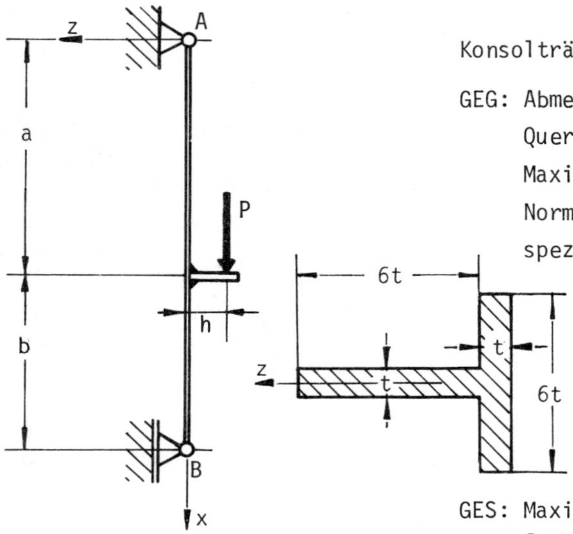

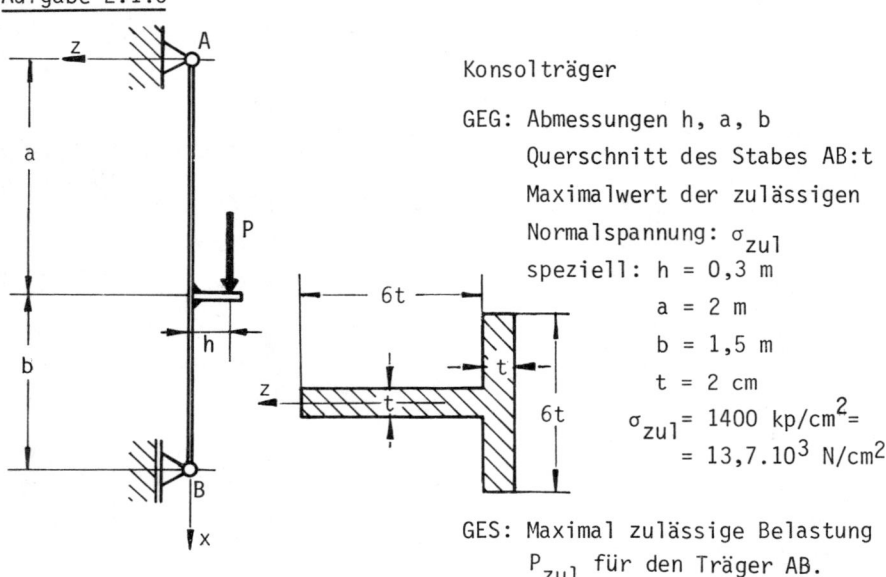

Konsolträger

GEG: Abmessungen h, a, b
Querschnitt des Stabes AB: t
Maximalwert der zulässigen Normalspannung: σ_{zul}
speziell: $h = 0{,}3$ m
$a = 2$ m
$b = 1{,}5$ m
$t = 2$ cm
$\sigma_{zul} = 1400\ \text{kp/cm}^2 = 13{,}7.10^3\ \text{N/cm}^2$

GES: Maximal zulässige Belastung P_{zul} für den Träger AB.

2.2. Biegung

Aufgabe 2.2.1

Ein Träger, dessen eine Hälfte näherungsweise als starr angesehen werden kann, wird mit der Einzelkraft P belastet.

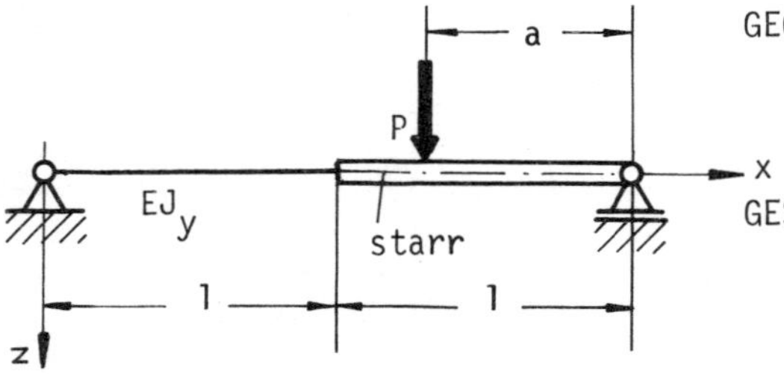

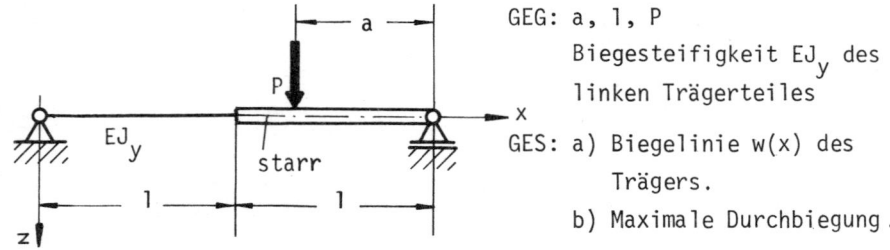

GEG: a, l, P
Biegesteifigkeit EJ_y des linken Trägerteiles

GES: a) Biegelinie w(x) des Trägers.
b) Maximale Durchbiegung.

Aufgabe 2.2.2

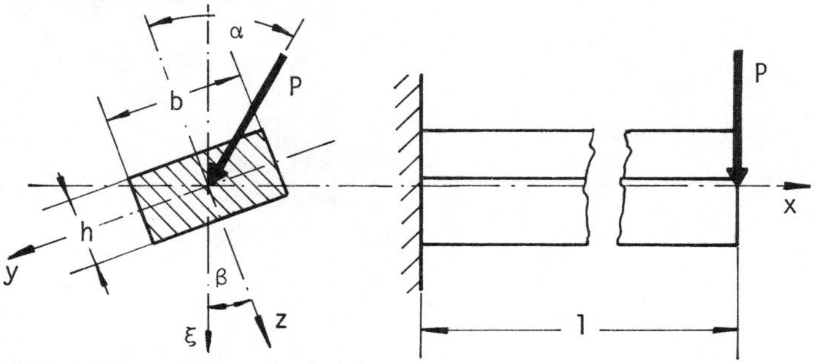

Ein Kragträger ist so eingespannt, daß sein Rechteckquerschnitt um den Winkel β gegen die ξ-Richtung verdreht ist .

GEG: Abmessungen l, b, h; β

GES: Unter welchem Winkel α muß eine Einzelkraft P am Stabende angreifen, damit sich der Träger in ξ-Richtung durchbiegt?

Aufgabe 2.2.3

GEG: Biegeträger laut Skizze: $a, (EJ_y)_1, (EJ_y)_2$. Belastung: P .

GES: Durchbiegung w_C und Neigung w'_C der Biegelinie an der Stelle C. (Mit Hilfe des MOHRschen Verfahrens)

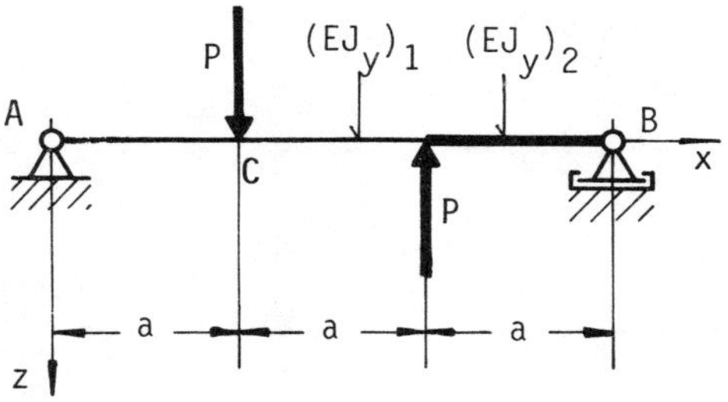

Aufgabe 2.2.4

Zwei horizontal eingespannte Blattfedern gleicher Biegesteifigkeit.

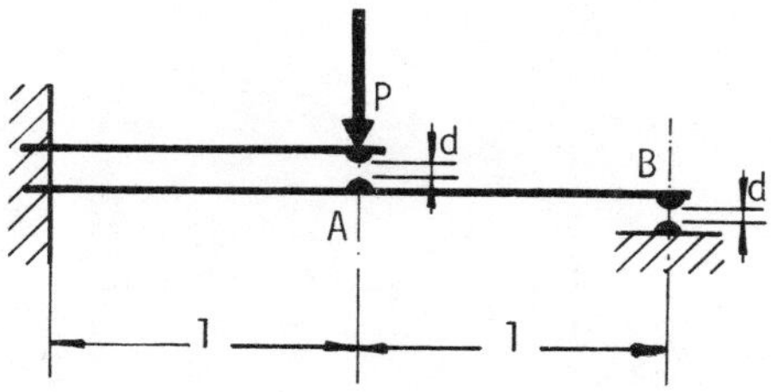

GEG: Länge l ; Kontaktabstand d , $d \ll l$; Biegesteifigkeit EJ_y.

GES: Mit Hilfe des Verfahrens von MOHR:

a) Grenze P_a, so daß für $P < P_a$ noch keine Berührung bei A eintritt.

b) Grenze P_b, so daß für $P_a < P < P_b$ noch keine Berührung bei B eintritt , und Berührkraft A(P) an der Stelle A .

c) für $P > P_b$: Berührkräfte A(P) und B(P) .

Aufgabe 2.2.5

Federung mit geknickter Kennlinie.

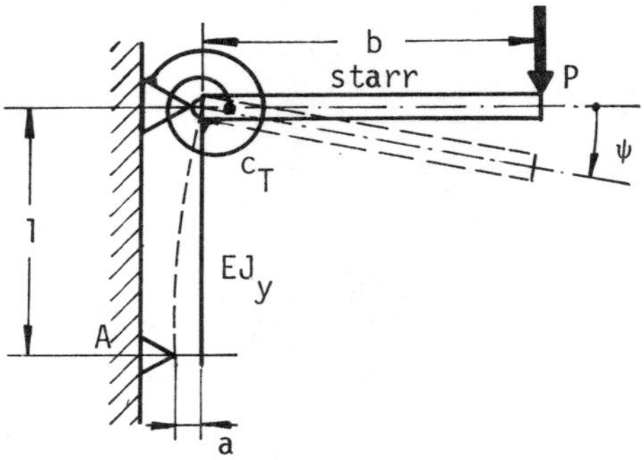

GEG: Abmessungen b, l, a, ($a \ll l$); lineare Drehfeder: entspannt für $\psi=0$, Drehfederkonstante c_T, Biegesteifigkeit EJ_y des vertikalen Stabes.

GES: a) Grenzlast $P=P_1$, bei der gerade Berührung bei A eintritt, $\psi(P)$ für $0 \leq P \leq P_1$

b) $\psi(P)$ und $A(P)$ für $P \geq P_1$ und kleinen Winkel ψ.

Aufgabe 2.2.6

Ein vertikal reibungslos geführter, starrer Stab ist mit Hilfe von zwei horizontalen Blattfedern elastisch gelagert.

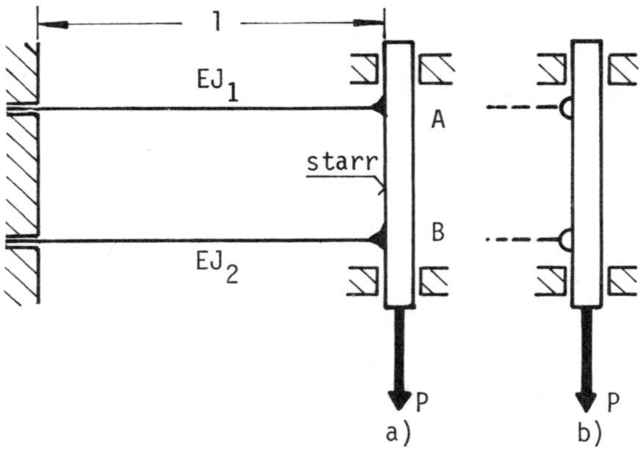

GEG: Länge l; Last P; Biegesteifigkeiten EJ_1, EJ_2

GES: Verschiebung w(P) des starren Stabes

a) bei biegesteifen Anschlüssen

b) bei gelenkigen Anschlüssen

der Federn

2.3. Biegung und Zug

Aufgabe 2.3.1

GEG: Tragwerk laut Skizze, Belastung P.

Stab 1: h, Ef = konst.

Stab 2: l, EJ = konst.

Feder : Konstante c

Bei horizontalem Stab 2 ist das Tragwerk kräftefrei.

GES: a) Einspannmoment bei B

b) Verschiebung des Punktes A

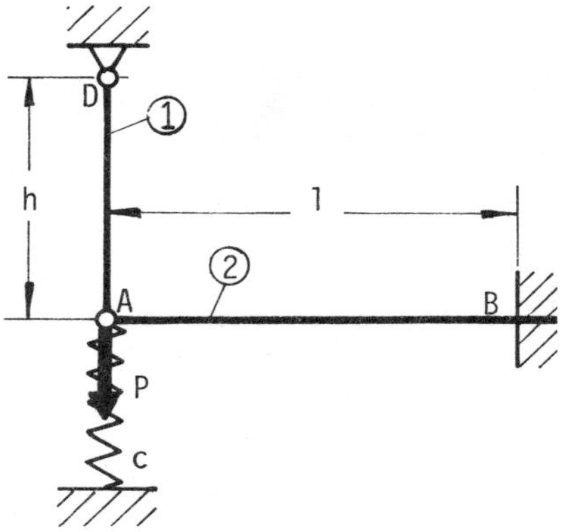

Aufgabe 2.3.2

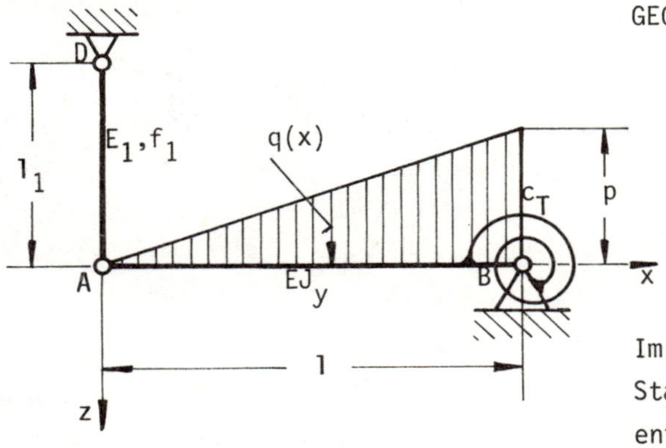

GEG: Biegestab $\overline{AB}$, Länge l, Biegesteifigkeit EJ_y;

Dreieckslast $q(x)=px/l$;
Drehfederkonstante c_T;
Zugstab $\overline{AD}$, Länge l_1,
Elast.Modul E_1,
Querschnittsfläche f_1

Im unbelasteten Zustand Stab $\overline{AB}$ horizontal, Drehfeder entspannt.

GES: Längskraft im Stab $\overline{AD}$ und Verlauf des Biegemomentes $M_y(x)$ in Stab $\overline{AB}$.

Aufgabe 2.3.3

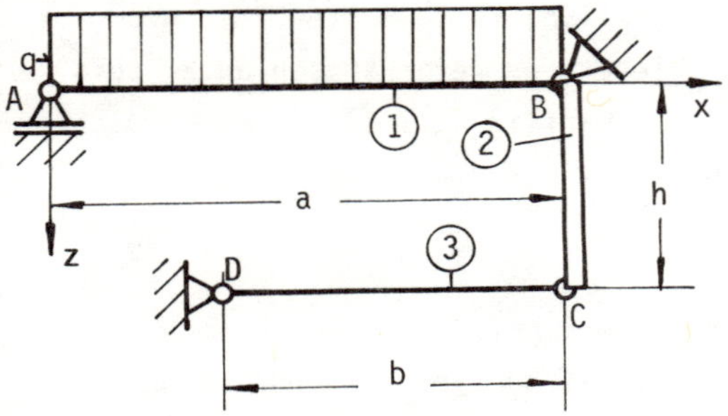

Zusammengesetztes Tragwerk

GEG: Biegeträger 1: a, E_1J_y
Gleichlast q.
Starrer Teil 2: h
starr verbunden mit Teil 1, gelenkig mit Teil 3
Zugstab 3: b, Ef.

GES: a) Kraft P im Zugstab
b) Verlauf von Querkraft und Biegemoment im Träger 1, Skizze.

Aufgabe 2.3.4

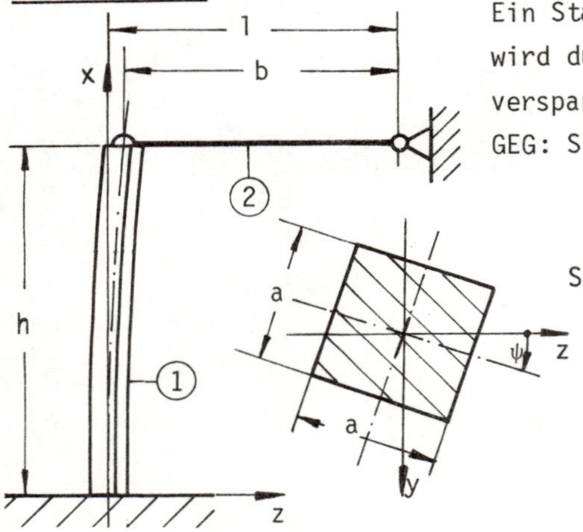

Ein Stab mit quadratischem Querschnitt wird durch eine Stange gegen eine Wand verspannt.

GEG: Stab 1: Länge h, Kantenlänge a des quadratischen Querschnittes; Elastizitätsmodul E.
Stange 2: ungedehnte Länge l_o
Querschnittsfläche f,
Elastizitätsmodul E

GES: Wie hängen die Kraft P in der Stange 2 und die max. Zugspannung $\sigma_{x,max}$ im Stab 1 vom Winkel ψ ab?

2.4. Torsion, Biegung und Torsion

Aufgabe 2.4.1

Meßgerät

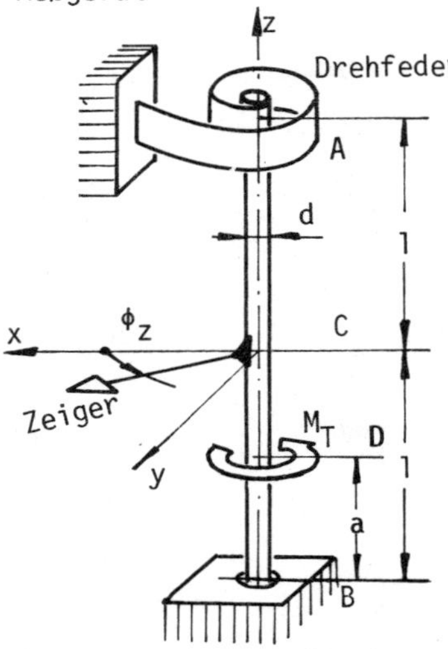

GEG: a, l; Zeigerausschlag ϕ_z,
Torsionsstab: Durchmesser d,
Schubmodul G, maximal zulässige
Schubspannung τ_{zul}.
Lineare Drehfeder bei A: entspannt für $\phi_z=0$.
Äußeres Drehmoment M_T.

GES: a) Man bestimme die Drehfederkonstante c_T aus: auf das Drehmoment M_T stellt sich ein Zeigerausschlag ϕ_z ein.

b) Zur Änderung des Meßbereiches wird der Torsionsstab im Lager B in der Ausgangsstellung festgehalten. Wie groß ist jetzt der Zeigerausschlag ϕ_z zufolge M_T?

c) Welches maximale Drehmoment $M_{T,max}$ darf im Fall b) bei Berücksichtigung von τ_{zul} aufgebracht werden?

Aufgabe 2.4.2

Zwei Stäbe mit Kreis- bzw. Kreisringquerschnitt sind durch eine starre Scheibe auf einer Seite verbunden und auf der jeweils anderen Seite eingespannt. An der Scheibe greift ein Drehmoment M_T an.

GEG: D, d, l_1, l_2, Schubmodul G
Drehmoment M_T.

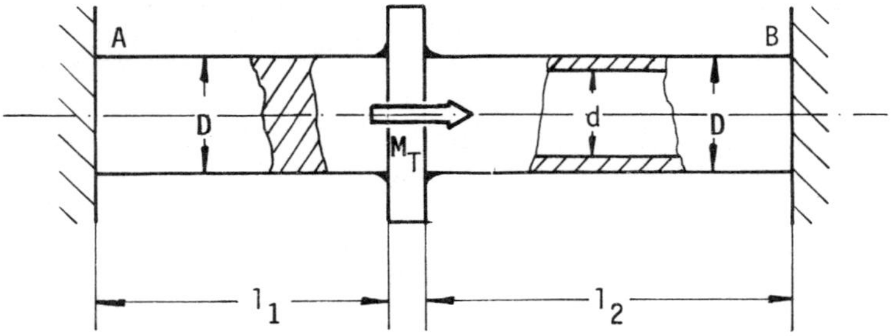

GES: a) Einspannmomente M_A und M_B.
b) Verdrehwinkel der starren Scheibe.

Aufgabe 2.4.3

Liegender Rahmen

GEG: a, b, Last P

Stäbe: Biegesteifigkeit (EJ), Torsionssteifigkeit (GJ_T), reibungsfreie Kugelgelenke bei A, B und C.

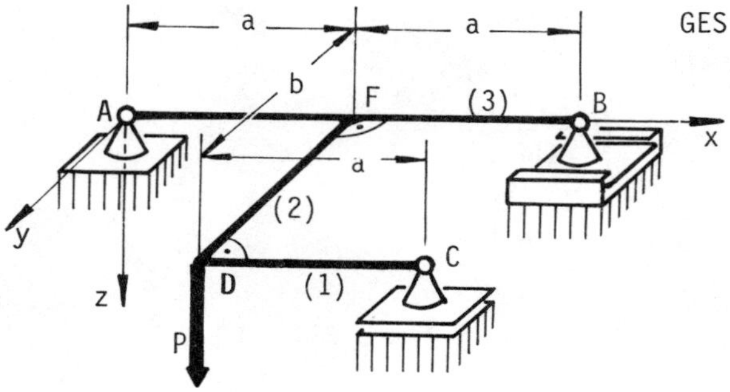

GES: a) Auflagerreaktionen.

b) Neigung der Biegelinie des Stabes 3 bei F.

c) Verdrehung des Stabquerschnittes des Stabes 2 in D.

d) Verschiebung des Punktes D in z-Richtung.

Aufgabe 2.4.4

Kombinierte Federung: Torsions- und Biegestab, Schraubenfeder.

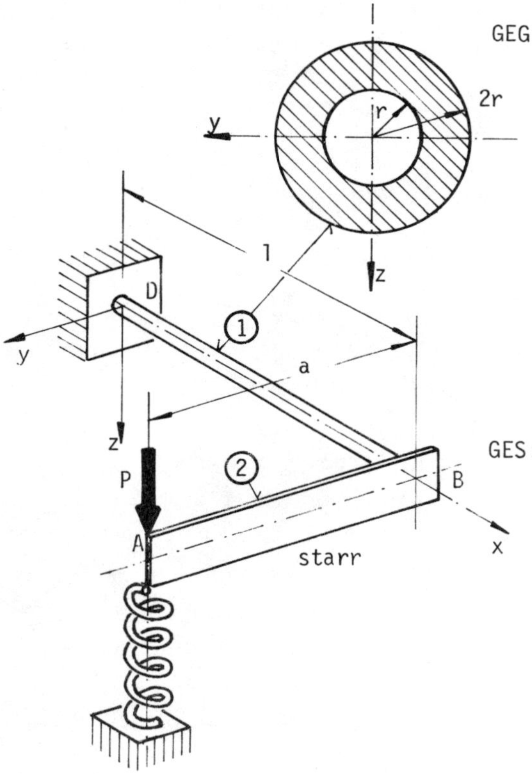

GEG: Last P,

Stab 1: Kreisringquerschnitt: r; Elastizitätsmodul E; Querdehnungszahl μ; starr verbunden mit dem starren Teil 2.

Federkonstante c der linearen Schraubenfeder.

Für P=0 ist die Feder entspannt und ABD liegen in der xy-Ebene.

GES: a) Torsions- und Biegesteifigkeit des Stabes 1.

b) Verschiebung w_A des Punktes A in z-Richtung.

c) Ersatzfederkonstante $c_A = P/w_A$ des Gesamtsystems.

Aufgabe 2.4.5

GEG: Anordnung: l,a,b; Biegeträger (Steifigkeit EJ_y) starr verbunden mit Torsionsstab (Drillsteifigkeit GJ_p); Drehmoment M_D .

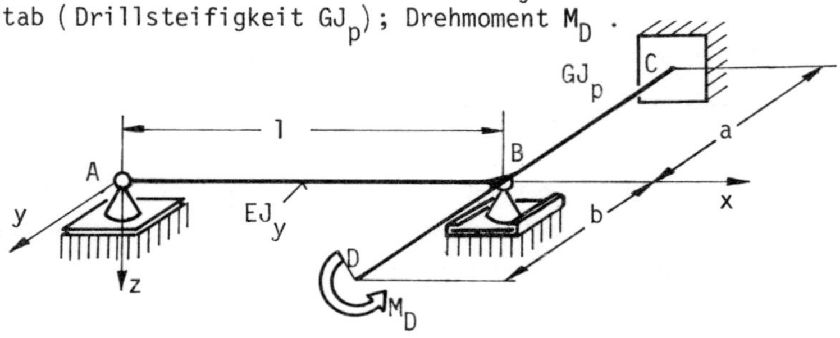

GES: a) Einspannmoment M_C des Torsionsstabes bei C .

b) Verdrehwinkel ϕ_D des Querschnittes bei D .

Zuerst allgemein, dann mit den Zahlenwerten : $l = a = b = 50$ cm ; beide Stäbe mit gleichem Kreisquerschnitt : $r = 0{,}5$ cm ; $M_D = 10^3$ Ncm ; $E = 2{,}1.10^6 \text{kp/cm}^2 = 20{,}6.10^6 \text{N/cm}^2$; $G = 0{,}8.10^6 \text{kp/cm}^2 = 7{,}85.10^6 \text{N/cm}^2$.

Aufgabe 2.4.6

Zwei zylindrische Stäbe aus gleichem Material mit den Radien r_1 und r_2 sind beidseitig eingespannt und in der Mitte starr durch eine starre Lasche verbunden. ($d \ll l$).

GEG: Anordnung: a, l, r_1, r_2;

Elastizitätsmodul E und Schubmodul G der beiden Stäbe; Kraft P.

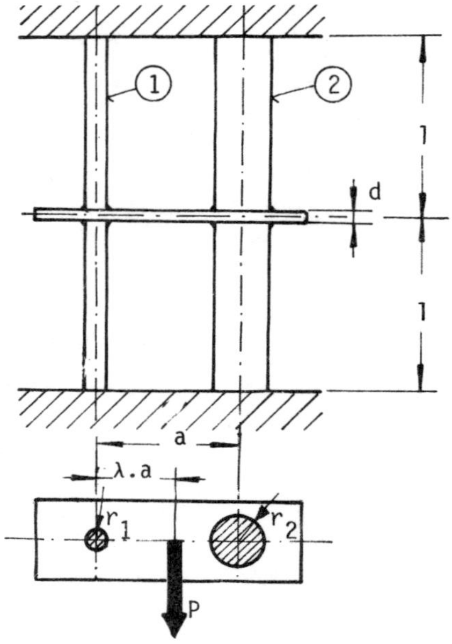

GES: a) Wo (λ_1=?) muß die Kraft P angreifen, damit sich die Lasche bei der Verschiebung nicht verdreht?

b) Wie groß sind dann die Einspannmomente der Stäbe?

c) Wie groß ist in diesem Fall die Ersatzfederkonstante der Anordnung?

d) Wo (λ_2=?) muß P angreifen, damit Stab 1 nur verdreht und nicht gebogen wird?

3.1. Kinematik, rechnerische Lösungen

Aufgabe 3.1.1

Überholvorgang

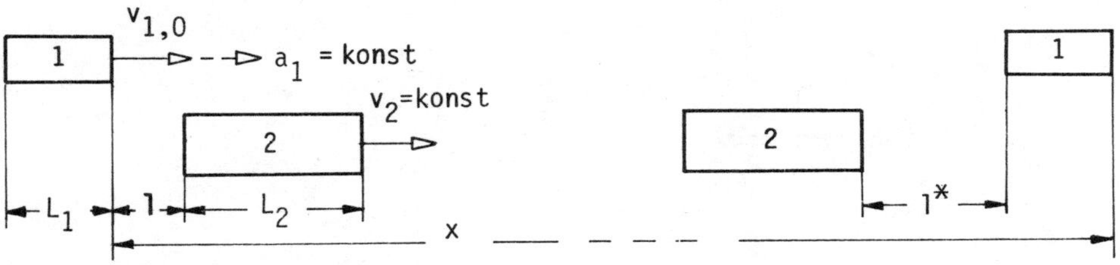

Die Front eines Fahrzeugs 1 der Länge L_1, das im betrachteten Augenblick mit der Geschwindigkeit $v_{1,0}$ fährt und mit der Beschleunigung a_1 = konstant beschleunigt, befindet sich im Abstand l vom Heck eines Fahrzeugs 2 der Länge L_2, das mit der konstanten Geschwindigkeit v_2 fährt. Nach welcher Zeit t^* und welcher Wegstrecke x ist der Abstand zwischen dem Heck des überholenden Fahrzeuges 1 und der Front des überholten Fahrzeuges 2 gleich l^*?

GEG: Fahrzeug 1: L_1, $v_{1,0}$, a_1=konst.
Fahrzeug 2: L_2, v_2=konst.
l^*, l.

GES: Überholweg x,
Überholzeit t^*

Aufgabe 3.1.2

Zum Zeitpunkt t=0 befinden sich zwei Fahrzeuge wie dargestellt in den Abständen l_1 bzw. l_2 vom Kreuzungspunkt M. Ihre Geschwindigkeiten sind zu diesem Zeitpunkt v_1 bzw. $v_{2,0}$.

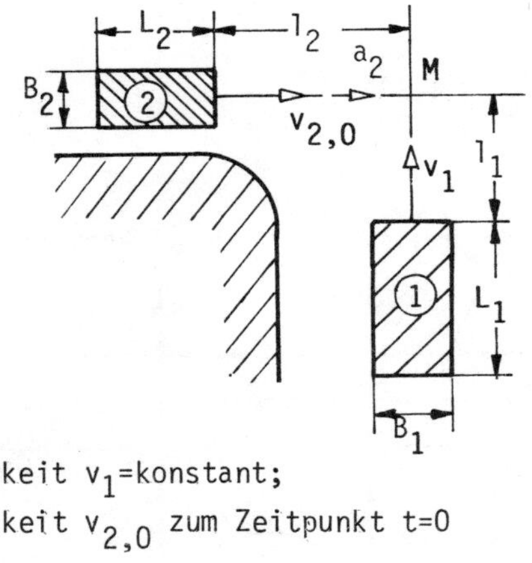

GEG: l_1, l_2
Fahrzeug 1: L_1, B_1, Geschwindigkeit v_1=konstant;
Fahrzeug 2: L_2, B_2, Geschwindigkeit $v_{2,0}$ zum Zeitpunkt t=0

GES: Mit welcher konstanten Beschleunigung bzw. Bremsverzögerung a_2 muß der Fahrer des Fahrzeuges 2 beschleunigen bzw. bremsen, um eine Kollision gerade noch zu vermeiden?

Aufgabe 3.1.3

Nockentrieb

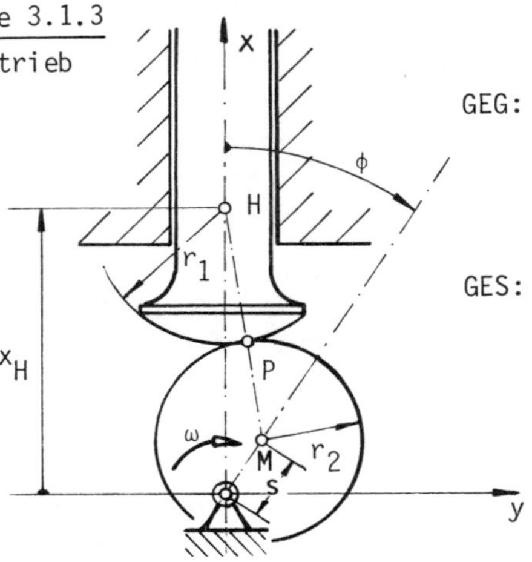

GEG: Stössel: r_1

Nocke: s, r_2, Winkelgeschwindigkeit ω=konstant

GES: a) x_H, $\dot{x}_H$, $\ddot{x}_H$ als Funktionen des Drehwinkels ϕ.

b) Relativgeschwindigkeit zwischen Nocke und Stössel im Berührpunkt P als Funktion von ϕ.

Aufgabe 3.1.4

GEG: Anordnung r_1, r_2,
Geschwindigkeit v_1 der Rolle 1. Das um die Rollen geschlungene Seil ist als undehnbar zu betrachten und es tritt kein Gleiten zwischen den Kontaktpartnern auf.

GES: Winkelgeschwindigkeit ω_1 der Rolle 1; Geschwindigkeit v_2 und Winkelgeschwindigkeit ω_2 der Rolle 2.

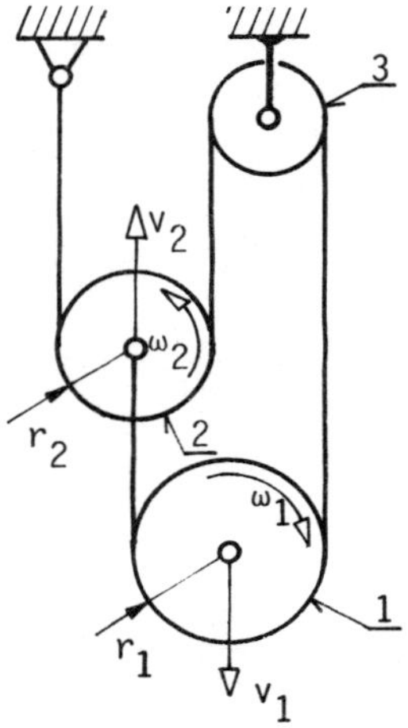

Aufgabe 3.1.5

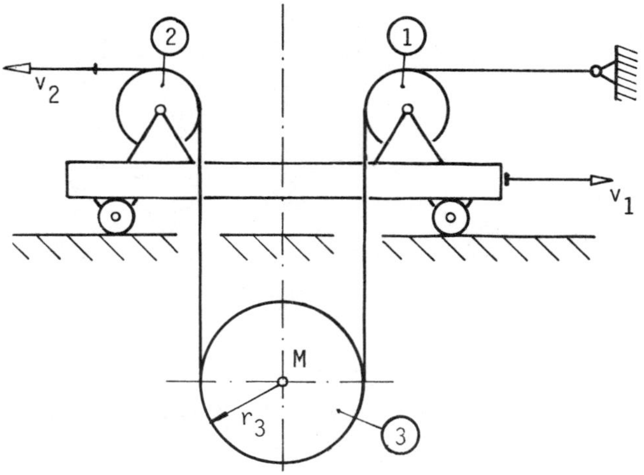

Kranlaufkatze

GEG: Radius r der Rolle 3
Geschwindigkeiten v_1, v_2

GES: Geschwindigkeit $\vec{v}_M$ des Mittelpunktes M und Winkelgeschwindigkeit ω_3 der Rolle 3 unter der Voraussetzung, daß M stets in der Mitte zwischen den Rollen 1 und 2 bleibt.

Aufgabe 3.1.6

Teil eines Planetengetriebes

GEG: Zahnrad 1: R, ω_1, $\dot{\omega}_1$
Steg 2: ω_2 = konstant
Zahnrad 3: r, Lage des Punktes P: ψ

GES: für den betrachteten Augenblick
a) ω_3, $\dot{\omega}_3$
b) $\vec{v}_P$, $\vec{a}_P$ dargestellt in dem mit dem Steg mitrotierenden Koordinatensystem $\vec{e}_r$, $\vec{e}_\phi$, $\vec{e}_z$

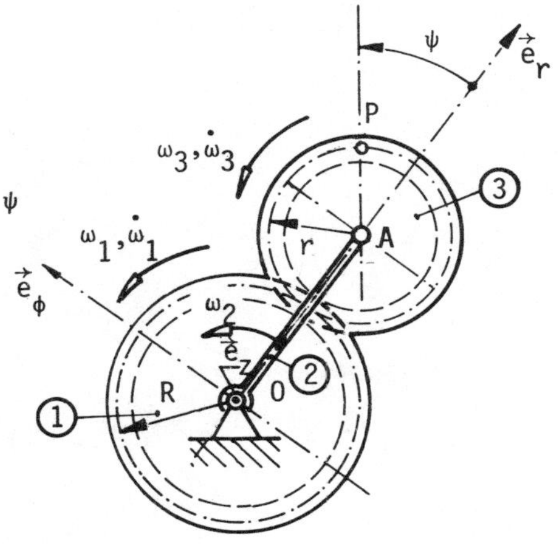

Aufgabe 3.1.7

Der mit der Winkelgeschwindigkeit $\vec{\omega}_1$ rotierende Teil 1 wird über Kugeln 3, die in einer kreisförmigen Rille des festen Teiles 2 laufen, abgestützt.

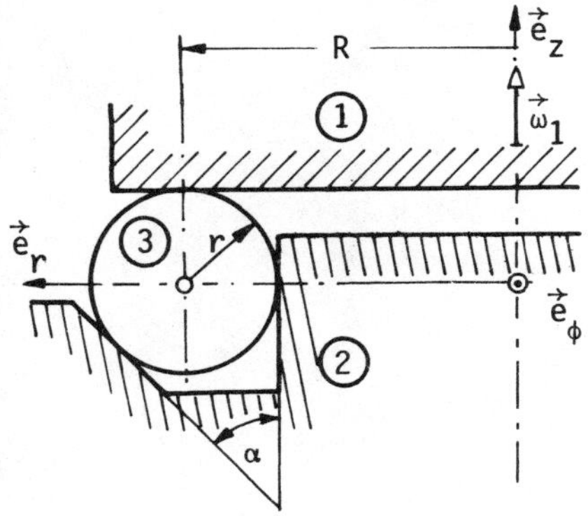

GEG: R, r; α;
Winkelgeschwindigkeit $\vec{\omega}_1$ = konstant.
Gleitfreies Rollen (keine Relativgeschwindigkeiten in den Kontaktpunkten zwischen den Kugeln und den Körpern 1 und 2).

GES: rechnerisch
a) Winkelgeschwindigkeit $\vec{\omega}_3$ der dargestellten Kugel im mit dem Kugelmittelpunkt mitbewegten $\vec{e}_r$, $\vec{e}_\phi$, $\vec{e}_z$-System.
b) Umlaufzeit τ der Kugel in der Rille.

Da einige Beispiele zur Kinetik auch spezielle kinematische Überlegungen erfordern, wird hier auf weitere Aufgaben verzichtet. Die Kinematik der Relativbewegung wird graphisch im Teil 3.2 behandelt; ihre rechnerische Anwendung findet sich in der Aufgabe 4.1.6 und in den Beispielen des Abschnittes 4.4.

3.2. Ebene Kinematik, graphische Lösungen

Aufgabe 3.2.1

Gelenkviereck mit aufgesetztem Dreieck (Schema eines Verladekranes)

GEG: $\overline{OP} = 9$ m $\overline{PA} = 3$ m

$\overline{OM} = 4$ m $\overline{AM} = 5$ m

$\alpha = 60^o$ $\overline{PQ} = 6$ m

$\beta = 30^o$

Geschwindigkeit:

$v_A = 80\text{cm/s} = \text{konstant}$

Längenmaßstab:

$\mu_L = 1\text{m/cm}$

Geschwindigkeitsmaßstab:

$\mu_V = 20\text{cm s}^{-1}/\text{cm}$

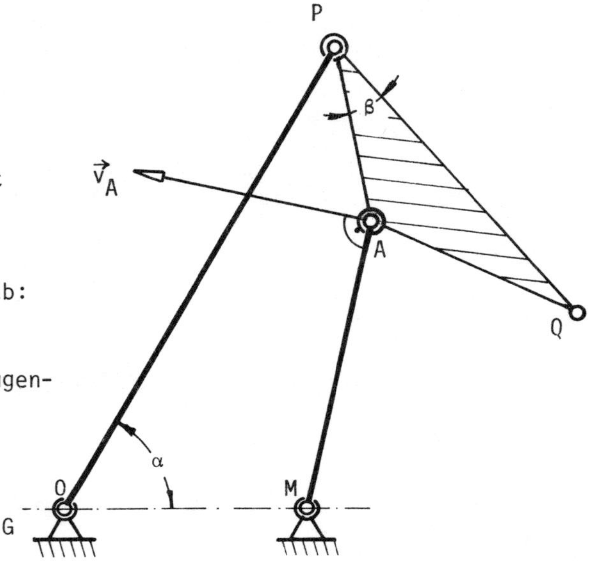

GES: für den betrachteten Augenblick:

a) Geschwindigkeiten: $\vec{v}_P$, $\vec{v}_Q$

b) Geschwindigkeitspol G des Dreiecks $\overline{PAQ}$

c) Beschleunigungen: $\vec{a}_P$, $\vec{a}_Q$

d) Krümmungsmittelpunkt Ω_Q der Bahnkurve von Q

e) Betrag der Beschleunigung des Punktes Q

Aufgabe 3.2.2

Antrieb einer Dampflokomotive

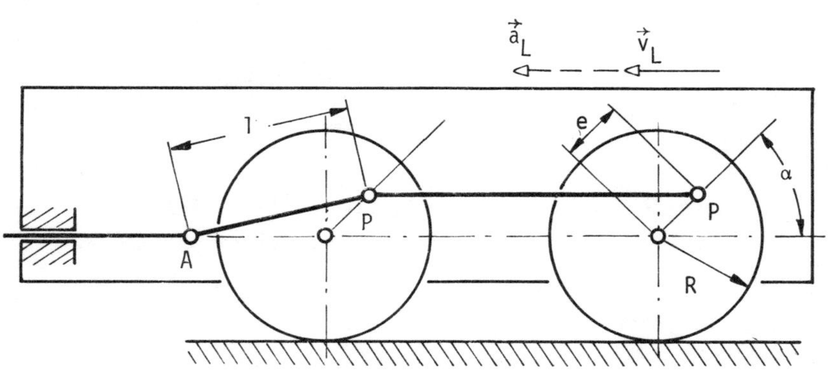

GEG: $R = 70$ cm, $e = 40$ cm, $l = 120$ cm;

$\alpha = 45^o$

Lok: Geschwindigkeit $v_L = 4{,}5$ km/h,

gleitfreies Rollen der Räder, Beschleunigung $a_L = 0{,}6$ m/s^2.

Maßstäbe: $\mu_L = 40$ cm/cm, $\mu_v = 1$ kmh^{-1}/cm

GES: für das Gelenk A:

a) Geschwindigkeit $\vec{v}_A$ und Relativgeschwindigkeit $\vec{v}_{rel}$ bezüglich der Lok.

b) Beschleunigung $\vec{a}_A$.

Aufgabe 3.2.3

Antrieb einer Ölförderpumpe

GEG: $r = 0{,}5$ m; $b = 2{,}2a$; $c = 0{,}8a$; $d = 0{,}7a$; $\alpha = 45^o$;

ω = konstant, $v_A = 1$ ms^{-1},

Maßstäbe: $\mu_L = 0{,}5$ m/cm; $\mu_v = 0{,}4$ ms^{-1}/cm;

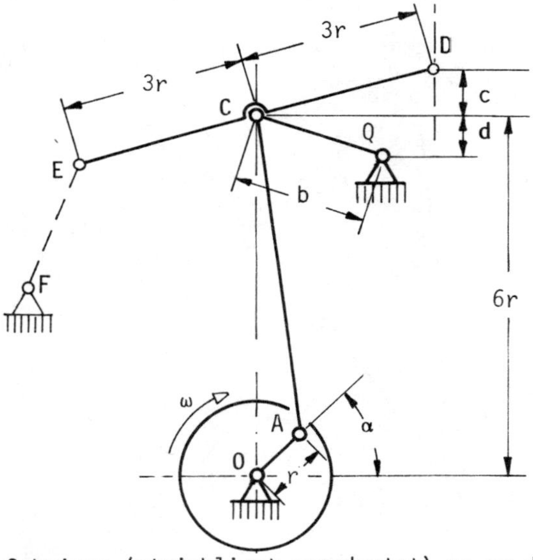

Bei E soll eine Schwinge (strichliert angedeutet) so an das System angeschlossen werden, daß für den Stangenpunkt D eine Geradführung erreicht wird ($\vec{v}_D$, $\vec{a}_D$ vertikal):

GES: Geschwindigkeitspol G der Stange DE, erforderliche Lage des Anlenkpunktes F.

Aufgabe 3.2.4

Schema einer Kapselpumpe

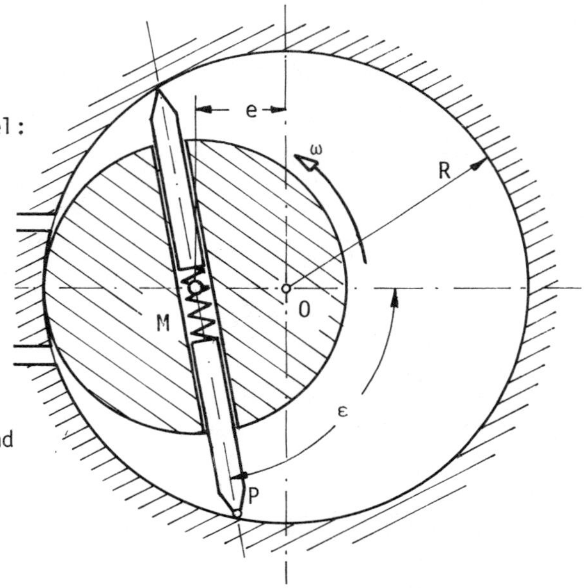

GEG: $R = 4$ cm, $e = 1{,}5$ cm;
momentaner Stellungswinkel:
$\varepsilon = 80^o$
Winkelgeschwindigkeit:
ω = konstant = $10\ s^{-1}$
Maßstäbe:
$\mu_L = 1$ cm/cm
$\mu_v = 0{,}1\ ms^{-1}$/cm

GES: Man bestimme graphisch die Geschwindigkeit $\vec{v}_P$ und Beschleunigung $\vec{a}_P$ des Punktes P des Schiebers.

Aufgabe 3.2.5

Kinematik der Relativbewegung, System mit zwei Freiheitsgraden

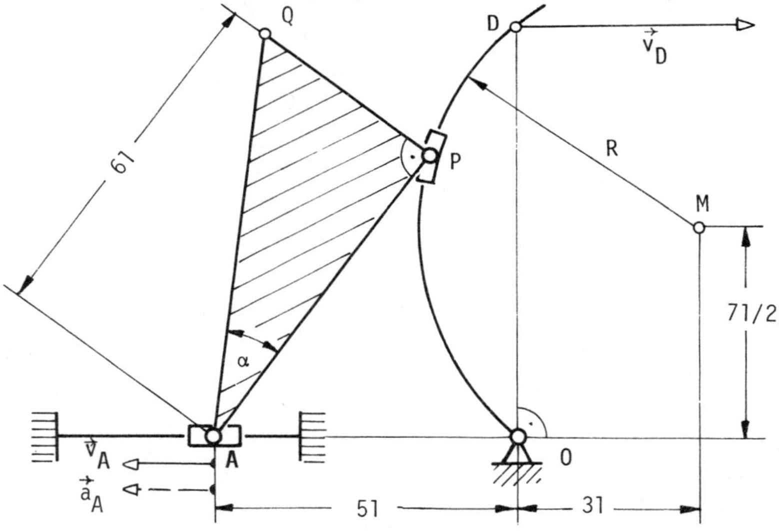

GEG: $l = 1$ cm , $\alpha = 30^o$
$v_D = 80\ cms^{-1}$ = konstant
$v_A = 40\ cms^{-1}$, $a_A = 8\ ms^{-2}$

Maßstäbe: $\mu_L = 1$ cm/cm
$\mu_v = 20\ cms^{-1}$/cm

GES: a) Geschwindigkeitsplan für das Dreieck APQ, v_Q
b) Beschleunigungsplan für APQ, a_Q
c) Position des Beschleunigungspoles von APQ im Lageplan.

4.1 Kinetik der Punktmasse

Aufgabe 4.1.1

Wie lautet der Zusammenhang zwischen der Anfangsgeschwindigkeit v_0 und dem Winkel α, um von Punkt A aus die Mauerkante der hinteren Wand (Punkt P) zu treffen? Wie groß muß α mindestens sein, und welche Geschwindigkeit v_1 gehört zu diesem Winkel?

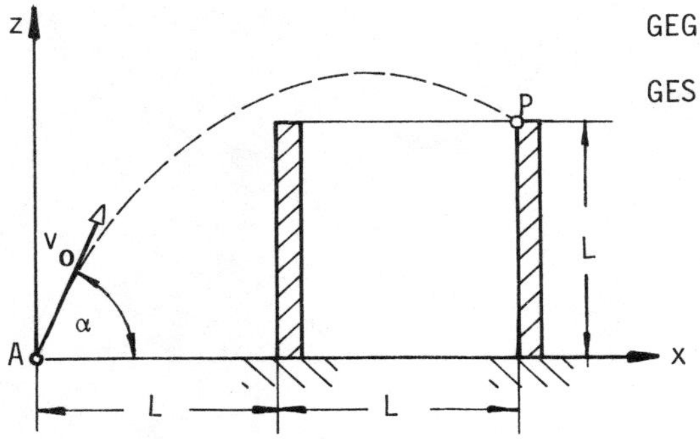

GEG: L; kein Luftwiderstand

GES: a) Zusammenhang zwischen v_0 und α damit P getroffen wird.

b) Kleinstmöglicher Wert α_m und dazugehörige Anfangsgeschwindigkeit v_1.

Aufgabe 4.1.2

Eine Punktmasse gleitet reibungsfrei längs einer unter dem Winkel α gegen die Vertikale geneigten Bahn bis zur Höhe y=0. In welcher Höhe y_A und zu welcher Zeit t_A muß sie losgelassen werden, damit sie nach dem Verlassen der Bahn entlang der Achse einer Bohrung in einem Brett fällt, das sich mit konstanter Geschwindigkeit V in x-Richtung bewegt?

Zur Zeit t_0 deckt sich die Achse der Bohrung mit der y-Achse.

GEG: L, α, t_0, V;
kein Luftwiderstand

GES: y_A, t_A

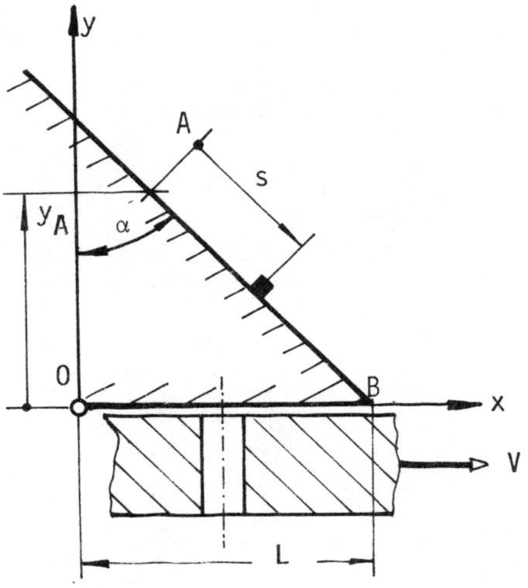

Aufgabe 4.1.3

Bewegung einer einseitig reibungsfrei geführten Punktmasse.

GEG: r

GES: Bereich für die Anfangshöhe h, aus der die Punktmasse m ohne Anfangsgeschwindigkeit losgelassen werden darf, damit sie im Bereich BD nicht von der Führung abhebt und über den Punkt C hinwegkommt. Welche Bedingung muß hiebei für den Winkel ψ erfüllt sein?

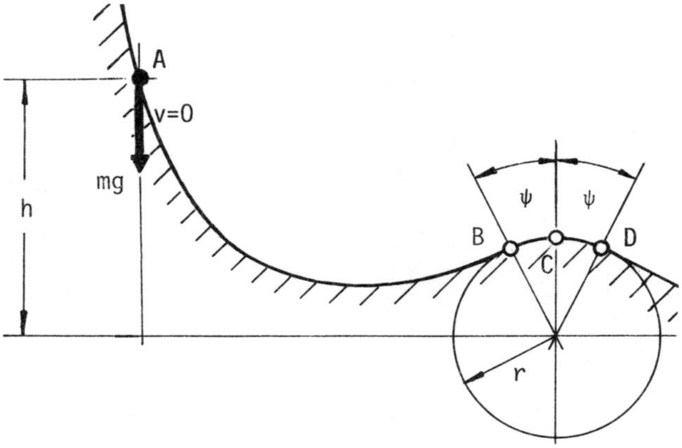

Aufgabe 4.1.4

An der Wand eines Hohlkegels mit dem Öffnungswinkel α, der sich mit konstanter Winkelgeschwindigkeit ω dreht, ruht eine kleine Scheibe (Punktmasse m) bei gegebener Haftgrenzzahl μ_h.

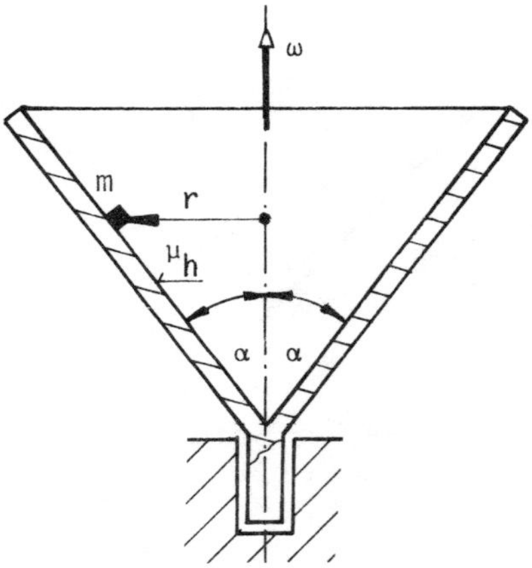

GEG: ω = konstant, μ_h

GES: In welchem, vom jeweiligen Winkel α abhängigen Bereich von r ($r_i \leq r \leq r_a$) kann die Punktmasse an der Wand haften.

Aufgabe 4.1.5

Die Laufkatze eines Kranes fährt mit konstanter Beschleunigung a_L an.

GEG: Punktmasse m,
näherungsweise masseloses Seil;
Länge l, stets gespannt.
Beschleunigung a_L
Anfangsbedingungen: $\phi=0$, $\dot{\phi}=0$

GES: a) Bewegung $\dot{\phi}(\phi)$ der Punktmasse
b) maximale Seilkraft S_{max}

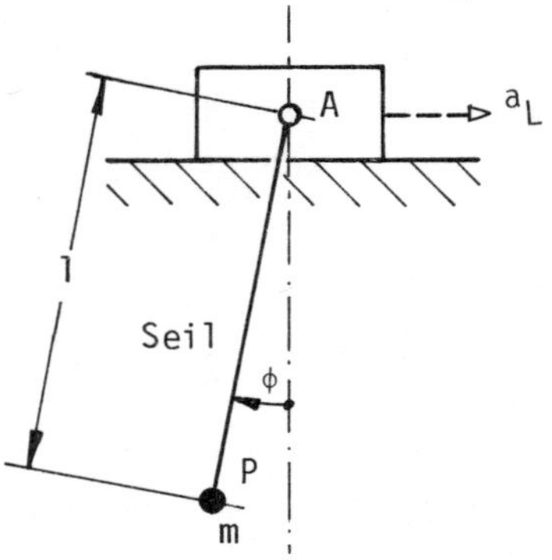

Aufgabe 4.1.6

Schema eines Drehkranes.

GEG: Wagen 1: näherungsweise als Punktmasse m betrachtet, abhebesicher reibungsfrei geführt: r, $\dot{r}$, $\ddot{r}$
Schwenkarm 2: ϕ, $\dot{\phi}$, $\ddot{\phi}$
Drehsäule 3:
Winkelgeschwindigkeit Ω,
Winkelbeschleunigung $\dot{\Omega}$.

GES: Differenz S_2-S_1 der Seilkräfte;
Kraft vom Schwenkarm auf den Wagen.

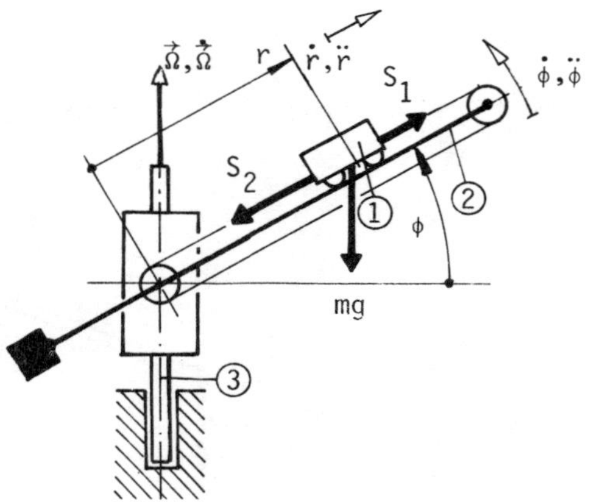

4.2 Anwendungen von Schwerpunkt- und Drallsatz

Aufgabe 4.2.1

In der Gepäckablage eines Fahrzeugs liegt eine Kiste. Wie groß darf die Verzögerung $\bar{a}$ des Fahrzeugs maximal sein, daß die Kiste weder zu rutschen beginnt,noch umkippt?

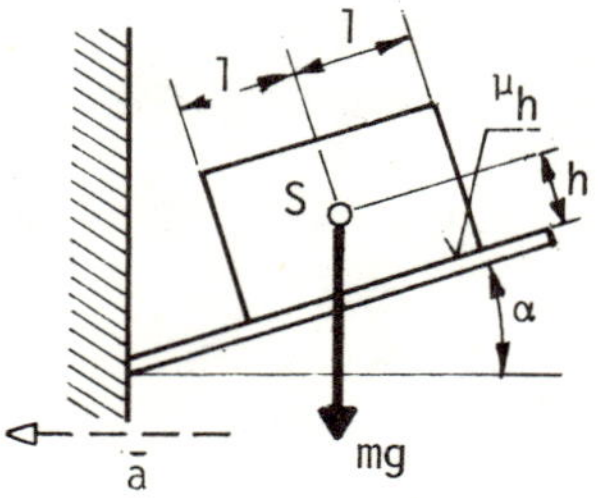

GEG: α

Kiste: l, h; Masse m

Haftgrenzzahl μ_h zwischen Kiste und Unterlage.

Bei konstanter Fanrgeschwindigkeit ist die Kiste auf der Ablage in Ruhe.

GES: $\bar{a}_{max}$

Aufgabe 4.2.2

Eine dünne, homogene Stange gleitet in zwei Führungen A, B mit Reibung.

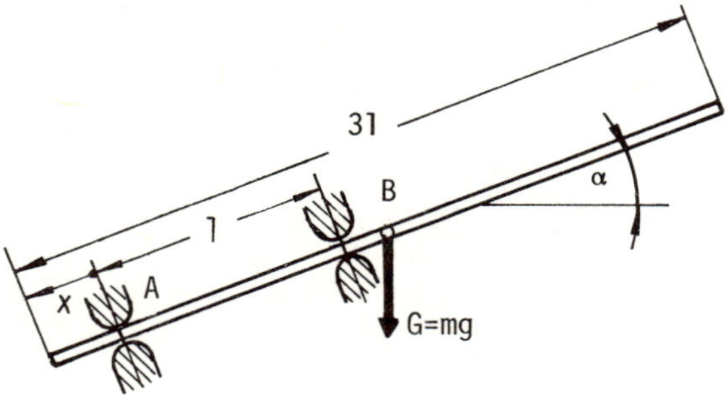

GEG: Gewicht G=mg, l, α
Gleitreibungs-koeffizient μ_g,
Anfangsbedingungen: $x=0$, $\dot{x}=v=0$

GES: Geschwindigkeit v der Stange als Funktion von x für $0 \leq x \leq 2l$

Aufgabe 4.2.3 (Bild auf der nächsten Seite)

Vereinfachtes Schema eines Drehzahlreglers für einen Elektromotor

GEG: Homogener Stab auf einer horizontalen Scheibe, die um die vertikale Achse durch 0 rotiert ;

Stab: im Punkt A reibungsfrei drehbar gelagert ;
Abmessung l_1 , Masse m
Trägheitsmoment $I_s = mi_s^2$ bezüglich Achse durch S parallel zur Drehachse

Scheibe: Abmessungen l_2, l_3 ;

Lineare Feder: Federkonstante c, Länge l_0 der ungespannten Feder,

Winkelgeschwindigkeit ω_0

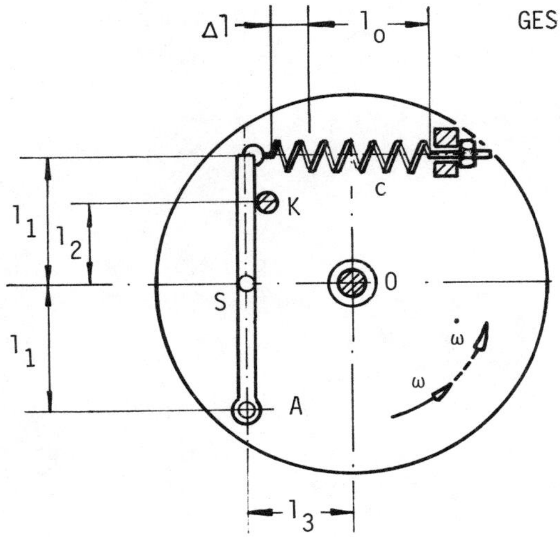

GES: a) Wie groß muß die Vorspannstrecke Δl für die Feder sein, damit die Kontaktkraft K bei der konstanten Winkelgeschwindigkeit ω_o gerade Null wird?

b) Wie hängt bei so bestimmtem Δl die Kontaktkraft K bei beschleunigter Drehung von $\dot{\omega}$ und ω ab und

c) bei welcher Winkelgeschwindigkeit ω_1 wird K nun gleich Null? (Verfälschung durch $\dot{\omega}$)

d) Man berechne Δl für die gegebenen Werte:

l_1 = 30 mm, m = 10 gramm

l_2 = 20 mm, c = 0,2 N/mm

l_3 = 30 mm, ω_o entsprechend 1200 U/min

Aufgabe 4.2.4

Die Rolle soll mit einer gewünschten Beschleunigung a_S nach aufwärts gezogen werden.

GEG: Rolle: r, $a_S > 0$; Masse m,

Trägheitsmoment $I_S = m i_S^2$

Last: Masse m_1

Ideales, undehnbares Seil: masselos.

Haftgrenzzahl gleich Gleitreibungskoeffizient μ zwischen Seil und Rolle.

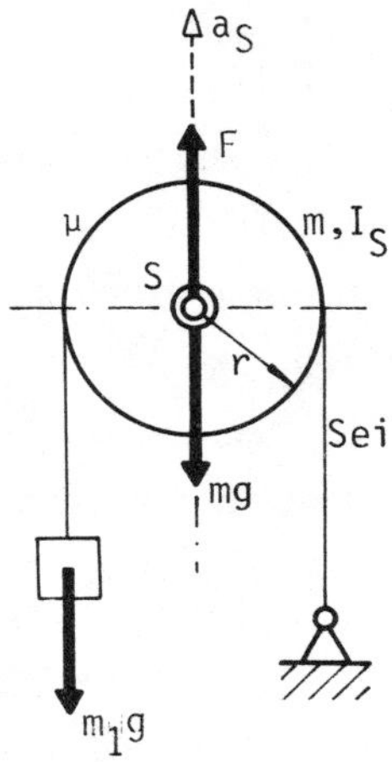

GES: unter der Bedingung, daß das Seil auf der Rolle nicht gleitet:

a) erforderliche Kraft F, Kräfte im Seil,

b) wie groß darf die Beschleunigung a_S maximal sein?

Aufgabe 4.2.5

Ein Maschinenteil rotiert mit veränderlicher Winkelgeschwindigkeit.

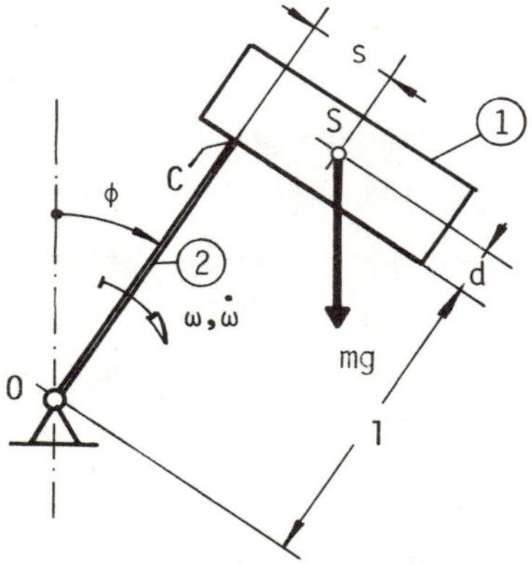

GEG: l, d, s; ϕ, ω, $\dot{\omega}$

Teil 1: Masse m, Trägheitsmoment I_S; bei C starr mit Stab 2 verbunden.

GES: Im Stabquerschnitt unmittelbar bei C: Normalkraft, Querkraft und Biegemoment in Abhängigkeit von ϕ, ω, $\dot{\omega}$.

Aufgabe 4.2.6

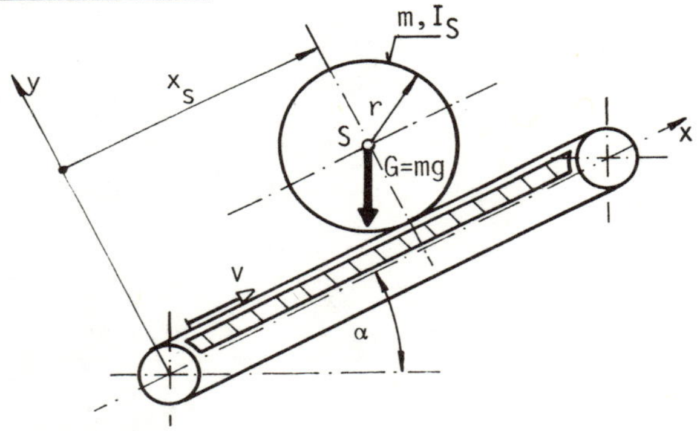

Förderband:
Eine Walze wird in Ruhe auf das unter dem Winkel α mit konstanter Geschwindigkeit v aufwärts laufende Band auf gesetzt und bleibt dann sich selbst überlassen.

GEG: Walze: Radius r, Masse m, Trägheitsmoment $I_S = m i_S^2$;
zur Zeit $t=0$ ist die Walze in Ruhe

Band: α; Geschwindigkeit $v = \text{konstant}$

Gleitreibungskoeffizient μ_g zwischen Walze und Band.

GES: a) Bedingung für μ_g, damit sich der Schwerpunkt der Walze aufwärts zu bewegen beginnt.

b) Nach welcher Zeit τ tritt dann gleitfreies Rollen ein?

c) Mit welcher Beschleunigung $\ddot{x}_S$ bewegt sich die Walze für $t > \tau$?

Aufgabe 4.2.7

Eine Walze wird durch eine, auf einer rauhen Unterlage gleitende Stange abgebremst.

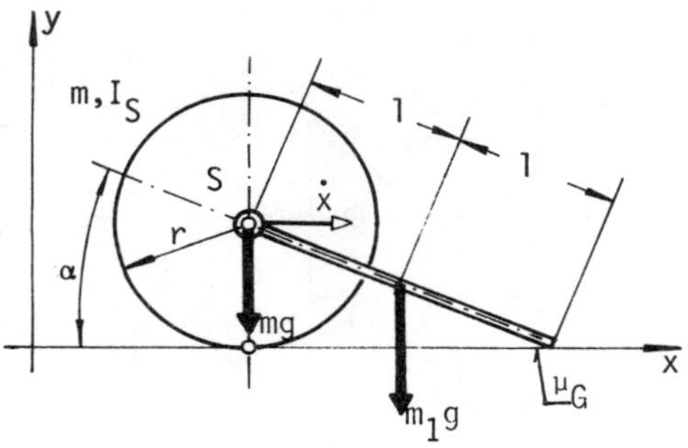

GEG: Walze: r, Masse m,
Trägheitsmoment I_S,
gleitfreies Rollen.
Dünne, homogene Stange: l,
Masse m_1.
$\alpha = \arcsin(r/2l)$
Lagerung der Stange in S reibungsfrei
Gleitreibungskoeffizient μ_g zwischen Stange und Unterlage.
Anfangsbedingungen: $x=0$, $\dot{x}=v_o$

GES: a) Geschwindigkeit $\dot{x}(x)$ der Walze;
b) Biegemoment M_B in der Mitte der Stange

Aufgabe 4.2.8

Eine Walze mit exzentrischer Schwerpunktslage wird mit konstanter Geschwindigkeit v_o gezogen. Wie groß ist die Amplitude der Stangenkraft F für den Fall des gleitfreien Rollens?

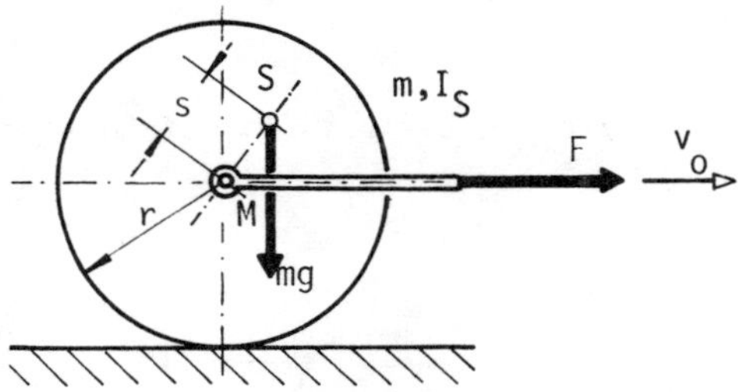

GEG: s, r; Masse m,
Trägheitsmoment I_S
gleitfreies Rollen
Lagerung reibungsfrei

GES: Amplitude der Stangenkraft F

Aufgabe 4.2.9

Eine homogene Scheibe beginnt aus der Ruhe auf einer Kante abzukippen.

GEG: homogene Scheibe: Radius r, Masse m;

Haftgrenzzahl μ_h zwischen Scheibe und Kante
Anfangsbedingungen: $\psi = \psi_o$, $\dot{\psi} = 0$

GES: Bestimmungsgleichung für den Winkel ψ_1, bei dem die Scheibe zu gleiten beginnt.

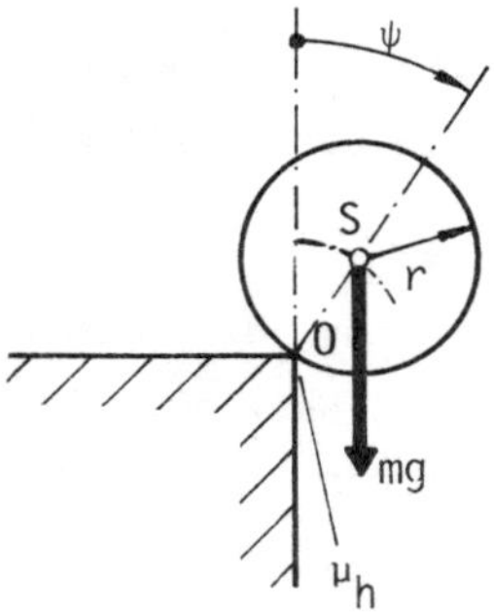

Aufgabe 4.2.10

Ein Fahrzeug wird in der Geradeausfahrt durch Scheibenbremsen an den vier Rädern gebremst.

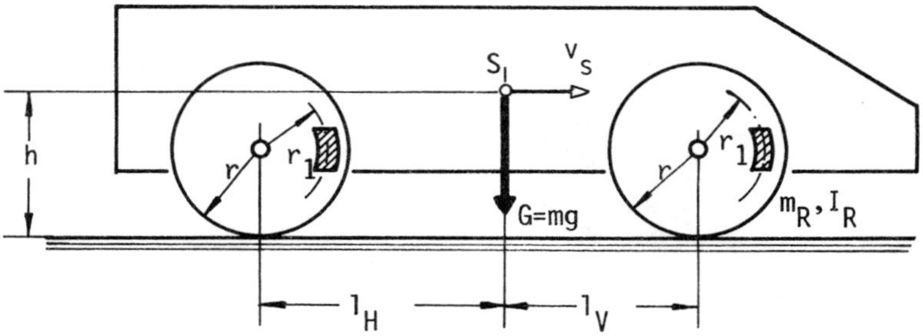

GEG: l_V, l_H, r, r_1, h

Für jedes Rad: Masse m_R, Trägheitsmoment I_R;
Bremskraft R_V bzw. R_H im Abstand r_1 von der Drehachse;
gleitfreies Rollen auf der Fahrbahn;
Haftgrenzzahl μ_h zwischen Rad und Fahrbahn.

Gesamtgewicht G=mg des Fahrzeugs (mit Rädern).

Fahrzeug und Kräfte symmetrisch bezüglich der Längsmittelebene.

GES: a) Bremsverzögerung zufolge der Bremskräfte R_V, R_H.

b) Aufstandskräfte der Räder.

c) R_V, R_H für maximal mögliche Bremsverzögerung.

Aufgabe 4.2.11

Mit einer Bandbremse wird eine rotierende Scheibe bis zum Stillstand abgebremst.

GEG: Scheibe 1: r, Trägheitsmoment I_0
Anfangsbedingung: t=0: $\omega=\omega_0$
starrer Balken 2: $l > 2r$, F
Eigengewicht vernachlässigbar.
Ideales Seil (Band): undehnbar, masselos;
Gleitreibungskoeffizient μ_g zwischen Seil und Scheibe

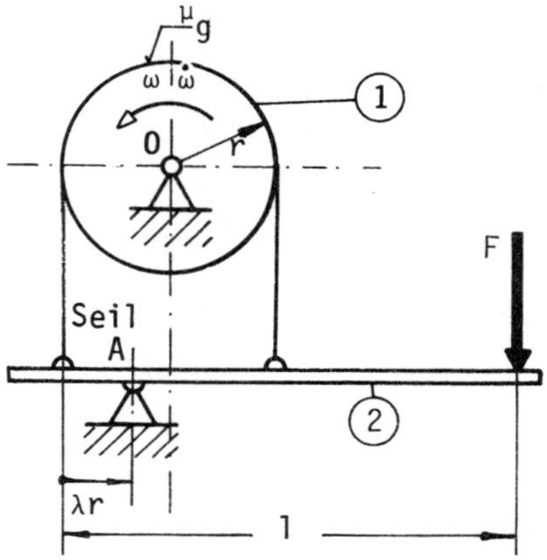

GES: a) Schranken für den Wert von λ, der die Position des Auflagers A festlegt.

b) Zeit T bis zum Stillstand.

4.3. Schwingungen

Aufgabe 4.3.1

GEG: 1

Körper: Masse m, Trägheitsmoment $I_A = mi_A^2$; reibungsfrei drehbar in A gelagert.

2 gleiche lineare Federn: Federkonstante c, bei $\phi = 0$ gegengleiche Druckkräfte auf den Körper.

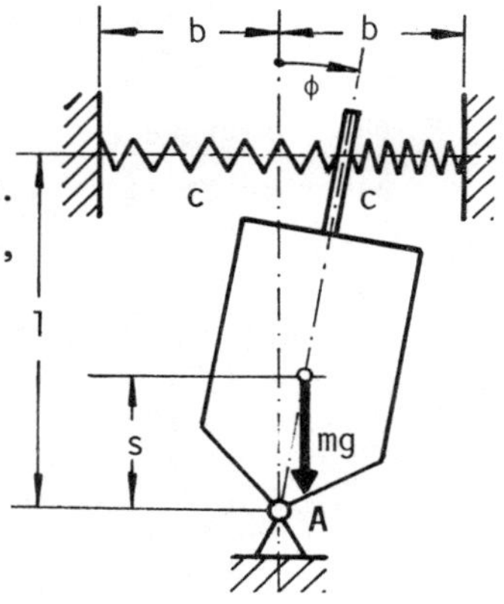

GES: für kleine Winkel ϕ:

a) Welche Voraussetzung muß erfüllt sein, damit eine Schwingung möglich ist?

b) Schwingungsdauer.

Aufgabe 4.3.2

Eine Walze rollt gleitfrei auf einem Fundament.

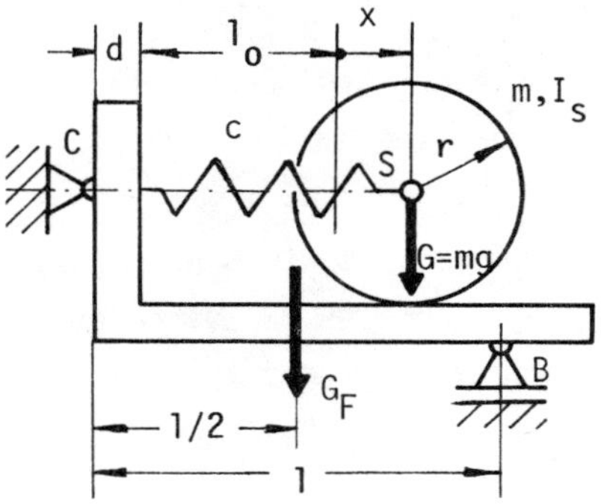

GEG: Walze: r, Masse m;

Trägheitsmoment $I_S = mi_S^2$;

Amplitude A der harmonischen Schwingung x(t).

lineare Feder: Federkonstante c, l_o

Fundament: d, l, Gewicht G_F.

GES: Maximale Kräfte auf das Fundament in C und B.

Aufgabe 4.3.3

Ein Drehschwinger ist so in einem frei drehbaren Gehäuse montiert, daß die beiden Drehachsen zusammenfallen.

GEG: Gehäuse 1: Trägheitsmoment I_1 } um die

Masse 2: Trägheitsmoment I_2 } Drehachse

lineare Drehfeder: Federkonstante c_T

Lagerungen reibungsfrei.

Anfangsbedingungen: für t=0: $\omega_1 = \nu$;

Winkelgeschwindigkeit der Masse 2 gegen das Gehäuse $\omega_{21} = \delta$;

Drehfeder entspannt.

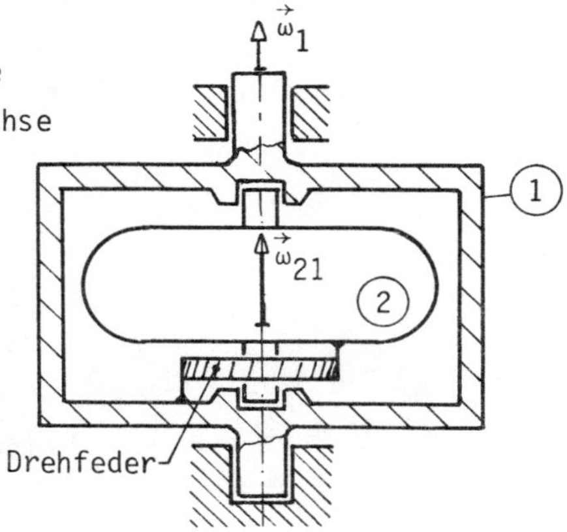

GES: Winkelgeschwindigkeit $\omega_1(t)$ des Gehäuses.

Aufgabe 4.3.4

Anordnung zur Bestimmung des Schubmoduls G eines Drahtes.

GEG: Draht: Länge L, Radius r,

Verschiebliche Punktmassen: m

Bei zwei Versuchsdurchgängen (l_1, l_2) wurde jeweils die Schwingungsdauer bestimmt: τ_1, τ_2.

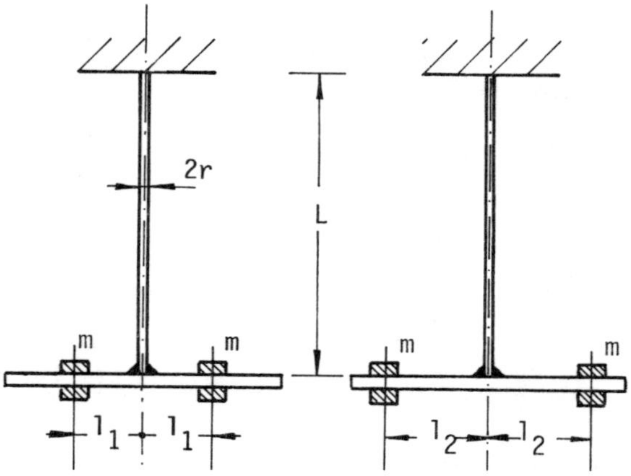

GES: Formel zur Bestimmung des Schubmoduls aus den gegebenen Daten bei unbekanntem Trägheitsmoment I_0 des Querbalkens um die Drahtachse.

Aufgabe 4.3.5

Auf zwei gegenläufig rotierenden Walzen A und B wird ein dünnes Brett so aufgelegt, daß zur Zeit t=0 sein Schwerpunkt genau in der Mitte zwischen den Auflagepunkten zu liegen kommt und seine Anfangsgeschwindigkeit Null ist. Zu jedem späteren Zeitpunkt gleitet das Brett auf den genügend schnell rotierenden Walzen.

GEG: l, α

Masse des Brettes: m

Gleitreibungskoeffizient: μ_g

Anfangsbedingungen: $t=0$, $x=0$, $\dot{x}=0$.

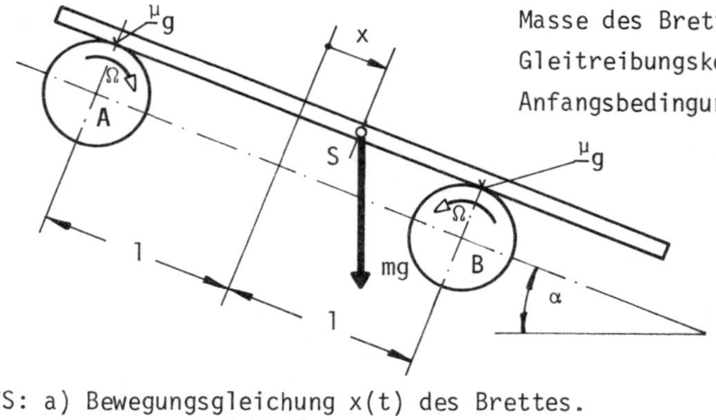

GES: a) Bewegungsgleichung x(t) des Brettes.

b) Jener Grenzwinkel α_{max}, für den sich gerade noch eine Schwingung des Brettes einstellt.

Aufgabe 4.3.6

Schwingungsfähiges System mit einem Freiheitsgrad.

GEG: Anordnung, 2 gleiche homogene Scheiben 1, 2:
Masse m, Massenträgheitsmoment I_S um die Drehachse durch den Schwerpunkt, Radius r.
Es tritt kein Gleiten zwischen den Scheiben und dem idealen, undehnbaren Seil auf.
Lagerungen reibungsfrei.
2 lineare Federn: Federkonstante c_1, c_2
entspannt bei $\xi = 0$.

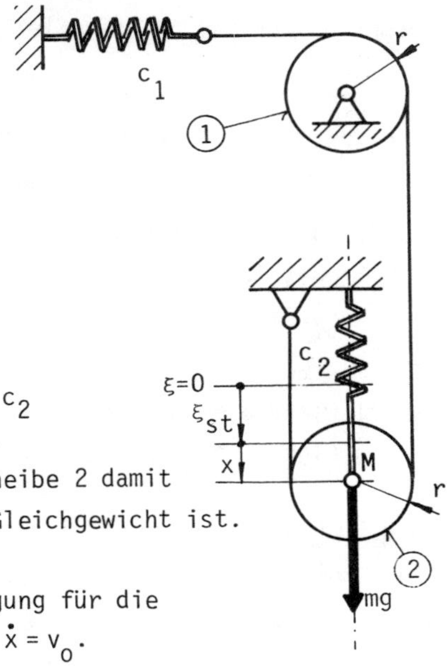

GES: a) Lage ξ_{st} des Mittelpunktes der Scheibe 2 damit das System unter Eigengewicht im Gleichgewicht ist.
b) Schwingungsdauer des Systems.
c) Amplitude der ungedämpften Schwingung für die Anfangsbedingungen für t=0: $x = 0$, $\dot{x} = v_0$.

Aufgabe 4.3.7

Auf einem mit $x(t) = x_0 + A\cos\Omega t$ horizontal schwingenden Fundament ist ein Meßgerät befestigt.

GEG: Kreisfrequenz Ω
Meßgerät: Masse m, reibungsfrei geführt.
lineare Feder: Federkonstante c.
geschwindigkeitsproportionaler Dämpfer: k;
Amplitude A_{rel} der Schwingung der Masse m relativ zum Gehäuse im eingeschwungenen Zustand.

GES: Amplitude A der Fundamentschwingung

Hinweis: Im eingeschwungenen Zustand braucht nur die Partikulärlösung $\xi(t) = K_1\cos\Omega t + K_2\sin\Omega t + K_0$ der Schwingungsgleichung für m betrachtet zu werden.

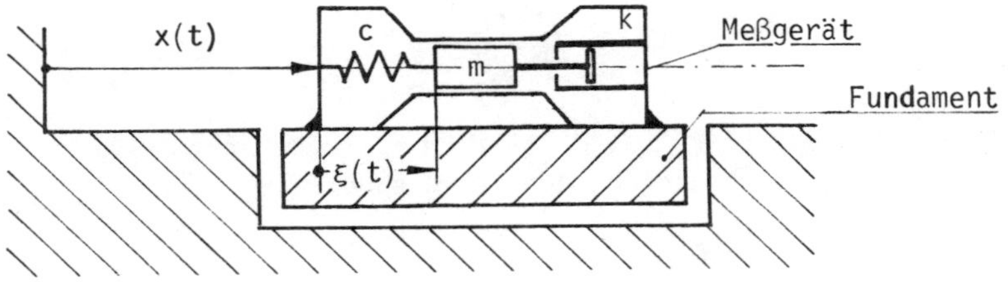

Aufgabe 4.3.8

Die Weg-Zeit-Kurve x(t) der Schwingungen eines linearen Schwingers mit geschwindigkeitsproportionaler Dämpfung

$$m\ddot{x} + k\dot{x} + cx = 0$$

wurde durch ein schreibendes Instrument aufgezeichnet.

GEG: Die Schwingungsdauer beträgt $\tau = 2$ s, ein Maximalausschlag x_i beträgt 5 cm und ein Maximalausschlag x_{i+5} in gleicher Richtung nach 5 weiteren vollen Schwingungen beträgt 2 cm. Die Masse des Schwingers ist $m = 10$ kg.

GES: Man berechne k, die Federkonstante c, die Kreisfrequenz μ der vorliegenden gedämpften Schwingung sowie die Kreisfrequenz ω der zugehörigen ungedämpften Schwingung. ($\ln 2{,}5 = 0{,}9163$)

Aufgabe 4.3.9

Fundamentschwingung:

GEG: unwuchtiger Rotor:

Masse m_1, Exzentrizität e, Winkelgeschwindigkeit $\dot{\phi}$ wird konstant gehalten, Anfangsbedingung für t=0: $\phi = 0$.

Fundament: h, h_1, b;

Masse m, in A und B reibungsfrei gelagert.

Lineare Feder: Federkonstante c, entspannt für $x_M = 0$.

Geschwindigkeitsproportionale Dämpfung: Konstante k.

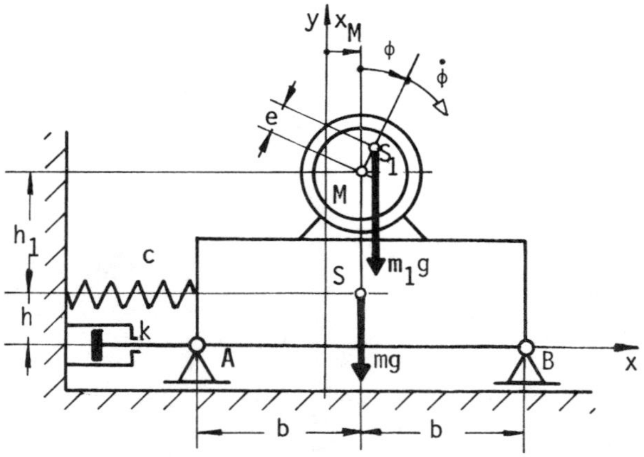

GES: Amplitude a der erzwungenen stationären Schwingung $x_M(t)$ des Fundamentes. Bestimmungsgleichungen für die Auflagerkräfte.

4.4 Kreisel

Aufgabe 4.4.1

In einer Gabel, die mit der Winkelgeschwindigkeit Ω rotiert, ist ein Rotor gelagert, der sich seinerseits mit der Winkelgeschwindigkeit ω_R relativ zur Gabel dreht.

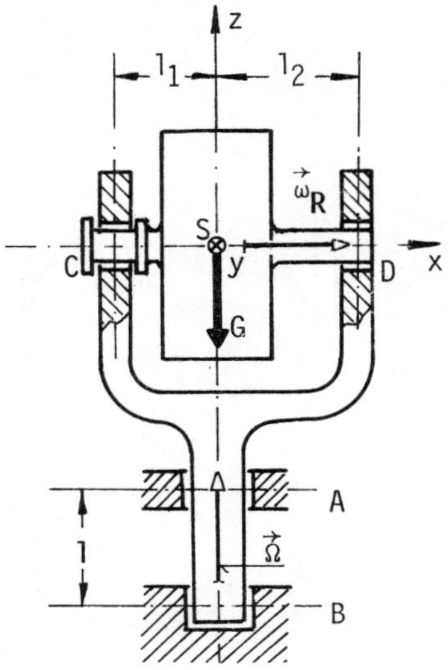

GEG: Rotor: Hauptträgheitsmomente:
I_x, $I_y = I_z = I$
Gewicht G; ω_R = konstant
Gabel: a, b, l; Ω = konstant

GES: dargestellt im gabelfesten xyz-System:

a) Drall des Rotors bezüglich S
b) Auflagerkräfte in C, D
c) Auflagerkräfte in A und B zufolge des Rotors.

Aufgabe 4.4.2

Ein Rotor ist in einem rotierenden Rahmen gelagert.

GEG: Rotor: Masse m,
Trägheitsmomente:
I_x, $I_y = I_z$,
ω_R relativ zum Rahmen
Rahmen: l, α, rotiert mit $\Omega, \dot{\Omega}$
Lagerungen reibungsfrei.

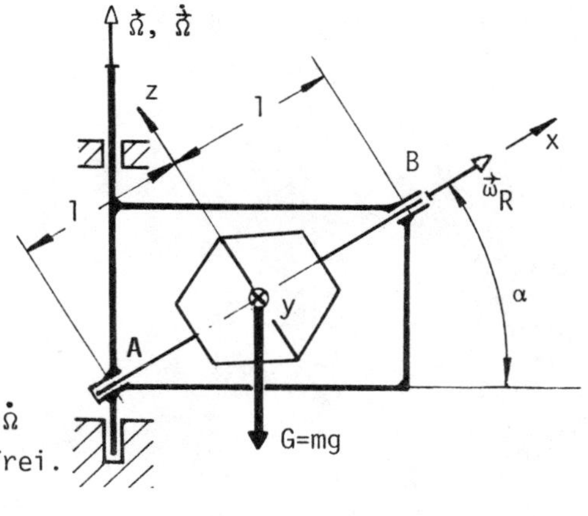

GES: Bestimmungsgleichungen für die Kräfte auf den Rotor in A und B, dargestellt im rahmenfesten xyz-System.
Relative Winkelbeschleunigung $\dot{\omega}_R$.

Aufgabe 4.4.3

Kreiselgerät als Drehzahlmesser:
In einem Rahmen 1 ist ein Gehäuse 2 reibungsfrei drehbar gelagert und mit einer Drehfeder und einem Drehdämpfer mit diesem verbunden. Ein im Gehäuse 2 gelagerter Kreisel rotiert mit der relativen Winkelgeschwindigkeit ω_R gegen dieses Gehäuse. Wird der Rahmen 1 mit einer konstanten Winkelgeschwindigkeit Ω gedreht, so stellt sich nach einem Einschwingvorgang ein konstant bleibender Winkel ϕ ein.

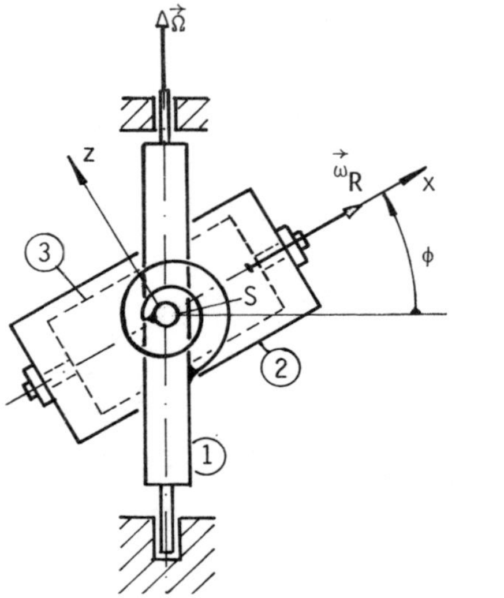

GEG: Schwerpunkte im Schnittpunkt der Drehachsen

Gehäuse 2: ϕ, Hauptträgheitsmomente I_{Gx}, I_{Gy}, I_{Gz}
lineare Drehfeder: Drehfederkonstante c_T, entspannt für ϕ=(

Kreisel 3: ω_R = konstant, Trägheitsmomente: I_x, $I_y = I_z$

GES: Ω

Aufgabe 4.4.4

Ein zylindrischer, homogener Stab ist in einer rotierenden Gabel reibungsfrei drehbar gelagert und über eine Drehfeder mit dieser verbunden.

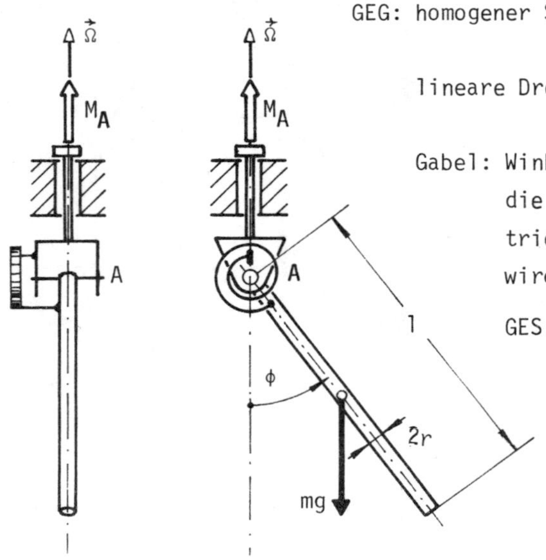

GEG: homogener Stab: Länge l, Durchmesser 2r, Masse m.
lineare Drehfeder: Drehfederkonstante c_T entspannt bei $\phi=0$
Gabel: Winkelgeschwindigkeit Ω der Gabel die durch ein entsprechendes Antriebsmoment M_A konstant gehalten wird.

GES: a) Wie groß darf Ω höchstens sein, damit der Stab für kleine Winkel ϕ eine Schwingung ausführt?

b) Antriebsmoment $M_A(\phi)$ bei reibungsfreier Lagerung der Gabel für die Anfangsbedingung: $\phi=0$, $\dot{\phi}=\nu$.

Aufgabe 4.4.5

Mit einer rotierenden Stange ist ein dünnes Blech starr verbunden.

GEG: Blech: dünne, homogene Platte, b, α, Masse $\bar{m}$ pro Flächeneinheit

Stange: Winkelgeschwindigkeit ω, Winkelbeschleunigung $\dot{\omega}$.

GES: a) Hauptträgheitsmomente des Bleches bezüglich A

b) Drall des Bleches bezüglich A

c) Bestimmungsgleichungen für die vom Blech herrührenden Schnittgrößen in der Stange als Funktionen von x.

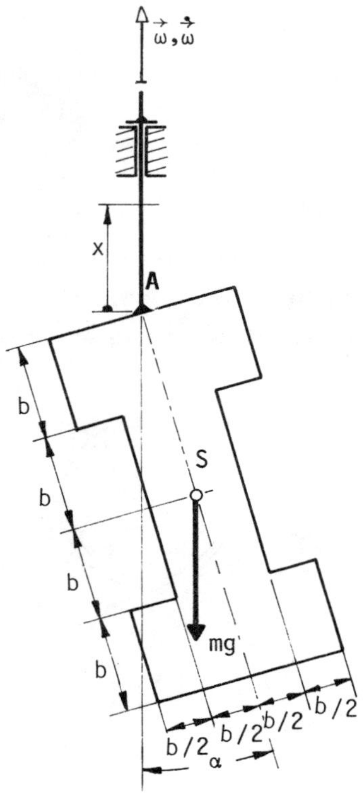

4.5 Bewegungsenergie, Arbeit, Leistung

Aufgabe 4.5.1

Bestimmung der Bewegungsenergie eines Kreisels.

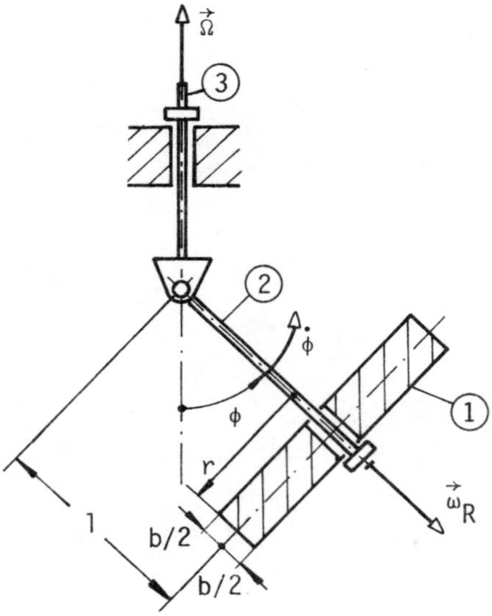

GEG: homogene Scheibe 1: b, r

Masse m, Winkelgeschwindigkeit ω_R relativ zur Stange 2

Stange 2: l, ϕ, $\dot{\phi}$

Stange 3: Winkelgeschwindigkeit Ω

GES: Bewegungsenergie der Scheibe für den betrachteten Augenblick.

Aufgabe 4.5.2

Ein dünner Ring und eine homogene Scheibe mit unterschiedlichen Massen und Radien rollen ohne zu gleiten über eine schiefe Ebene mit der Neigung α.

GEG: α, Länge l

GES: Welcher der beiden Körper, die beide bei $x = 0$ aus dem Stillstand losgelassen werden, erreicht später die Position $x = l$ und welche Geschwindigkeit hat er an dieser Stelle?

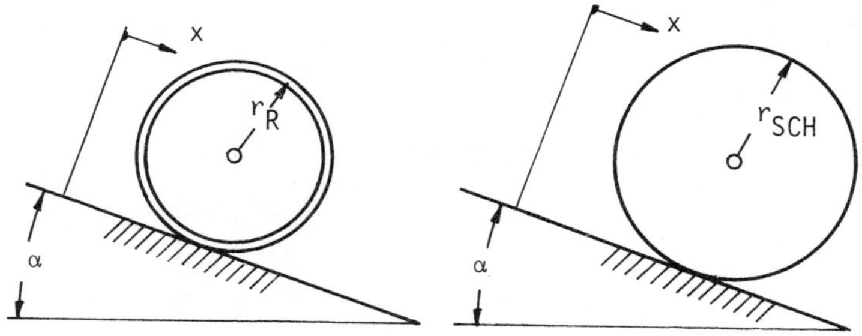

Aufgabe 4.5.3

Teil einer Förderanlage:

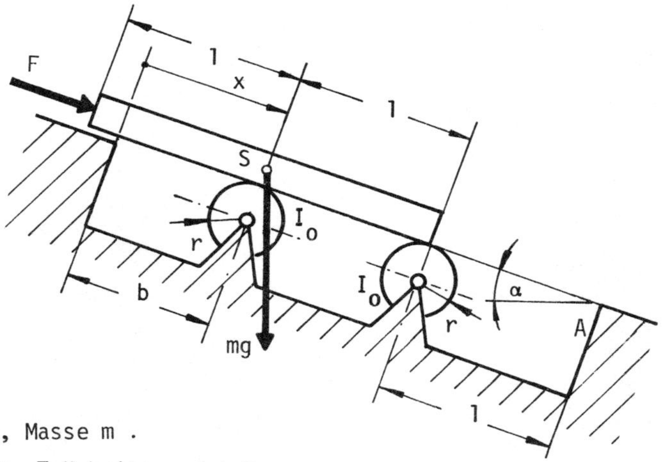

GEG: b, α

Block: l, Masse m.

Walzen: r, Trägheitsmoment I_o.

Schubkraft F = konstant wirkt solange $b \leq x \leq l$.

In der dargestellten Anfangsposition sind die Geschwindigkeit des Blockes und die Winkelgeschwindigkeiten der Walzen Null.

Lagerungen der Walzen reibungsfrei, kein Gleiten zwischen Block und Walzen; Ablauframpe ab A reibungsfrei.

GES: Geschwindigkeit $\dot{x}(x)$ im Bereich $b \leq x \leq b + 2l$

Aufgaben 4.5.4

Ungleichförmigkeitsgrad eines Schwungrades

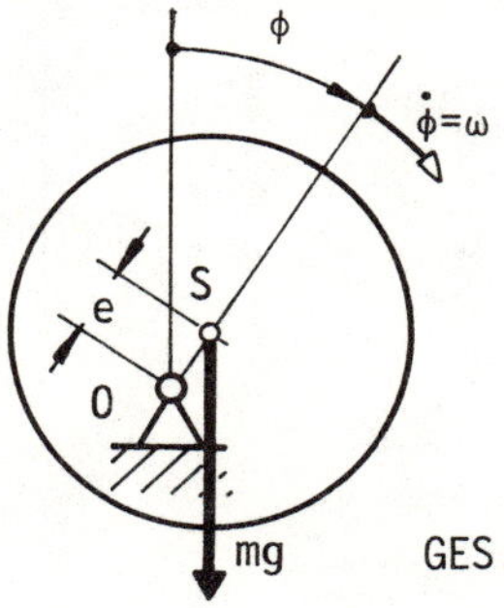

GEG: Schwungrad: e, Masse m, Trägheitsmoment $I_0 = mi_0^2$ bezüglich der Drehachse durch 0; reibungsfrei drehbar.
Winkelgeschwindigkeit $\omega = \omega_A$ für $\phi = 0$.

GES: Extremwerte ω_{max}, ω_{min} der Winkelgeschwindigkeit ω;
Mittelwert $\omega_m = (\omega_{max} + \omega_{min})/2$,
Ungleichförmigkeitsgrad $\delta = (\omega_{max} - \omega_{min})/\omega_m$.

Aufgabe 4.5.5

GEG: Walze 1: r, Masse m_1, Trägheitsmoment $I_S = m_1 i_S^2$, gleitfreies Rollen auf der Unterlage.
Führungskulisse 2: l, Masse m_2, Trägheitsmoment $I_0 = m_2 i_0^2$ bezüglich 0,
Führung und Lagerung in 0 reibungsfrei.
Anfangsbedingung: $\phi = \phi_0, \dot{\phi} = 0$.

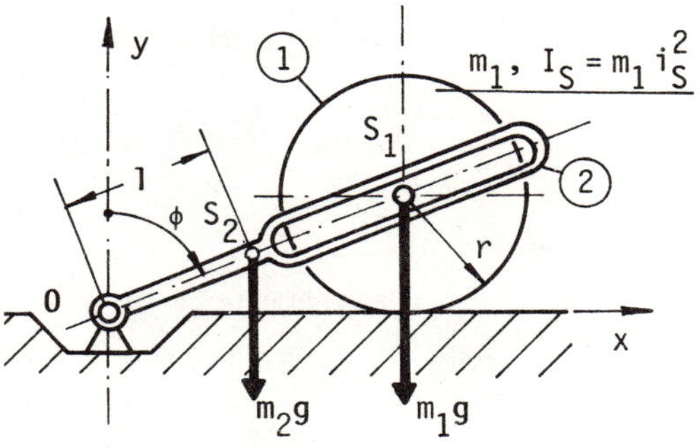

GES: Geschwindigkeit v des Walzenmittelpunktes als Funktion von ϕ.

Aufgabe 4.5.6

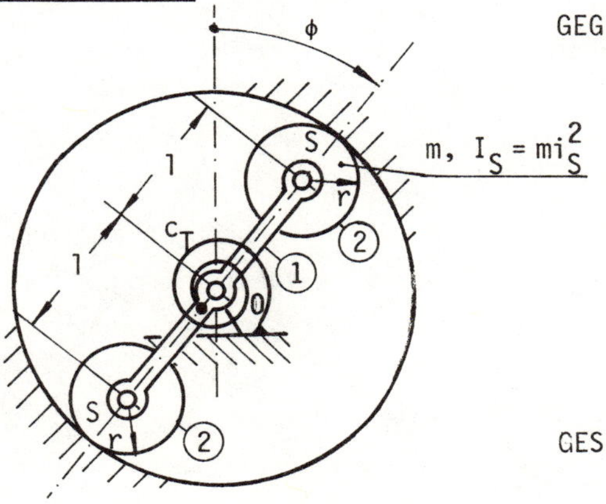

GEG: Stange 1: l, Trägheitsmoment I_0
lineare Drehfeder: Drehfederkonstante c_T, entspannt für $\phi = 0$.
Rollen 2: r, Masse m, Trägheitsmoment $I_S = mi_S^2$, gleitfreies Rollen an der festen Außenwand.
Lagerungen reibungsfrei.

GES: Schwingungsdauer unter Verwendung des Energiesatzes.

Aufgabe 4.5.7

Eigenfrequenz eines Maschinenteiles.

GEG: Das System ist für $\phi = \phi_0$ im Gleichgewicht.

Stäbe 1: l, Masse m_1, homogen

Stab 2 : Masse m_2

Rad 3: Masse m_3, Trägheitsmoment I_3 und Winkelgeschwindigkeit ω_3 = konst. um die Achse des Stabes 2.

lineare Drehfeder: entspannt bei $\phi = \alpha$, Drehfederkonstante c_T.

Alle Lagerungen reibungsfrei.

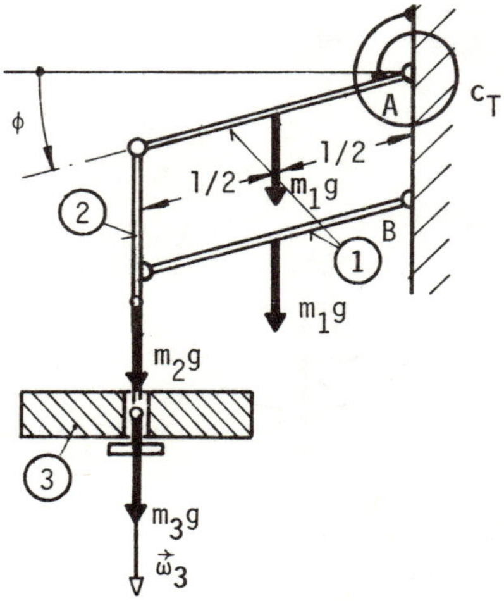

GES: a) Bewegungsenergie des Systems für Schwingung um die Ruhelage $\phi = \phi_0$ als Funktion von $\dot{\phi}$.

b) Wie groß muß α sein, wenn $\phi = \phi_0$ die Gleichgewichtslage des Systems ist?

c) Eigenfrequenz für Schwingung um ϕ_0 mit kleiner Winkelamplitude.

Aufgabe 4.5.8

Hubwerk: ein Elektromotor treibt über ein Getriebe eine Seiltrommel und hebt so eine Last mit dem Gewicht G.

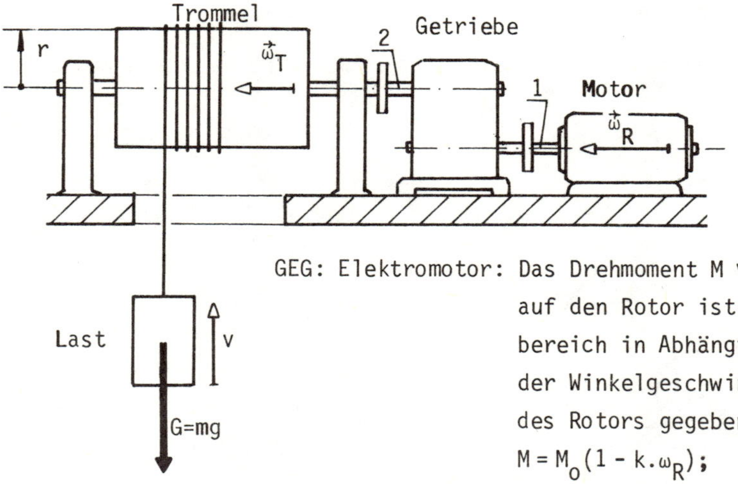

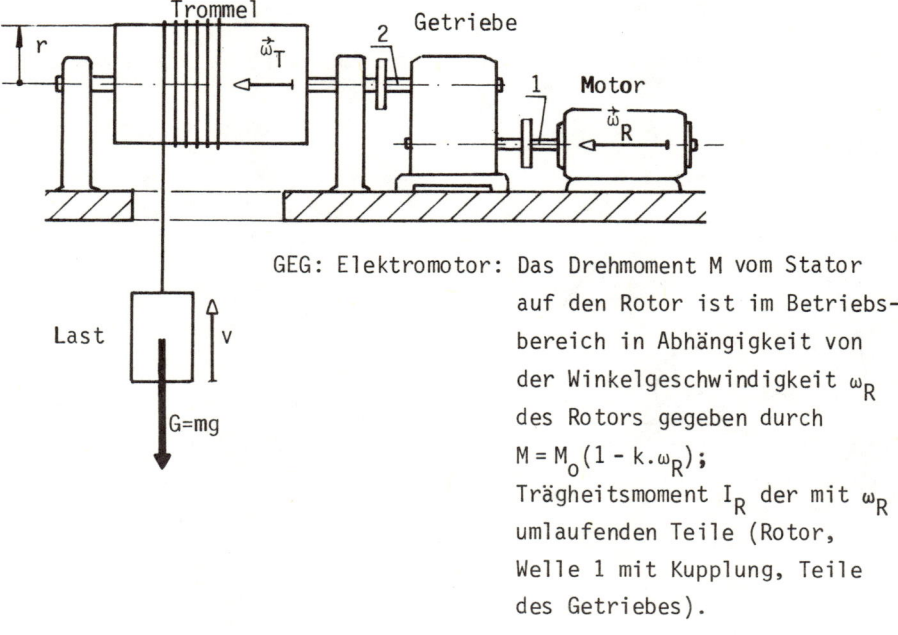

GEG: Elektromotor: Das Drehmoment M vom Stator auf den Rotor ist im Betriebsbereich in Abhängigkeit von der Winkelgeschwindigkeit ω_R des Rotors gegeben durch $M = M_0(1 - k.\omega_R)$; Trägheitsmoment I_R der mit ω_R umlaufenden Teile (Rotor, Welle 1 mit Kupplung, Teile des Getriebes).

Trommel: r, Trägheitsmoment I_T der mit ω_T umlaufenden Teile (Trommel, Welle 2 mit Kupplung, Teile des Getriebes).

Last $G = mg$; Gewicht des Seiles vernachlässigbar. Der Wirkungsgrad η des Hubwerkes sei unabhängig vom Betriebszustand konstant.

GES: a) Übersetzungsverhältnis $u = \omega_R/\omega_T$ des Getriebes, damit die sich asymptotisch einstellende konstante Hubgeschwindigkeit v_a möglichst groß ist. Wie groß ist diese dann?

b) Hubgeschwindigkeit $v(t)$ für die Anfangsbedingungen $t = 0$, $v = 0$.

Aufgabe 4.5.9

Schema eines idealisierten Planetengetriebes mit zwei Planetenrädern.

GEG: Sonnenrad 1: r_1, Trägheitsmoment I_1 um die z-Achse;
zur Zeit $t = 0$: $\omega_1 = \omega_{10}$.
Planetenrad 2: r_2, r_3; Masse m, Trägheitsmoment I_2 um die Radachse z'.
Steg 3: Trägheitsmoment I_3 um die z-Achse;
konstantes Bremsmoment M_B
Lagerungen reibungsfrei,
gleitfreies Abrollen.

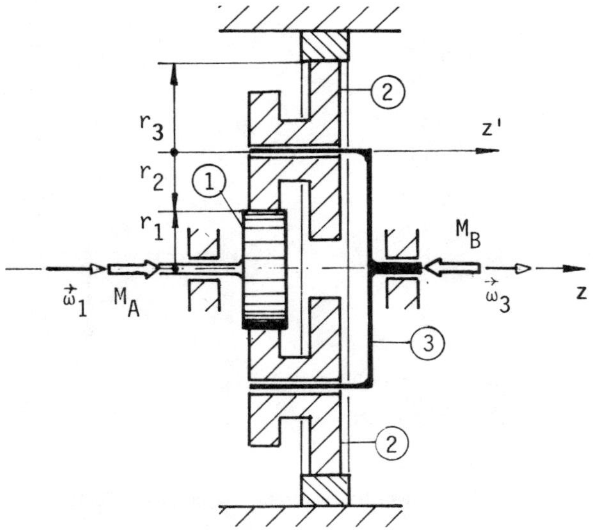

GES: a) Wie hängt ω_3 von ω_1 ab.

b) Kinetische Energie eines Planetenrades bei gegebenem ω_1.

c) wie groß muß das konstante Antriebsmoment M_A sein, damit ω_1 in der Zeit t_E von ω_{10} auf $2\omega_{10}$ anwächst?

4.6 Stoß

Aufgabe 4.6.1

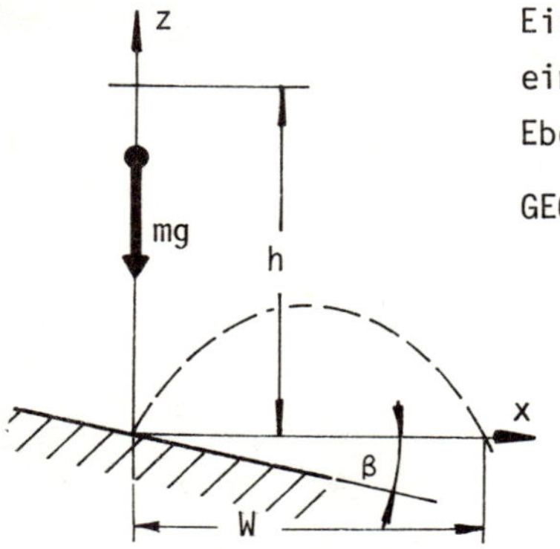

Eine Punktmasse m fällt aus der Höhe h auf eine unter dem Winkel β geneigte, glatte Ebene. Der Stoß erfolge vollkommen elastisch.

GEG: Masse m, β, h;
vollkommen elastischer Stoß,
kein Luftwiderstand.

GES: a) Geschwindigkeit v_E unmittelbar vor dem Stoß.
b) Geschwindigkeitskomponenten unmittelbar nach dem Stoß, Stoßantrieb S auf die Masse m.
c) An welcher Stelle $x = W$ schneidet die Bahnkurve der Masse die x-Achse?
d) Für welchen Winkel β^* wird W maximal, wenn β variabel angenommen wird?

Aufgabe 4.6.2

Eine Punktmasse m_1 trifft mit der Geschwindigkeit v auf einen in A reibungsfrei drehbar gelagerten Balken auf. Der Stoß sei vollkommen unelastisch.

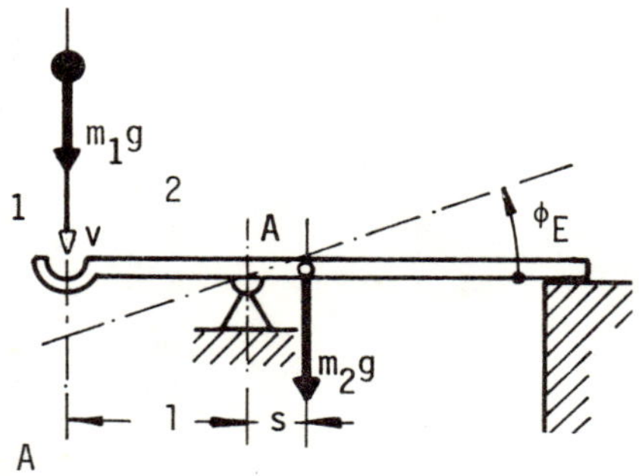

GEG: Masse 1: m_1, v.
Stab: s, l, Masse m_2.
Trägheitsmoment I_A bezüglich A

GES: a) Winkelgeschwindigkeit ω' des Stabes unmittelbar nach dem Stoß.
b) Stoßantrieb im Lager A.
c) Endausschlagwinkel ϕ_E wenn sich Masse m, und Balken nach dem Stoß nicht trennen.
d) Energieverlust beim Stoß.

Aufgabe 4.6.3

Der freie Fall einer Punktmasse m_1 wird durch einen vollkommen elastischen Stoß auf einen frei drehbaren homogenen Stab kurzzeitig bis zum Stillstand abgebremst.

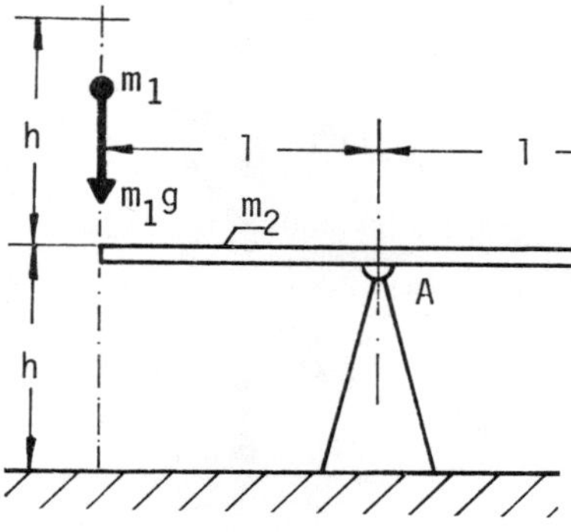

GEG: h, m_1, l

GES: a) Nötige Masse m_2 des Stabes.

b) Winkelgeschwindigkeit ω' des Stabes nach dem Stoß.

c) Gesamte Fallzeit der Masse m_1 bis zum Auftreffen auf den Boden.

Aufgabe 4.6.4

Eine Fallklappe schlägt auf eine abgefederte Masse.

GEG: Vollkommen elastischer Stoß. Masse m_2.
Reibungsfrei gelagerte Klappe: l, m_1, I_A.
Anfangsbedingungen: $\phi = \phi_0$, $\dot{\phi} = 0$.

GES: a) Winkelgeschwindigkeit ω_E der Klappe unmittelbar vor Auftreffen auf die Masse m_2.

b) Geschwindigkeit v' der Masse m_2 und Winkelgeschwindigkeit ω' der Stange unmittelbar nach dem Stoß.

c) Stoßantrieb im Lager A.

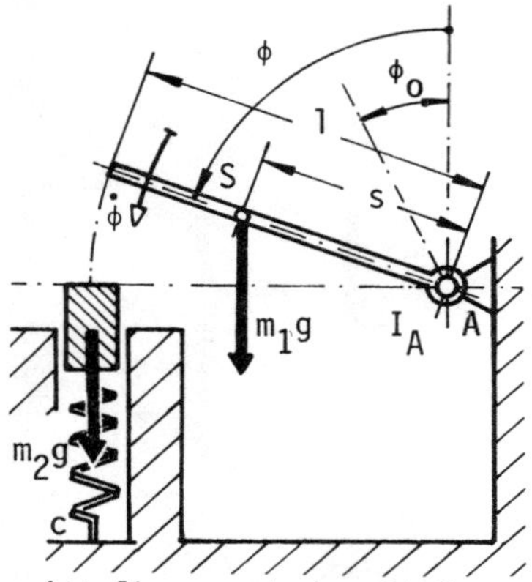

Aufgabe 4.6.5

Eine aus zwei gleichen, homogenen Stäben bestehende Stabkette trifft in gestreckter Lage mit der Winkelgeschwindigkeit ω auf einen Anschlag B. Nach dem vollkommen unelastischen Stoß bleibt der Stab 1 in Ruhe; dies bedeutet für den Stab 2 eine plötzliche Fixierung der Achse 0.

GEG: Abmessungen l, λl.
Masse m der homogenen, dünnen Stäbe.
Winkelgeschwindigkeit ω vor dem Stoß.

GES: a) Winkelgeschwindigkeit ω' des Stabes 2 unmittelbar nach dem Stoß.

b) Stoßantrieb S_A im Lager A.

c) Welchen Wert muß λ haben, damit das Lager A stoßfrei bleibt ($S_A = 0$).

d) Differenz der gesamten Bewegungsenergie vor und nach dem Stoß.

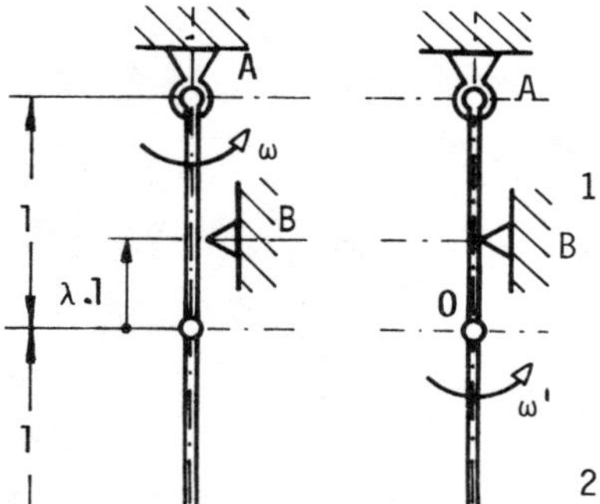

Lösung 1.1.1

Wir betrachten die vier Hauptteile der Zange einzeln und tragen außer Q und P an allen Stellen, wo die Teile untereinander in Kontakt sind, die entsprechenden unbekannten Kräfte bzw. Kraftkomponenten ein.

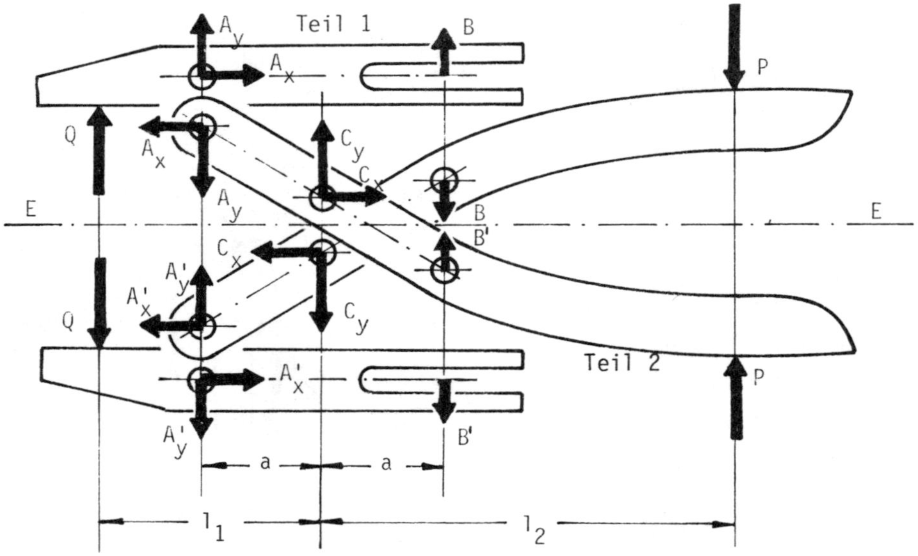

Aus Symmetriegründen ist : $A'_x = A_x$, $A'_y = A_y$, $B' = B$, $C_x = 0$.
(Alle Kräfte müssen spiegelbildlich zur Ebene E sein, deshalb $C_x = 0$)

Die Gleichgewichtsbedingungen (A.3) ergeben für Teil 1 :

$$A_x = 0\ , \quad A_y + B + Q = 0\ , \quad Ba - A_y a - Ql_1 = 0 \qquad (1),(2),(3)$$

mit (1) für Teil 2:

$$C_x = 0\ , -A_y + B' + C_y + P = 0\ , \quad A_y a + B'a + Pl_2 = 0 \qquad (4),(5),(6)$$

Die Gleichungen (2)(3)(5)(6) mit B'=B sind vier Gleichungen für A_y, B, C_y und das gesuchte Verhältnis P/Q . Aus (2) und (3) folgt :

$$B' = B = Q\,\frac{l_1 - a}{2a} \qquad A'_y = A_y = -Q\,\frac{l_1 + a}{2a} < 0 \qquad (7),(8)$$

Der Ausdruck für B ist positiv, also ist Kraft B in der Skizze richtig eingezeichnet ; A_y ist negativ, dies bedeutet, daß die Kraft A_y tatsächlich gegenüber der Skizze jeweils entgegengesetzt orientiert ist.

Mit (7) und (8) gibt (6): $\frac{P}{Q} = \frac{a}{l_2}$, unabhängig von l_1 .

Gleichung (5) gibt schließlich mit (7) und (8): $C_y = -Q\left(\frac{l_1}{a} + \frac{a}{l_2}\right) < 0$

Lösung 1.1.2

Es handelt sich um das Gleichgewicht von drei Körpern, der Stäbe 1,2,3. Wir machen jeden Stab frei, d.h. wir führen dort, wo er andere Körper berührt (Stäbe oder die kreisförmige Berandung) , unbekannte Vertikalkräfte A bis F ein :

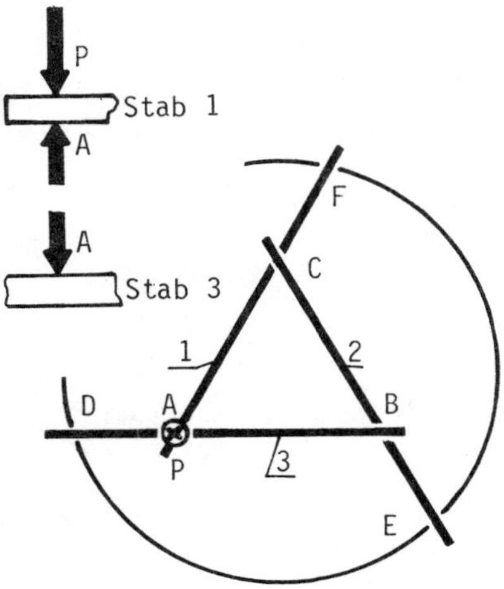

Die Gleichgewichtsbedingungen lauten nun:

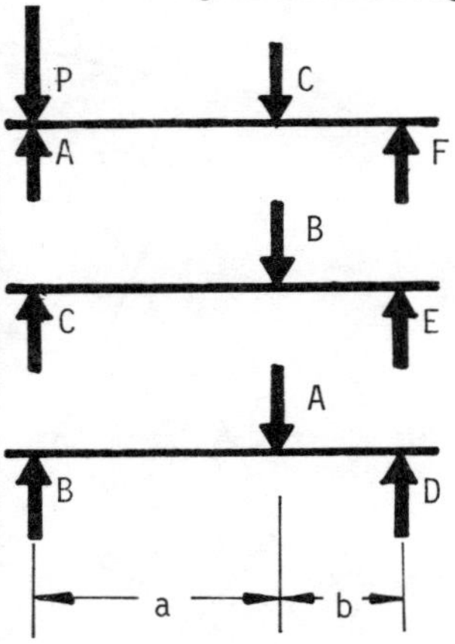

für Stab 1... $A + F - P - C = 0$ (1)

$P(a+b) - A(a+b) + C.b = 0$ (2)

für Stab 2... $C + E - B = 0$ (3)

$-C(a+b) + B.b = 0$ (4)

für Stab 3... $D + B - A = 0$ (5)

$B(a+b) - A.b = 0$ (6)

Die Gleichungen (2),(4) und (6) sind drei Gleichungen für A,B und C. Sie liefern:

$$A = \frac{P}{1 - b^3/(a+b)^3} \quad ; \quad B = \frac{b}{a+b}.A \quad ; \quad C = \frac{b^2}{(a+b)^2}.A \quad ;$$

Damit kann man aus (1),(3) und (5) die Stützkräfte D,E und F berechnen. Speziell für $a = 2b$ wird :

$$A = \frac{27}{26}P \quad ; \quad B = \frac{9}{26}P \quad ; \quad C = \frac{3}{26}P \quad ;$$

$$D = \frac{9}{13}P \quad ; \quad E = \frac{3}{13}P \quad ; \quad F = \frac{1}{13}P \;\rightarrow\; D + E + F = P \;\checkmark$$

Lösung 1.1.3

Betrachtet man zuerst nur den Waggon, so hat man vier Kräfte ins Gleichgewicht zu setzen (A.5) . Es sind dies die beiden Radaufstandskräfte E und F , das Gewicht G_1 und die Haltestangenkraft H .

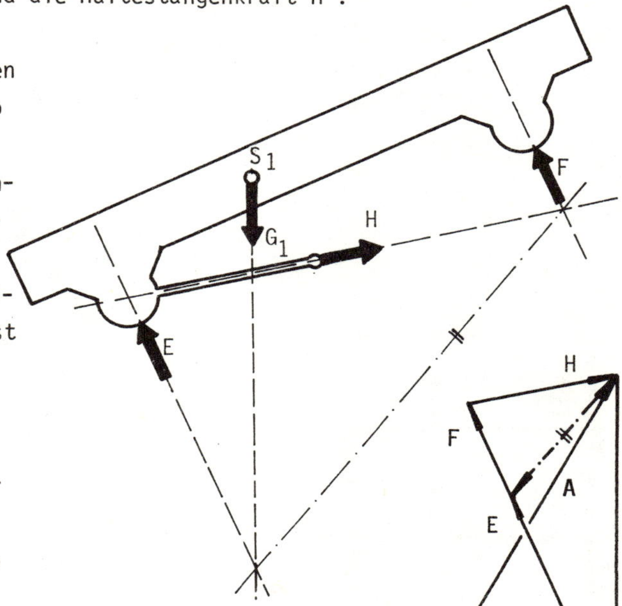

Würden wir nun im weiteren die Bühne betrachten , so müßten wir sechs Kräfte (A,E,H,G_2,B,F) ins Gleichgewicht setzen. Dazu müßten wir aus mindestens dreien (E,F,H) eine Resultierende bilden.(Diese ist G_1) . Betrachten wir aber gleich das System Waggon plus Bühne,so können wir G_1 und G_2 zu einer Resultierenden zusammensetzen und dann drei Kräfte, die Resultierende , B und A, ins Gleichgewicht setzen (A.4) .

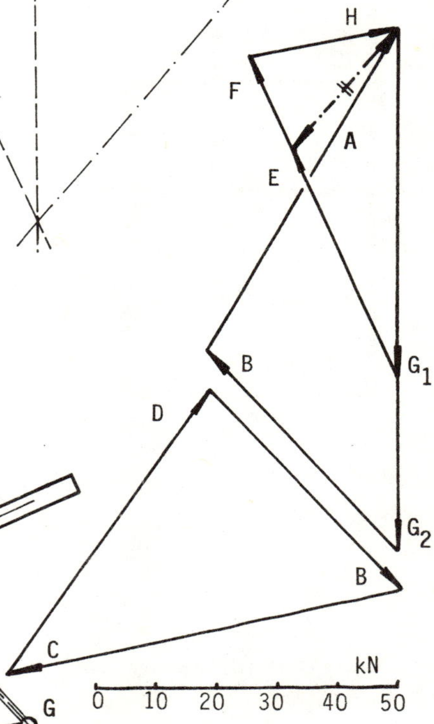

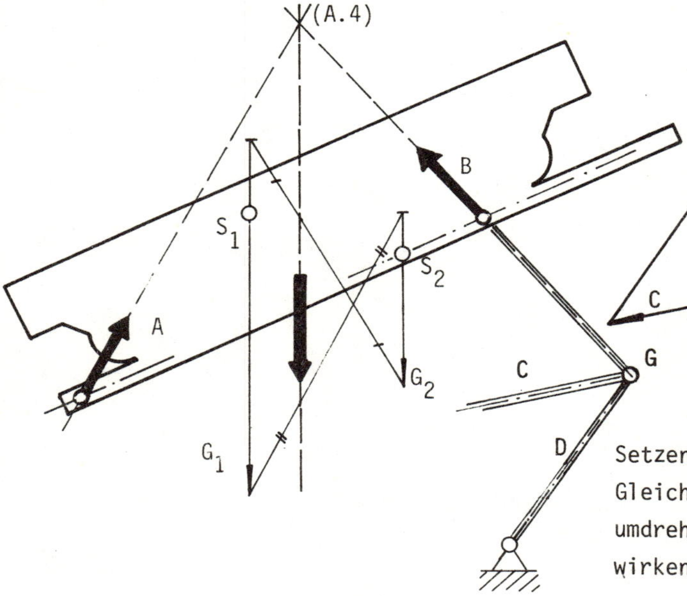

Setzen wir nun das Gelenk G ins Gleichgewicht, so müssen wir B umdrehen und erhalten C und D , wirkend auf das Gelenk G .

Gesucht sind die Kräfte E , H und F auf die Bühne, wir müssen daher die Orientierung der vorhin konstruierten Kräfte umdrehen, die Orientierung von C entspricht bereits der gesuchten Lösung, D und auch A müssen für Kräfte auf das Fundament ebenfalls umgedreht werden. Die Beträge der Kräfte erhält man mit dem Kräftemaßstab aus den gezeichneten Größen im Kräfteplan .

Lösung 1.1.4

Der Versuch, die graphische Lösung an einem der Einzelteile zu beginnen, scheitert daran, daß an jeder der beiden Rollen je vier Kräfte mit gemeinsamen Schnittpunkt ihrer Wirkungslinien angreifen, von denen jeweils nur das Gewicht G bekannt ist. Am Teil 1 greifen ebenfalls vier Kräfte an, von denen aber keine bekannt ist. Wir betrachten daher den gesamten Mechanismus als eine starre Einheit, an der die äußeren Kräfte im Gleichgewicht sein müssen. Vereinigt man die beiden Gewichte G zu einer Resultierenden R, sind damit drei Kräfte A,B und R nach (A.4) ins Gleichgewicht zu setzen, von denen die Wirkungslinie von B wegen der Reibungsfreiheit der Lager bestimmt und R gegeben ist.

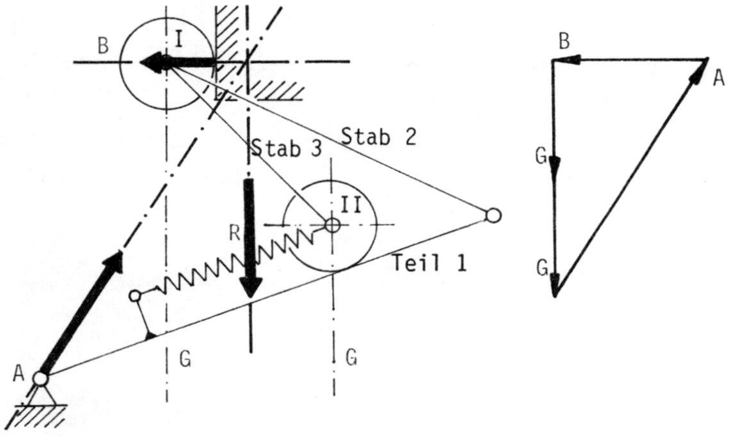

Da B nun bekannt ist, können wir bei Walze I die Stabkräfte S_2 und S_3 bestimmen, deren Wirkungslinien in der Verbindung der jeweiligen Stabgelenke liegen müssen. (Kräftepolygon I).

Auf die Walze II wirkt die Stangenkraft S_3 in entgegengesetzter Richtung (S_3'). Die Wirkungslinien der Berührkraft N und der Federkraft F sind bekannt, so daß das Kräftepolygon II für die Walze II gezeichnet werden kann. Wie sich zeigt, ist die Feder auf Zug beansprucht.

Damit wären alle gesuchten Kräfte gefunden. Eine Kontrollmöglichkeit ergibt sich am Teil 1, indem man mit der bekannten Kraft A die Kräfte F,N und S_2 nochmals bestimmt - siehe (A.5) .

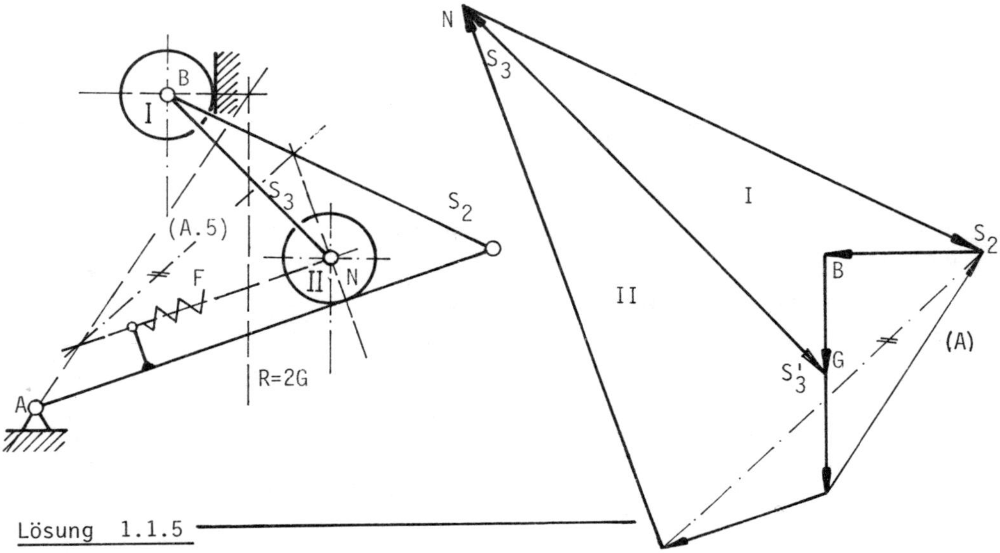

Lösung 1.1.5

Das Tragwerk besteht aus zwei starren Stäben mit den Festlagern A und B . Die beiden Stäbe sind im Punkt C durch ein reibungsfreies Gelenk verbunden ("Dreigelenksbogen"). Für die graphische Bestimmung der Auflagerkräfte überlagern wir zwei Belastungsfälle, bei denen auf jeweils einen Teil des Dreigelenkbogens nur Gelenks- und Auflagerkraft wirken.

Wir betrachten zunächst den Träger AE als "unbelastet". Die zu diesem Fall gehörige Wirkungslinie der Auflagerkraft A_1 muß dann durch C gehen (Pendelstütze).

Auf den Stab CB wirkt in F die Seilkraft S=G, die man durch Auftrennen des Seiles zwischen Teil AE und Teil BC erhält und die Auflagerkraft B_1, deren Richtung von Schnittpunkt 1 bestimmt wird (A.4). Die Kräfte B_1, A_1 und S erhält man im Kräfteplan; die Kraft A_1 ist gleichzeitig die Gelenkskraft C_1 auf Teil CB.

Betrachtet man nun andererseits den Teil BC als "unbelastet", so muß die Wirkungslinie der zu diesem Fall gehörigen Auflagerkraft B_2 durch das Gelenk C gehen.Die Kräfte S und G lassen sich zu einer Resultierenden R zusammenfassen; B_2 ist gleich der Gelenkskraft C_2 auf Teil AE.

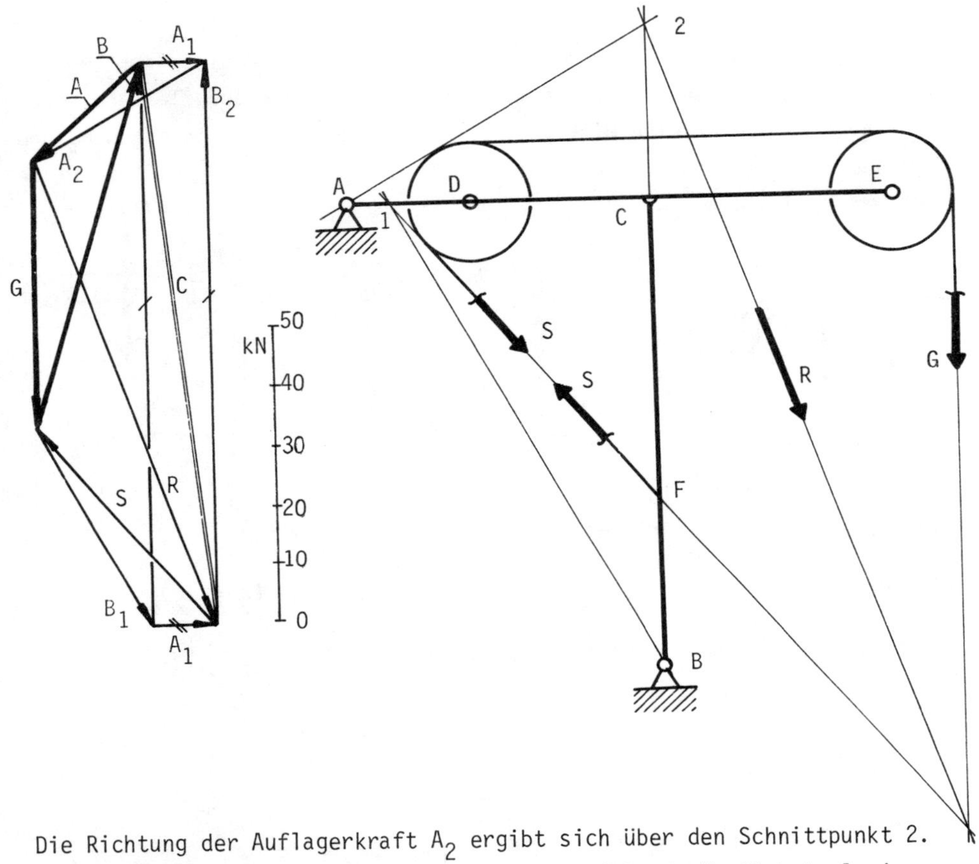

Die Richtung der Auflagerkraft A_2 ergibt sich über den Schnittpunkt 2. Die im Seil zwischen den Rollen in E und D wirkende Kraft hat als innere Kraft keinen Einfluß auf A_2.

Die Überlagerung der beiden Lastfälle liefert die gesuchten Auflagerkräfte. Im Kräfteplan müssen A_1 und A_2 bzw. B_1 und B_2 zu A bzw. B zusammengesetzt werden. Man verschiebt dazu B_2 und A_1 parallel und erhält so überdies wegen $C_1 = A_1$, $|C_2| = B_2$ die Gelenkskraft z.B. auf den Teil BC: $\vec{C} = \vec{A}_1 - \vec{B}_2$. Auf Teil AE ist C umgekehrt orientiert.

Als Kontrolle müssen etwa für den Teil BC die 3 Kräfte S, B und C im Gleichgewicht sein!

Die Beträge der Kräfte folgen mit dem Kräftemaßstab aus dem Kräfteplan zu:

$A = 24$ kN , $B = 63$ kN , $C = 96$ kN

Lösung 1.1.6

Zur Aufstellung der Gleichgewichtsbedingungen lösen wir die Stäbe von den Federn und Lagerungen. Die Stäbe müssen dabei in einer ausgelenkten Lage gezeichnet werden (kleine Winkel ϕ_1 und ϕ_2, kleine Verschiebungen w_A und w_B), damit die Kräfte F_1 und F_2 und das Moment M der Federn auf die Stäbe bestimmt werden können.

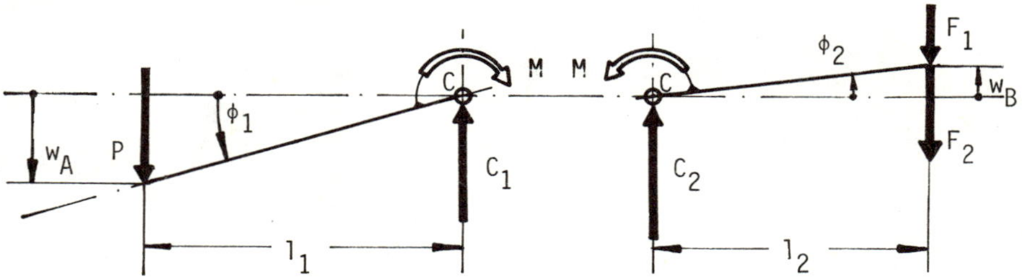

Aus der Darstellung folgen:

die geometrischen Beziehungen: $\phi_1 = w_A/l_1$; $\phi_2 = w_B/l_2$ (1)

die Kräfte der linearen Federn (J.1): $F_1 = c_1 w_B$; $F_2 = c_2 w_B$ (2)

das Moment der linearen Drehfeder (J.3):

$M = c_T(\phi_1 - \phi_2)$ gemäß Skizze 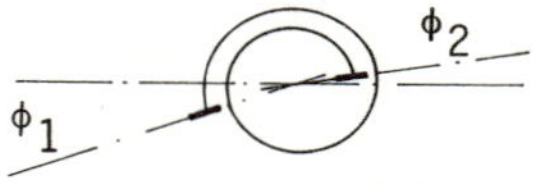 (3)

Das Momentengleichgewicht liefert für Stab 1 bzw Stab 2 um C :

$M = P.l_1$; $M = (F_1 + F_2).l_2$ (4);(5)

Eliminiert man M aus (4) und (5) und verwendet (2), so erhält man für w_B:

$$w_B = P \cdot \frac{l_1}{l_2} \cdot \frac{1}{c_1 + c_2} \tag{6}$$

Eliminiert man jetzt M aus (3) und (4) und setzt für ϕ_1 und ϕ_2 aus (1) und weiters für w_B aus (6) ein, so ergibt sich der lineare Zusammenhang zwischen w_A und P :

$$w_A = \frac{l_1^2}{c_T} \cdot \left[1 + \frac{c_T}{l_2^2(c_1+c_2)} \right] \cdot P \tag{7}$$

Die Ersatzfederkonstante eines linearen Systems in einem Punkt ist das Verhältnis einer in diesem Punkt aufgebrachten Kraft zu der dadurch an dieser Stelle erzielten Verschiebung in Kraftrichtung. Im vorliegenden Fall ergibt sich für die Ersatzfederkonstante aus (7) :

$$c' = \frac{P}{w_A} = \frac{c_T}{l_1^2} \cdot \frac{1}{\left[1 + \frac{c_T}{l_2^2(c_1+c_2)}\right]}$$

Lösung 1.1.7

Wegen der konstanten Winkelgeschwindigkeit gelten für das räumliche, an der Welle angreifende Kraftsystem die Gleichgewichtsbedingungen (A.1)(A.2).

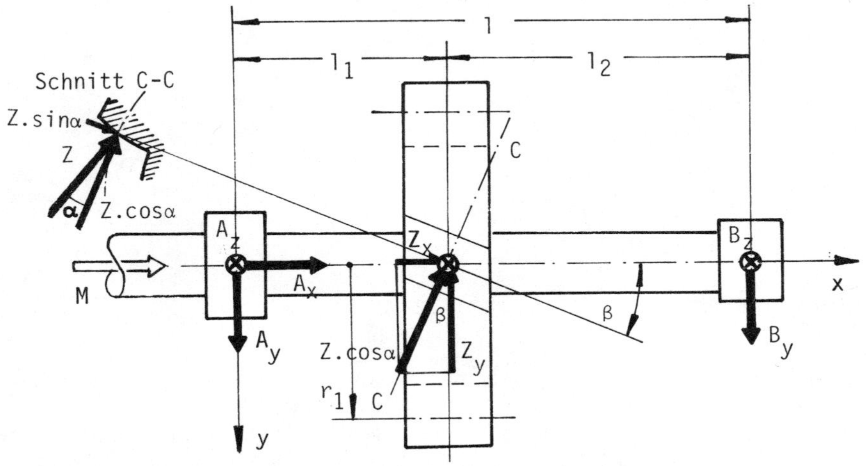

Über α und β bestehen, wie aus der Zeichnung ersichtlich, Beziehungen für die Komponenten der Zahnkraft:

$$Z_x = Z.\cos\alpha.\sin\beta \qquad (1)$$

$$Z_y = Z.\cos\alpha.\cos\beta \qquad (2)$$

$$Z_z = Z.\sin\alpha \qquad (3)$$

Die Komponente Z_y ist entgegengesetzt der positiven Zählrichtung von y gerichtet - man beachte dies später beim Einsetzen in die Gleichgewichtsbedingungen.

Entsprechend der Lagerungsbedingungen haben wir bei A drei und bei B zwei unbekannte Lagerkraftkomponenten.

Für die insgesamt 6 Unbekannten $A_x, A_y, A_z, B_x, B_y, Z$ liefern die Gleichgewichtsbedingungen die nötigen Bestimmungsgleichungen:

$$\Sigma F_{ix} = 0 : \quad A_x + Z_x = 0 \qquad (4)$$

$$\Sigma F_{iy} = 0 : \quad A_y + B_y - Z_y = 0 \qquad (5)$$

$$\Sigma F_{iz} = 0 : \quad A_z + B_z + Z_z = 0 \qquad (6)$$

$$\Sigma M_{ix} = 0 : \quad M - r_1 Z_y = 0 \qquad (7)$$

$$\Sigma M_{iy} = 0 : \quad -B_z l - Z_z l_1 - Z_x r_1 = 0 \qquad (8)$$

$$\Sigma M_{iz} = 0 : \quad B_y l - Z_y l_1 = 0 \qquad (9)$$

Aus (7) ergibt sich mit (2) die Zahnkraft Z:

$$Z = \frac{M}{r_1 . \cos\alpha . \cos\beta}$$

Damit erhält man die restlichen Unbekannten:

$$A_x = \frac{-M}{r_1} . \tan\beta$$

$$A_y = \frac{l_2 M}{r_1 l} \qquad B_y = \frac{l_1 M}{r_1 l}$$

$$A_z = - \frac{M}{l}\left(\frac{l_2}{r_1} . \frac{\tan\alpha}{\cos\beta} - \tan\beta\right) \qquad B_z = - \frac{M}{l}\left(\frac{l_1}{r_1} . \frac{\tan\alpha}{\cos\beta} + \tan\beta\right)$$

Lösung 1.2.1

Ermittlung der Auflagerkräfte A,B mit Hilfe des Seileckes oder rechnerisch aus den Gleichgewichtsbedingungen : A = 2P/3 B = P/3

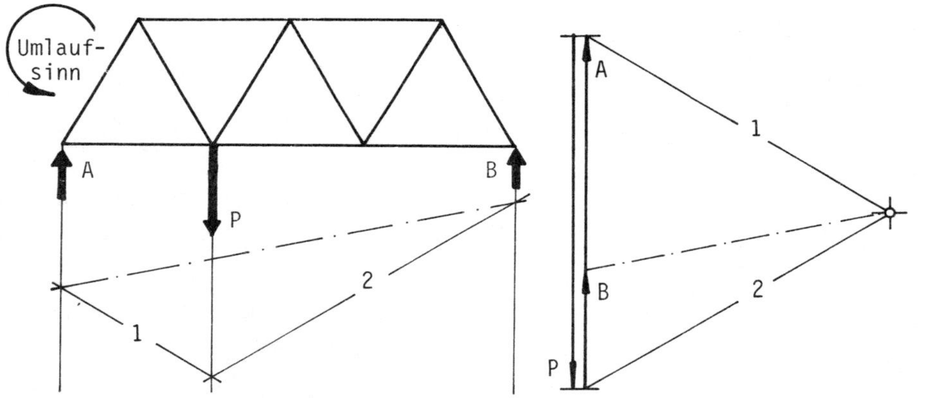

Man wählt nun einen Umlaufsinn, durch den die Aufeinanderfolge der Belastungen und Auflagerkräfte im Cremonaplan festgelegt wird. Zum obigen Kräfteplan gehört der beim Fachwerk eingezeichnete Umlaufsinn. Dieser ist für das Zeichnen der Kräftepolygone für jeden Knoten beizubehalten. Man beginnt bei einem Knoten mit nicht mehr als zwei noch unbekannten Stabkräften, z.B. beim Auflager A = Knoten 1 : im gewählten Umlaufsinn folgen am Knoten 1 die Kräfte in der Reihenfolge A - U_1 - D_1. Dies gibt das Kräftedreieck (1) für den Knoten 1.

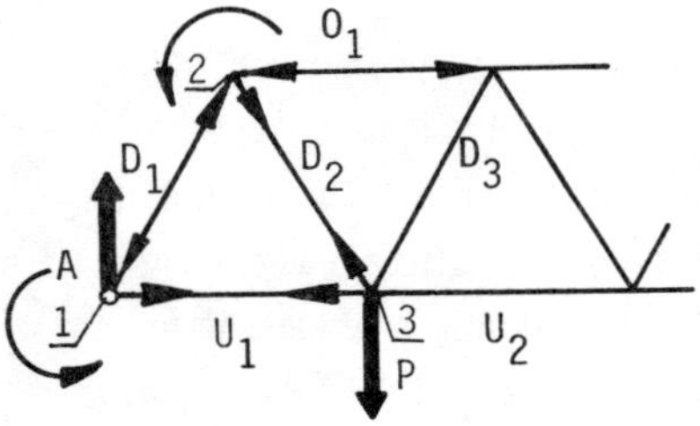

Wir sehen: die auf den Knoten 1 wirkende Stabkraft U_1 zeigt vom Knoten weg, (Zug), die auf den Knoten 1 wirkende Stabkraft D_1 zeigt zum Knoten 1 (Druck, strichliert gezeichnet). Für die Fortsetzung des Verfahrens zeichnen wir nun die entsprechenden Pfeile am Knoten 1 in das Fachwerk ein, und jeweils umgekehrt bei den Knoten an den anderen Stabenden.

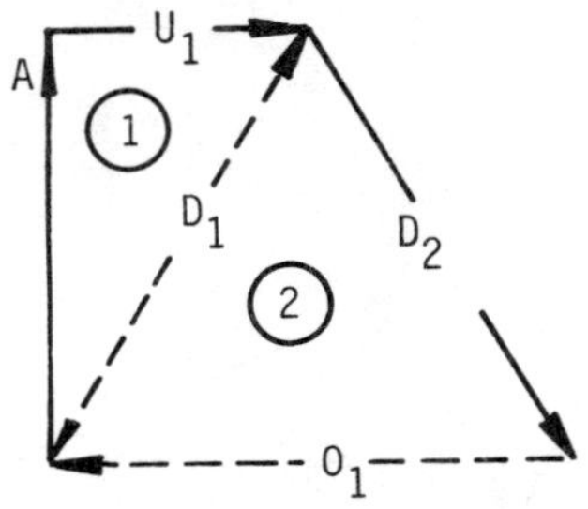

Knoten 2 : der Pfeil beim Knoten 2 zeigt uns, daß wir mit D_1 ↗ beginnen müssen. In der Reihenfolge des gewählten Umlaufsinnes schließen die Stabkräfte D_2 und O_1 das Kräftedreieck ② für den Knoten 2. Wir zeichnen wieder die entsprechenden Pfeile an die Knoten des Fachwerkes und sehen daraus, daß wir bei Knoten 3 fortsetzen können: D_2 ↖ , U_1 ← , P ↓ . Dann müssen U_2 und D_3 das Kräftepolygon ③ schließen.

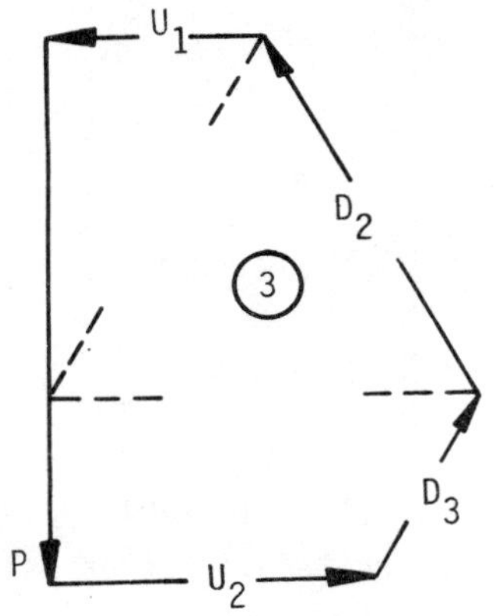

Die Fortsetzung des Verfahrens z.B. in der durch die Numerierung der Knoten gekennzeichneten Reihenfolge gibt den folgenden Cremonaplan für die Stabkräfte und dabei die im Bild angegebenen Hilfspfeile an den Knoten des Fachwerkes.

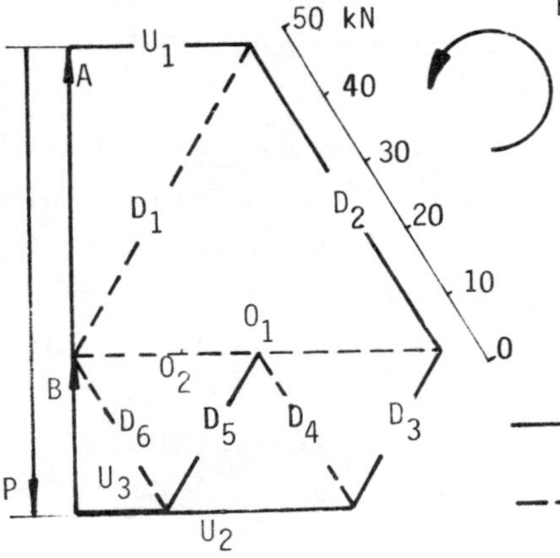

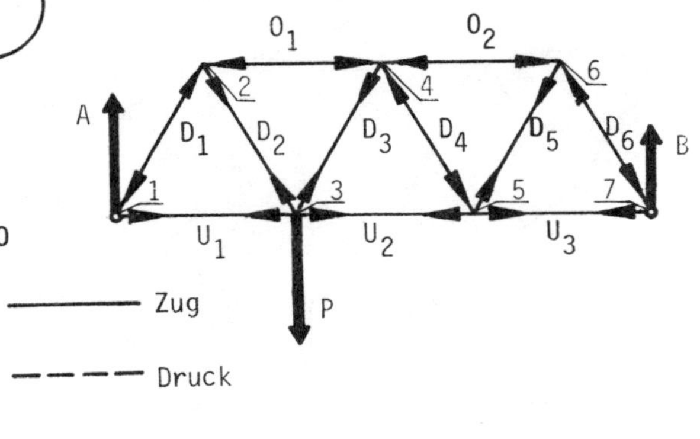

Lösung 1.2.2

Da die Kraft P an einem Innenknoten angreift, müssen wir sie nach (C.3) herausführen: durch Einsetzen eines Stabes S in Richtung P und eines Gelenkes z.B. in den Stab U. Der Stab U wird dadurch geteilt in U' und U" (Bild 1) . Unabhängig davon bleibt die Bestimmung der Stützkräfte A und B nach (A.4) : P ist gegeben, B muß vertikal sein, daher muß die Wirkungslinie von A durch den Schnittpunkt C gehen. Mit diesen Richtungen erhält man A und B .

Bild 1

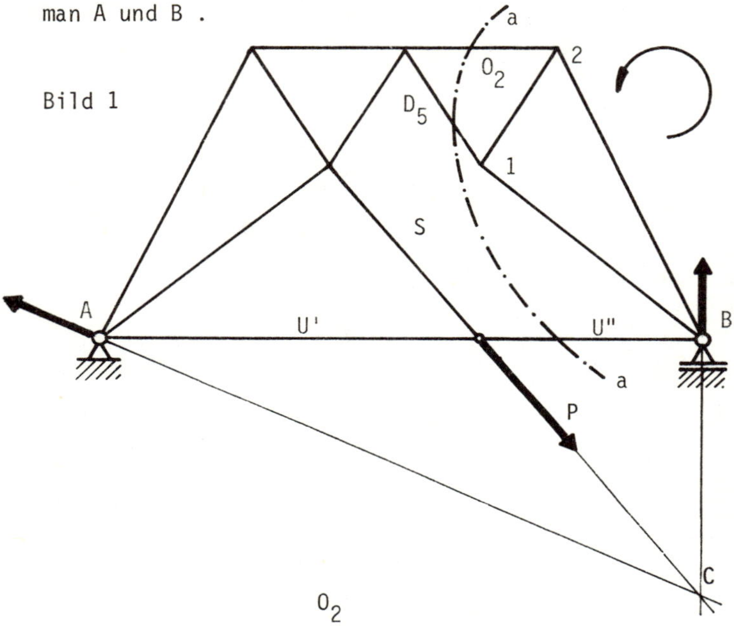

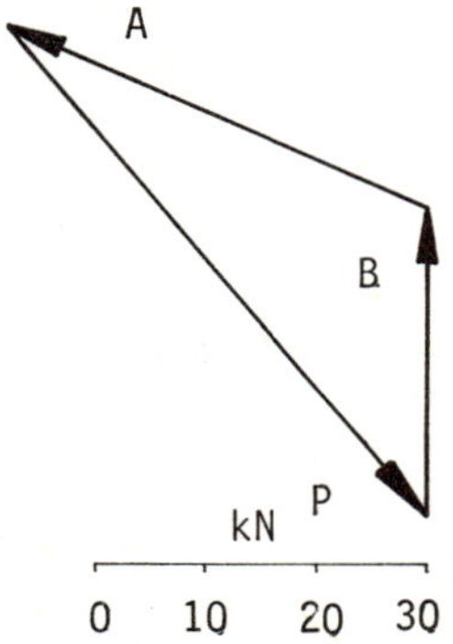

Bild 2

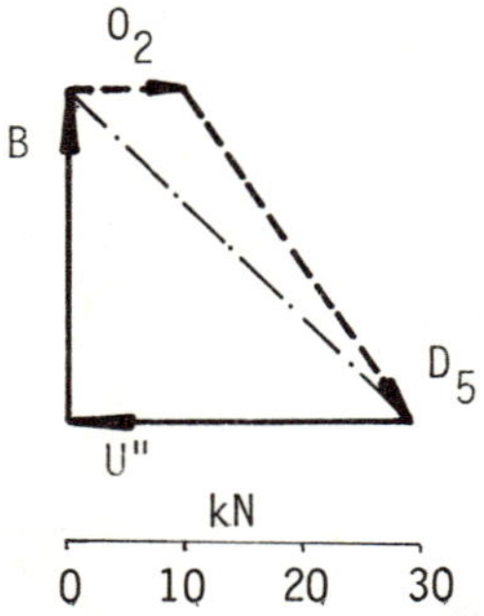

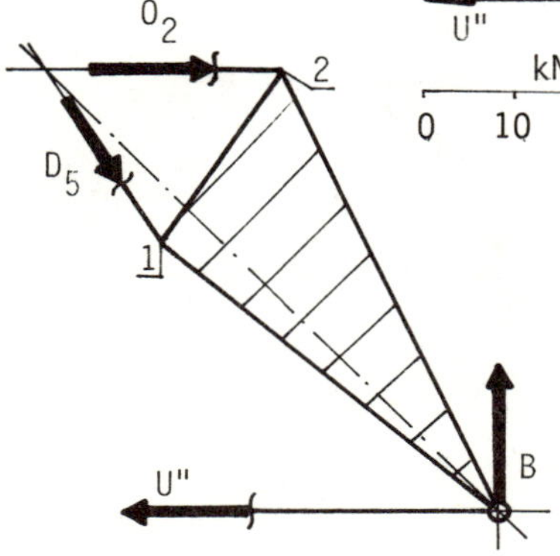

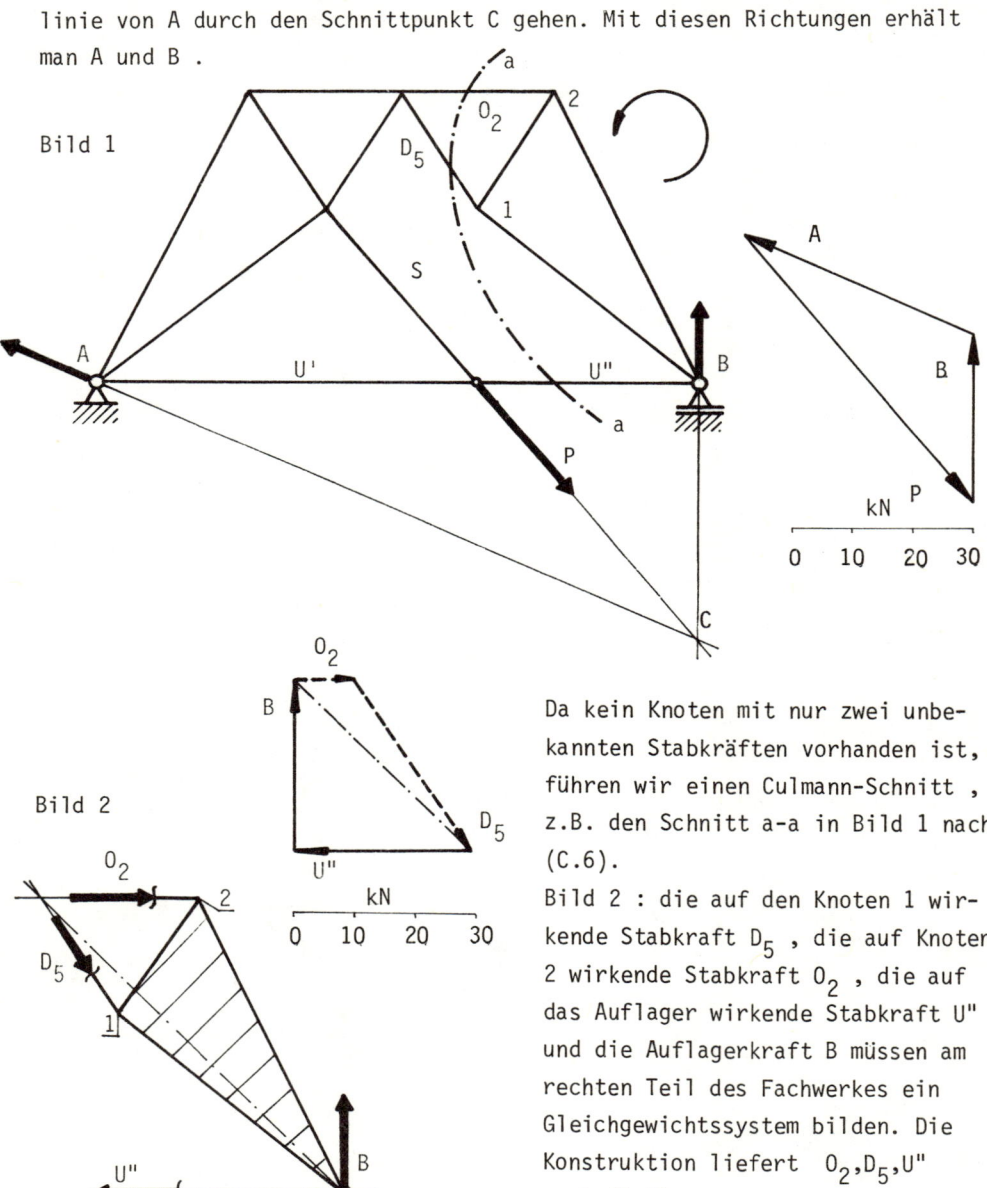

Da kein Knoten mit nur zwei unbekannten Stabkräften vorhanden ist, führen wir einen Culmann-Schnitt , z.B. den Schnitt a-a in Bild 1 nach (C.6).

Bild 2 : die auf den Knoten 1 wirkende Stabkraft D_5 , die auf Knoten 2 wirkende Stabkraft O_2 , die auf das Auflager wirkende Stabkraft U" und die Auflagerkraft B müssen am rechten Teil des Fachwerkes ein Gleichgewichtssystem bilden. Die Konstruktion liefert O_2,D_5,U" nach (A.5) .

Im Kräfteplan Bild 2 sieht man: O_2 zeigt zum Knoten 2 (Druck), D_5 zeigt zu Knoten 1 (Druck) und U" zeigt vom Knoten B weg (Zug) . Wir können nun, mit der bekannten Stabkraft D_5 beginnend, das Kräftedreieck für den Knoten 1 zeichnen, daran das Polygon für den Knoten 2 usw. Die Fortsetzung in der wie im Beispiel 1.2.1 geschilderten Weise liefert, z.B. in der durch die Numerierung der Knoten im Bild 3 angegebenen Reihenfolge, den dargestellten Cremonaplan für die Stabkräfte und dabei die in das Fachwerk eingezeichneten Hilfspfeile, die Zug- und Druckstäbe unterscheiden lassen.

Bild 3

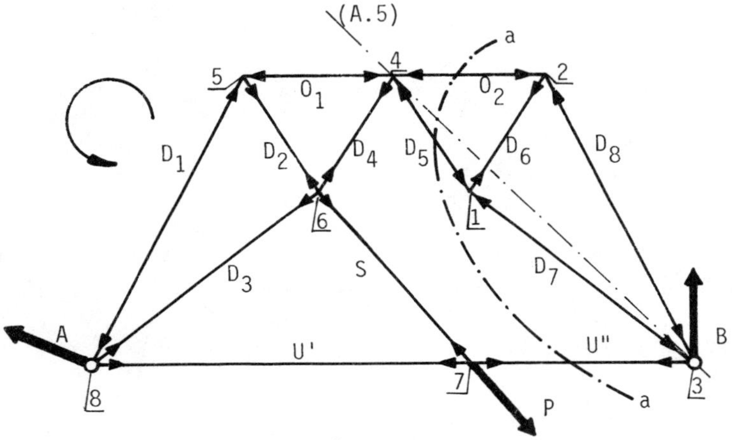

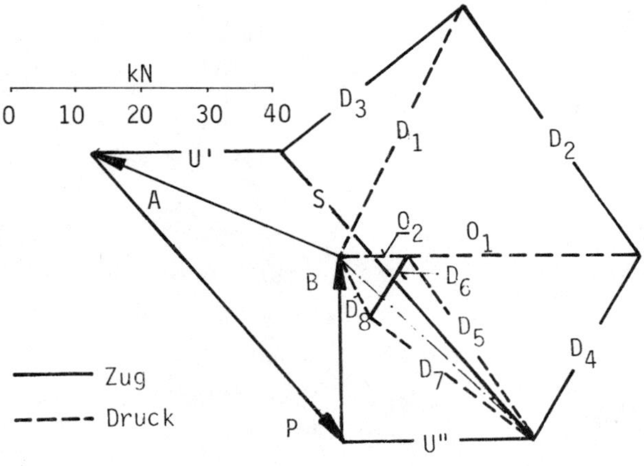

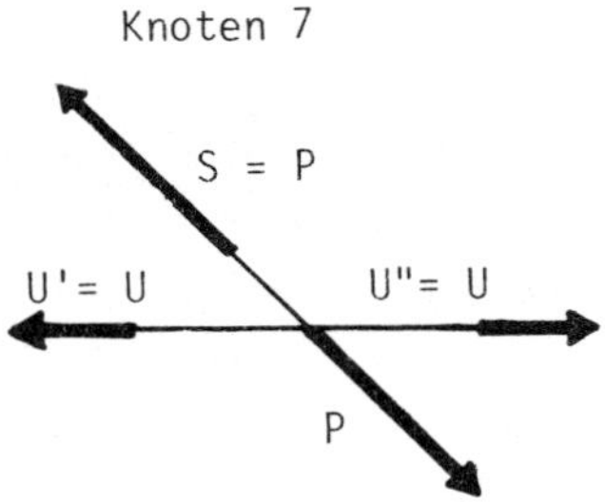

Im Cremonaplan sehen wir, daß der Stab U zweimal mit der gleichen Stabkraft U = U' = U" vorkommt. Der eingesetzte Stab S hat die Stabkraft S = P . Daher gilt der gezeichnete Cremonaplan auch für das Originalfachwerk.

Lösung 1.2.3

a) Die durch das Gelenk C verbundenen Teile des Fachwerkes bilden zusammen mit den festen Auflagern in A und B einen Dreigelenkbogen. Für diesen werden mit der Methode: rechter Teil belastet - linker Teil unbelastet und umgekehrt die Auflagerkräfte $\vec{A}$, $\vec{B}$ und die Gelenkskraft $\vec{C}$ auf den rechten Teil bestimmt - Kräfteplan a). Die Resultierende R_R der äußeren Kräfte auf den rechten Teil ist nur die Seilkraft $S = G$, angreifend bei D. Für den linken Teil muß S und G zur Resultierenden R_L zusammengesetzt werden. (graphische Lösung für den Dreigelenkbogen siehe auch Beispiel 1.1.5)

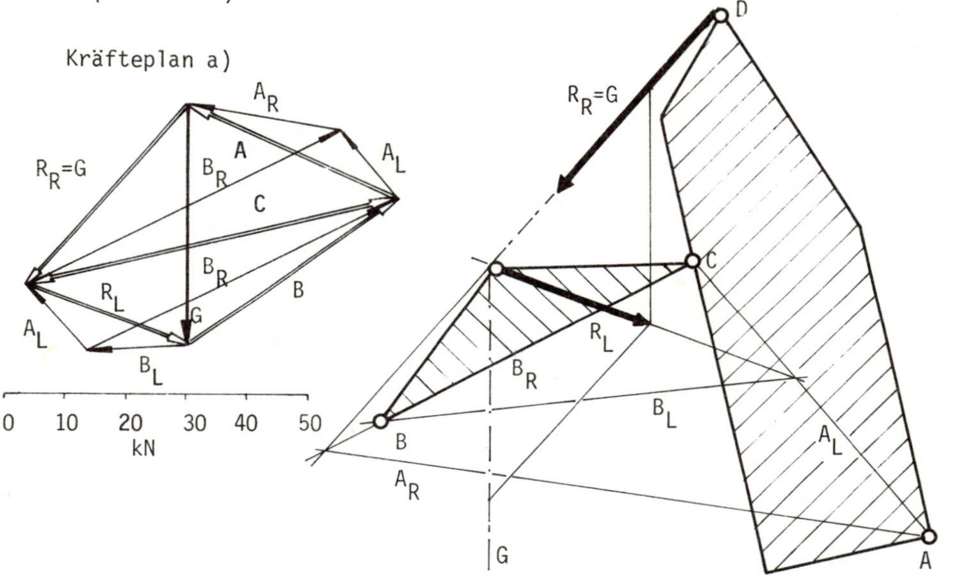

b) Für den Cremonaplan des rechten Teiles sind die äußeren Kräfte auf das Fachwerk bekannt: Gelenkskraft C, bei D die Seilkräfte beiderseits der Umlenkrolle (Seil zwischen D und A muß geschnitten werden) und bei A die Auflagerkraft und die Seilkraft. Sie sind für den Cremonaplan entsprechend dem Umlaufsinn anzuordnen - Doppellinien im Kräfteplan b).

Die Nullstäbe entsprechend (C.4) sind mit Ø im Lageplan gekennzeichnet. Die an den Knoten eingezeichneten Pfeilspitzen geben die Richtung der Stabkräfte auf die jeweiligen Knoten an und kennzeichnen damit Zug- und Druckstäbe, z.B. Stab 4 ist ein Druckstab, Stab 3 ein Zugstab.

Man findet diese Richtungen beim Durchlaufen des zum jeweiligen Knoten gehörigen Kräftepolygons. (vergleiche Beispiel 1.2.1)

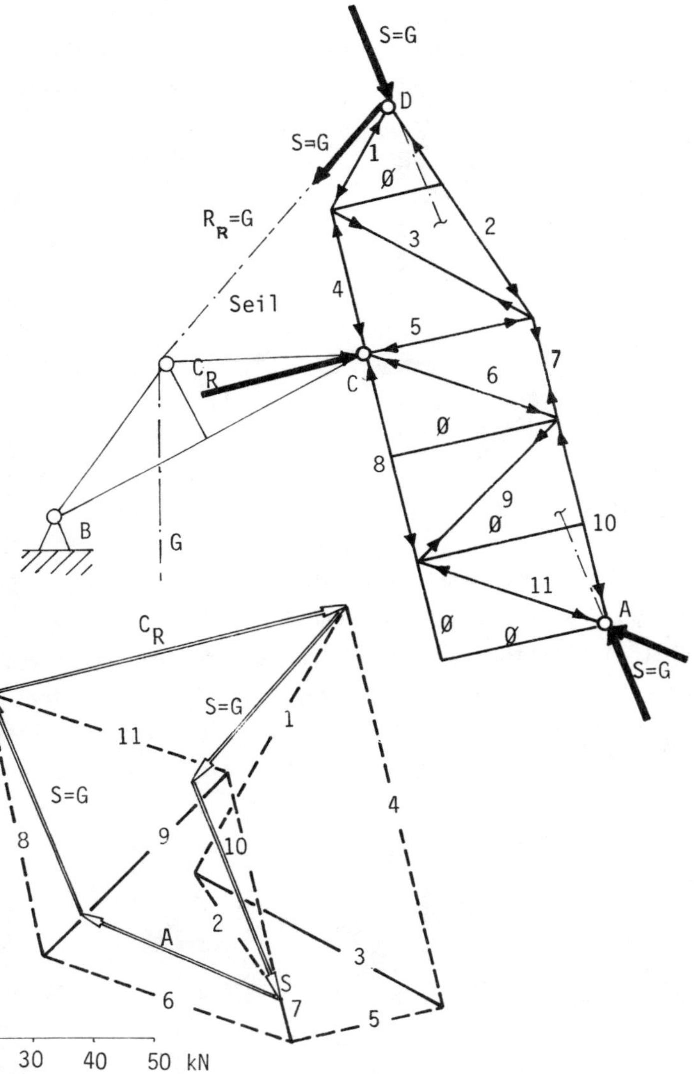

Kräfteplan b)

Hat man den Cremonaplan etwa bei D zu zeichnen begonnen, so ergibt sich beim Knoten A eine Kontrolle: an diesem Knoten müssen die Auflagerkraft A, die Stabkräfte 10 und 11 und die Seilkraft S=G im Gleichgewicht sein.

Lösung 1.2.4

Zur Bestimmung der Auflagerkräfte betrachten wir Fachwerk und Walzen als starre Einheit.

Bei der rechnerischen Behandlung ergeben die Gleichgewichtsbedingungen für die in der Skizze eingezeichneten Auflagerkräfte die Werte :

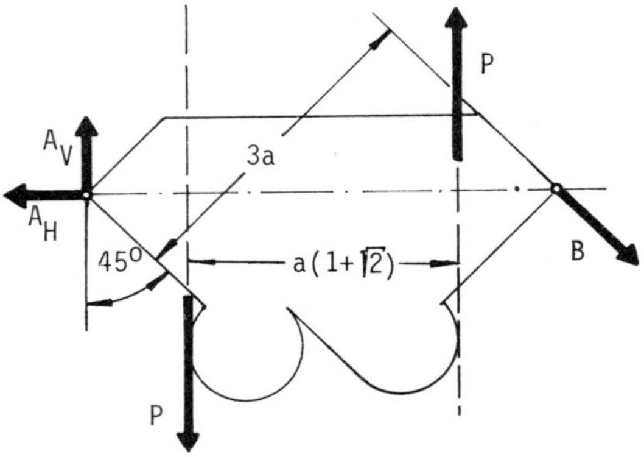

$$B = P.(1+\sqrt{2})/3 \quad (1)$$

$$A_H = B.\sqrt{2}/2 = P.(2+\sqrt{2})/6$$

$$A_V = B.\sqrt{2}/2 = A_H$$

$$A = \sqrt{A_H^2 + A_V^2} = B \quad (2)$$

Man erkennt, daß die Auflagerkräfte in A und B ein Kräftepaar bilden, das gegen das Belastungskräftepaar wirkt.

Für die graphische Behandlung ergibt sich die folgende Situation : wir kennen zwei Kräfte und ihre Wirkungslinien (P,P), die Wirkungslinie einer dritten (B in Richtung der Pendelstütze) und den Angriffspunkt einer vierten (A). In diesem Spezialfall, wo die Kräfte P ein reines Kräftepaar bilden, führen auch einfachere Methoden zum Ziel. Im allgemeinen Fall erfordert diese Situation die Anwendung des Seilecks: man beginnt mit dem ersten Seilstrahl im Punkt A, da A vorläufig der einzige bekannte Punkt der Wirkungslinie der Kraft A ist. Die Lösung zeigt wieder : A und B bilden ein Kräftepaar.

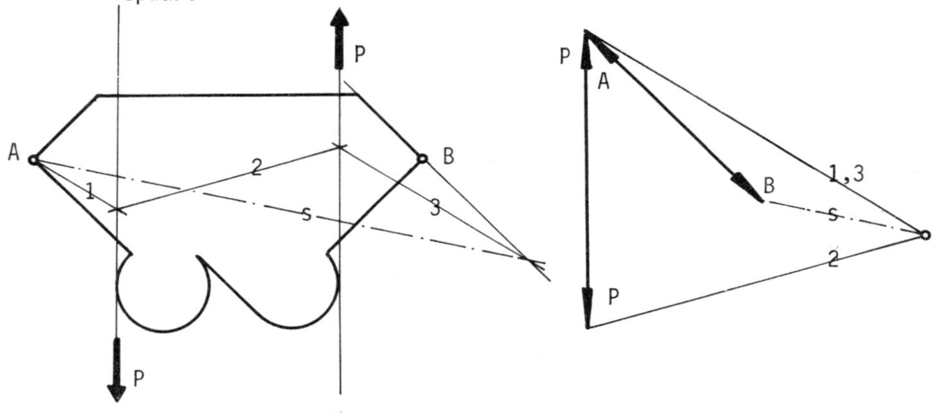

Zur Bestimmung der Stabkräfte H und V ist sowohl graphisch wie rechnerisch ein Aufschneiden des Fachwerkes nötig.
Die folgende Skizze zeigt den geführten Schnitt und die wesentlichen Linien der graphischen Lösung. Zur Bestimmung von V ist noch die Ermittlung eines Knotengleichgewichtes erforderlich. (C.4) (C.6)

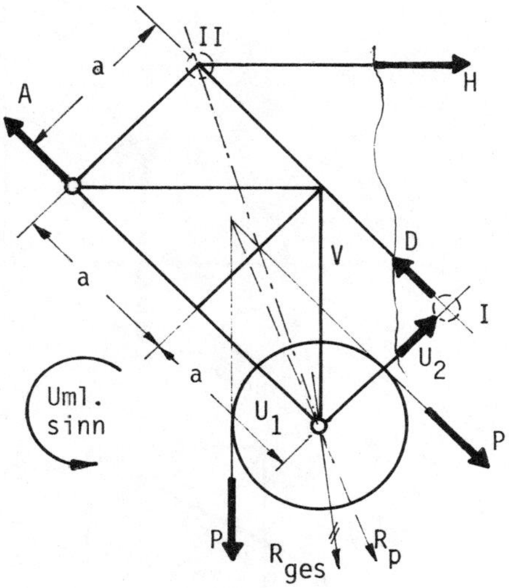

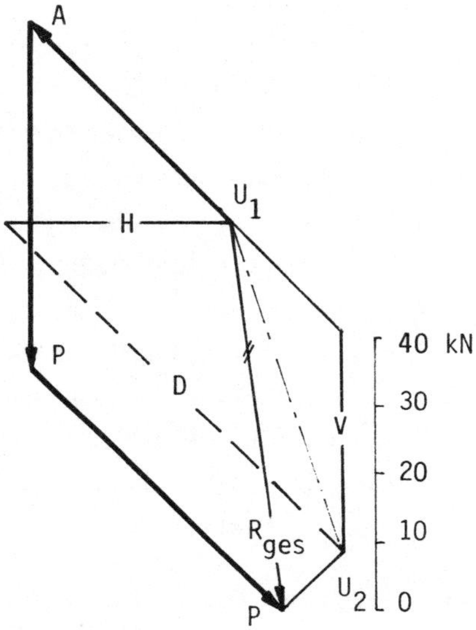

Um rechnerisch zwei Einzelgleichungen für H und U_2 zu erhalten (U_2 wird im folgenden für V benötigt), verwenden wir das Momentengleichgewicht um die Punkte I und II:

$$Ha\sqrt{2} + Aa - Pa(1+\sqrt{2})/2 - Pa/2 = 0$$

$$U_2 2a + Pa/2 - Pa(\sqrt{2}-1)/2 - Aa = 0$$

Mit A nach (1) und (2) wird :

$$H = P(1 + 2\sqrt{2})/6 \qquad (3)$$

$$U_2 = P(5\sqrt{2} - 4)/12 \qquad (4)$$

Das Kräftegleichgewicht für den Rollenlagerknoten in Richtung U_2 liefert:

$$U_2 + V\sqrt{2}/2 - P\sqrt{2}/2 = 0$$

und mit U_2 nach (4) :

$$V = P(1+2\sqrt{2})/6$$

Lösung 1.2.5

Bei diesem Fachwerk mit zwei Festlagern in A und B lassen sich die Auflagerkräfte nur über den Cremonaplan bestimmen.

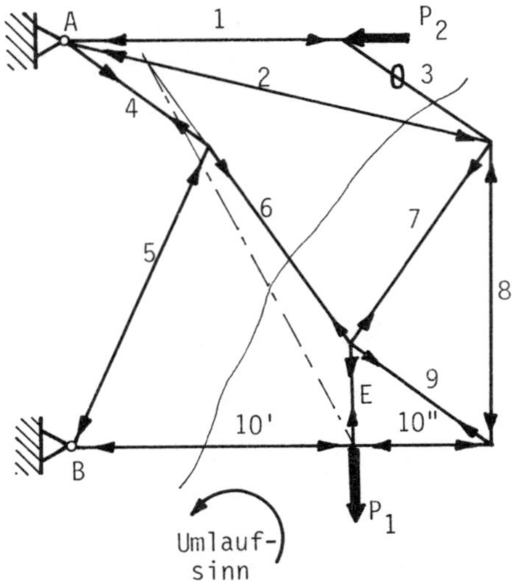

Die an einem inneren Knoten angreifende Kraft P_1 wird durch den Stab E und einen zusätzlichen Knoten, der den Stab 10 unterteilt, herausgeführt. Bei der Anordnung der Kräfte P_1 dann P_2 im gewählten Umlaufsinn wird die nachfolgende Vervollständigung des Kräftepolygons der äußeren Kräfte durch A und B berücksichtigt. Da die Kraft P_2 in Richtung des Stabes 1 wirkt, ist der Stab 3 unbelastet.(C.4)

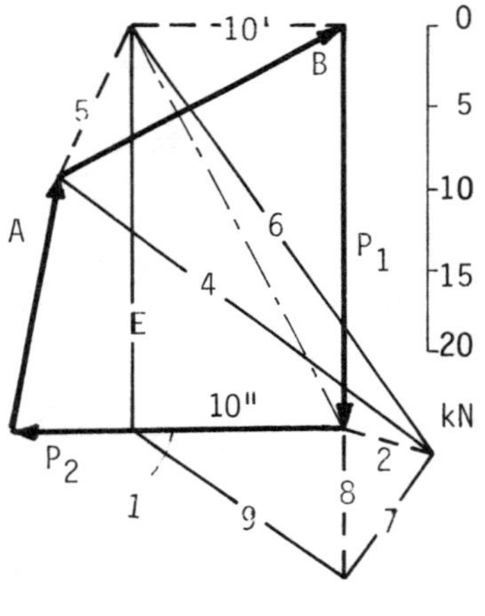

Schneidet man das Fachwerk wie eingezeichnet, so kann für die drei Kräfte der Stäbe 2,6, und 10' und die Belastung P_1 ein Kräftepolygon konstruiert werden (A.5)

Die jetzt einfache Vervollständigung des Cremonaplanes -siehe 1.2.1- liefert schließlich die Auflagerkräfte A und B .

Lösung 1.3.1

Auf die Walze wirken in den Punkten A und B die Kräfte W_1 und W_2, die innerhalb der Haftgrenzkegel liegen müssen (D.1). Die Resultierende Q aus P und G muß mit W_1 und W_2 einen gemeinsamen Schnittpunkt haben (A.4), der nur innerhalb des gemeinsamen Bereiches der beiden Haftgrenzkegel (schraffierter Bereich) liegen kann. Im gesuchten Grenzfall geht die Wirkungslinie von Q somit durch den äußersten linken Punkt dieses Bereiches.

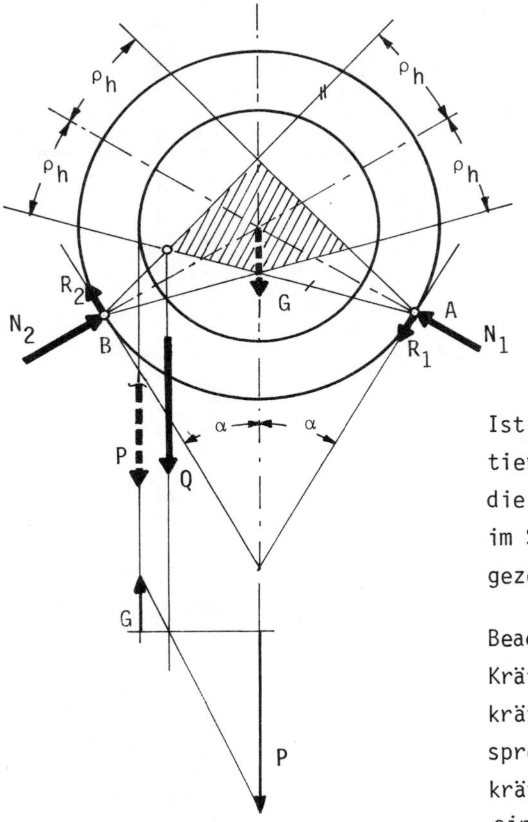

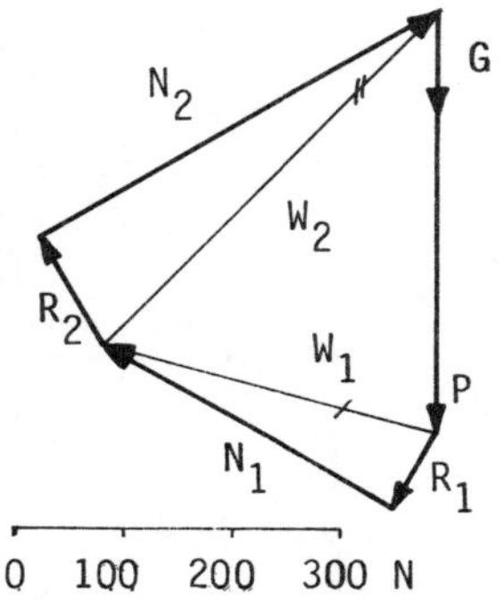

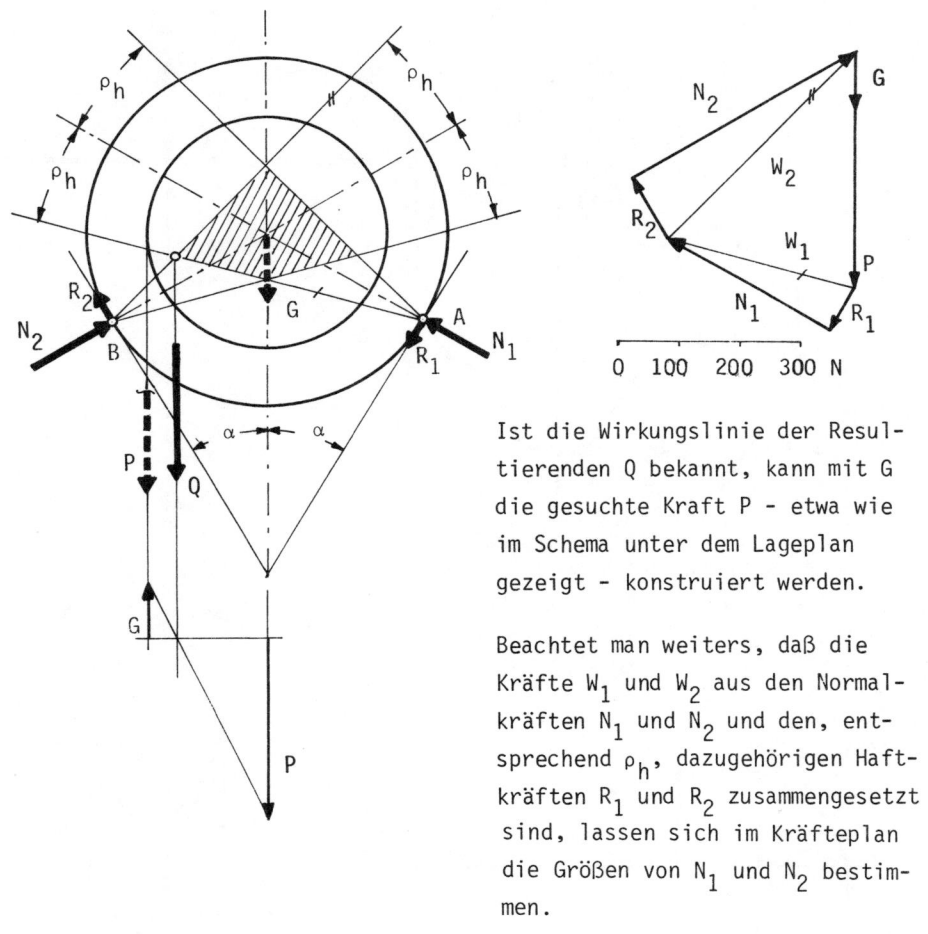

Ist die Wirkungslinie der Resultierenden Q bekannt, kann mit G die gesuchte Kraft P - etwa wie im Schema unter dem Lageplan gezeigt - konstruiert werden.

Beachtet man weiters, daß die Kräfte W_1 und W_2 aus den Normalkräften N_1 und N_2 und den, entsprechend ρ_h, dazugehörigen Haftkräften R_1 und R_2 zusammengesetzt sind, lassen sich im Kräfteplan die Größen von N_1 und N_2 bestimmen.

Man erkennt aus dem Kräfteplan, daß R_1 und R_2 gegen die mögliche Bewegungsrichtung der Walze zeigen.

Für die gesuchten Kräfte folgt mit μ_P aus dem Kräfteplan: $P = 300$ N

$N_1 = 310$ N

$N_2 = 440$ N

Lösung 1.3.2

a) Wenn wir die Rolle betrachten, so erkennen wir, daß drei Kräfte angreifen: das Gewicht G mit bekannter Richtung und Größe, die Auflagerreaktion A unbekannter Richtung und Größe aber durch den Berührpunkt A, und die Gelenkskraft C, von der ebenfalls nur bekannt ist, daß sie durch den Punkt C gehen muß. Da sich G und A sicherlich im Punkt A schneiden, muß auch C durch A gehen (A.4). Am horizontalen Träger kennen wir nun zwei Wirkungslinien; die der dritten Kraft B ergibt sich nach (A.4).

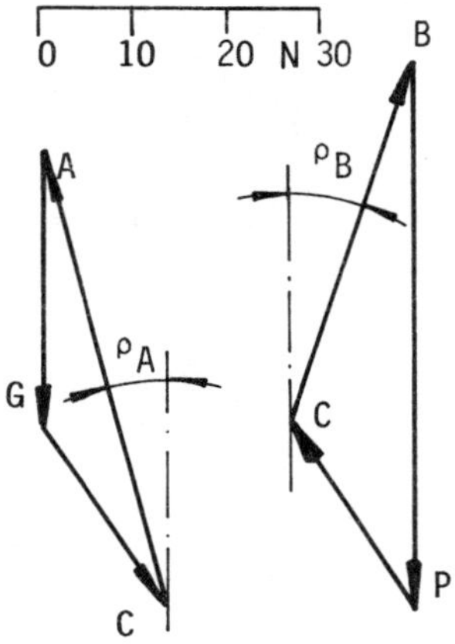

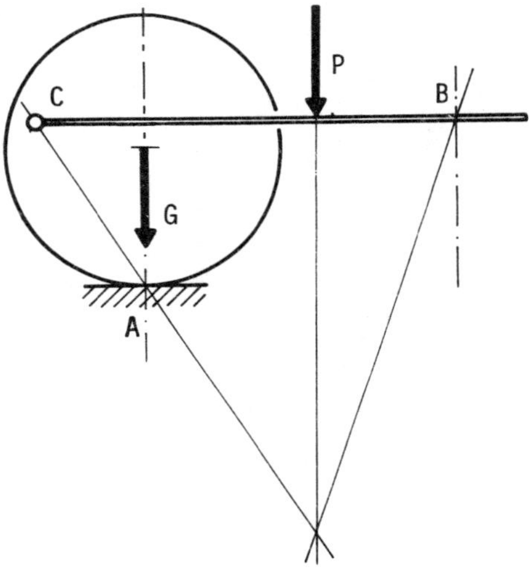

Man erkennt, daß bei B der größere Reibungswinkel auftritt, wodurch der kleinstmögliche Wert der Haftgrenzzahl $\mu_{h,min}$ bestimmt wird. Man erhält aus der Zeichnung: $\mu_{h,min} \cong \frac{1{,}3}{4} = 0{,}325$

b)

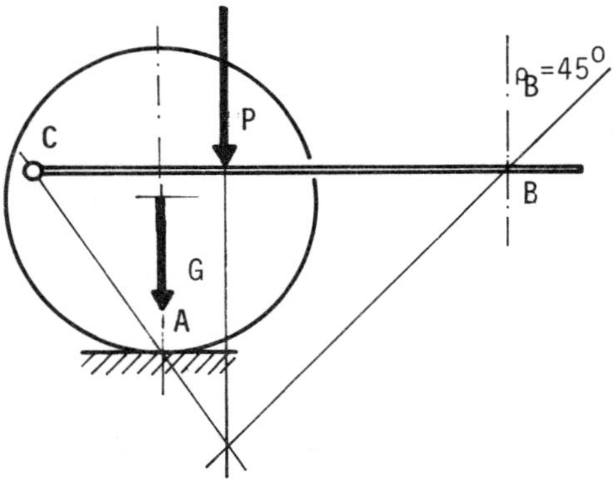

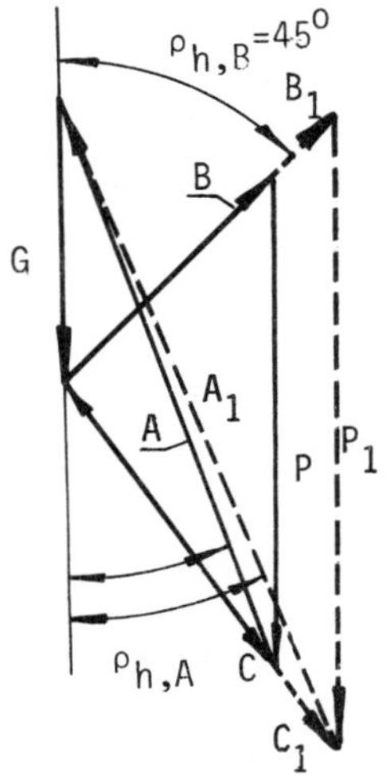

Die Wirkungslinie von C ist unabhängig vom Lastangriffspunkt. Zeichnet man nun in B den Reibungskegel mit $\mu_{h,B}=1$ ($\rho_h=45^0$), so ergibt sich ein Schnittpunkt mit dieser Wirkungslinie, durch den die Grenzlage von P festgelegt ist (A.4).

Der Betrag von P beeinflußt zwar die Größe und Richtung von A. Wie man aus dem Kräfteplan erkennt, kann aber $\rho_{h,A}$ wegen der Richtung von C nie größer werden als $\rho_{h,B}$.

Lösung 1.3.3

a) Um die in den Kontaktpunkten wirkenden Kräfte zu bestimmen, stellen wir getrennt für Walze und Platte die Gleichgewichtsbedingungen (A.3) auf:

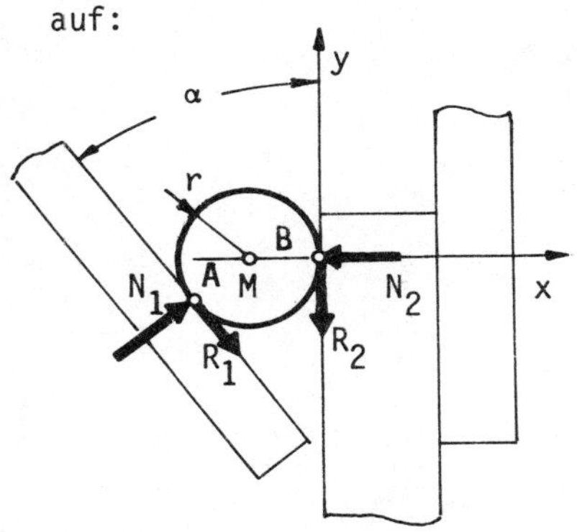

Auf die Walze wirken, wie dargestellt, in den Stellen A und B die Kräfte N_1, N_2, R_1, R_2, für die aufgrund der Haftbedingung die folgenden Beziehungen gelten (D.1):

$$|R_1| \leq \mu_{h,1} \cdot N_1$$
$$|R_2| \leq \mu_{h,1} \cdot N_2 \qquad (1)$$

Die tatsächlichen Orientierungen der Kräfte R_1 und R_2 ergeben sich aus der Rechnung (Vorzeichen).

Die Gleichgewichtsbedingungen für die Walze sind:

$$N_1 . \cos\alpha + R_1 . \sin\alpha - N_2 = 0 \qquad (2)$$

$$N_1 . \sin\alpha - R_1 . \cos\alpha - R_2 = 0 \qquad (3)$$

$$R_1 . r - R_2 . r = 0 \qquad (4)$$

Auf die Platte wirken im Punkt B die Kräfte N_2 und R_2.

Das Kraftsystem, das von der Auflage auf die Platte wirkt, ersetzen wir durch N_3 und R_3 im Punkt C, dessen Abstand h von der x-Achse jedoch zunächst unbekannt ist.

Für R_3 und N_3 gilt wieder die Haftbedingung:

$$|R_3| \leq \mu_{h,2} \cdot N_3 \qquad (5)$$

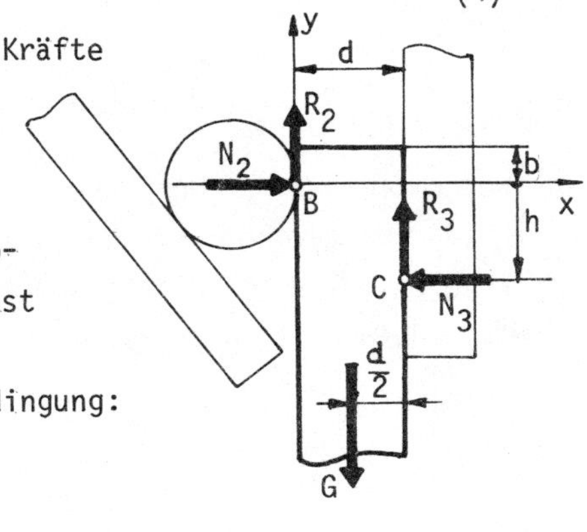

Die Gleichgewichtsbedingungen (A.3) mit dem Momentengleichgewicht um C ergeben:

$$N_2 - N_3 = 0 \qquad (6)$$

$$R_2 + R_3 - G = 0 \qquad (7)$$

$$R_2.d + N_2.h - G.(d/2) = 0 \qquad (8)$$

Die Gleichung (4) zeigt sofort $R_1=R_2$. Aus (2) und (3) errechnet sich damit:

$$\left.\begin{array}{l} N_1 = N_2 \\ R_1 = R_2 = N_1.\sin\alpha/(1+\cos\alpha) \end{array}\right\} \qquad (9)$$

Die Haftbedingungen (1) sind also für beide Kontaktpunkte A,B identisch:

$$|N_1 \sin\alpha/(1+\cos\alpha)| \leq \mu_{h,1}.N_1$$

Die kleinstmögliche Haftgrenzzahl ergibt sich für beide Stellen, unabhängig vom Gewicht der Platte, zu

$$\mu_{min,1} = \sin\alpha/(1+\cos\alpha) \qquad (10)$$

b) Aus Gleichung (8) ergibt sich mit (9):

$$N_2.d.\sin\alpha/(1+\cos\alpha) + N_2.h - G.(d/2) = 0 \qquad (11)$$

Setzt man G aus (11) und R_2 aus (9) in (7) ein,so folgt wegen Gleichung (6) - also $N_2=N_3$ - für die Haftbedingung (5):

$$|N_2.(2h/d + \sin\alpha/(1+\cos\alpha)| \leq \mu_{h,2}.N_2$$

Der Wert $\mu_{h,2}=0$ ist nur dann möglich, wenn für $h=-(d/2).\sin\alpha/(1+\cos\alpha)$ der Punkt C innerhalb der Kontaktfläche Platte-Wand liegt, also $h \geq -b$ erfüllt ist.

Der kleinstmögliche Wert von $\mu_{h,2}$ folgt damit zu

$$\begin{array}{lll} \mu_{min,2} = 0 & \text{wenn} & d.\frac{\sin\alpha}{(1+\cos\alpha)} \leq 2b \\ \mu_{min,2} = \frac{\sin\alpha}{(1+\cos\alpha)} - \frac{2b}{d} & \text{wenn} & d.\frac{\sin\alpha}{(1+\cos\alpha)} \geq 2b \end{array} \qquad (12)$$

Beide Werte sind wieder unabhängig vom Gewicht G.
Man kann die Haltevorrichtung auch als "selbstsperrend" bezeichnen, da sie für jedes beliebige Plattengewicht ein sicheres Festhalten gewährleistet, wenn nur die Bedingungen (10) und (12) erfüllt sind.

Zur Veranschaulichung diene die folgende graphische Lösung für $\mu_2 = 0$ und $G = 20$ N

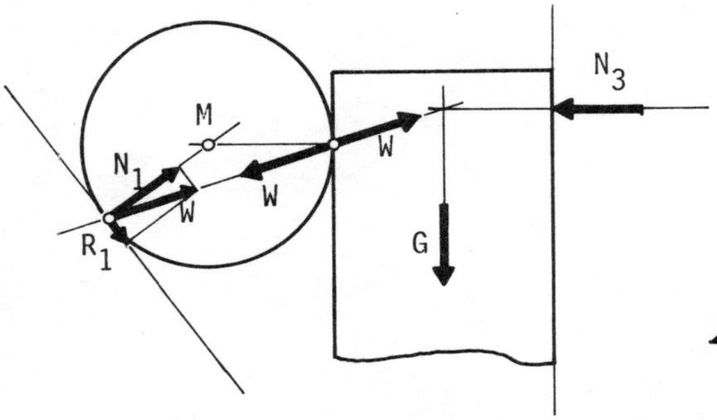

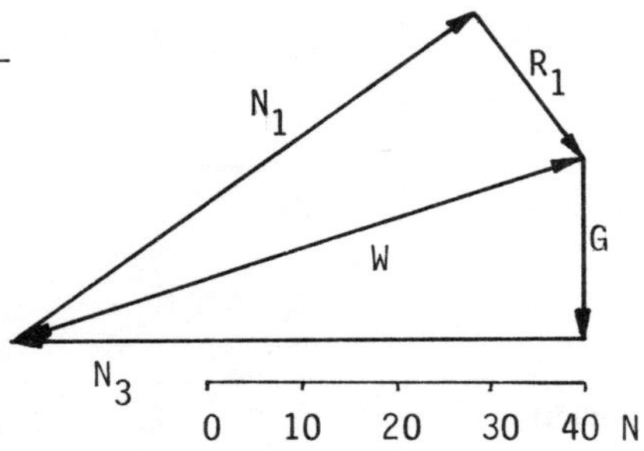

Lösung 1.3.4

a) Da sich Reibrad und Trommel mit konstanter Winkelgeschwindigkeit drehen, gelten hier für jeden Körper die Gleichgewichtsbedingungen - (A.3). Für die Trommel ergibt sich aus dem Momentengleichgewicht:

$$R_a = P_a \tag{1}$$

Wir betrachten Haltestange und Reibrad mit Motor als ein System. Das Momentengleichgewicht um A liefert:

$$(G-N_a)l\sin\alpha + R_a(l\cos\alpha+r) = 0 \tag{2}$$

Wir verwenden nun die Haftgrenzbedingung (D.1):

$$R_a = \mu_h . N_a \tag{3}$$

Mit (3) und (1) folgt aus (2):

$$P_a = \frac{\mu_h G.\sin\alpha}{\sin\alpha-\mu_h\cos\alpha-\mu_h r/l}$$

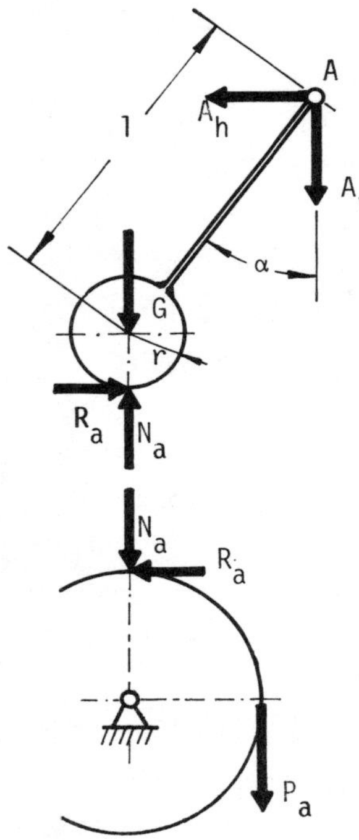

b) Im zweiten Falle dreht sich nur die Richtung von R um, was in der Gleichung (2) zur Änderung des Vorzeichens des zweiten Terms führt:

$$(G - N_b)l.\sin\alpha - R_b(l.\cos\alpha + r) = 0$$

Analog zu a) ergibt sich:

$$P_b = \frac{\mu_h G.\sin\alpha}{\sin\alpha + \mu_h\cos\alpha + \mu_h r/l}$$

Für $0 \leq \alpha \leq \frac{\pi}{2}$ ist daher sicher stets $P_a > P_b$

Bemerkung: Die Kraft auf den Stab im Punkt A hat nicht die Richtung der Stabachse, da sich der Motor mit dem Reaktionsmoment auf dem Stab abstützt. Trennt man Stab und Reibrad im Rechnungsgang, so wird dieses Moment zu einem äußeren, scheint in den Gleichungen auf und muß eliminiert werden. Das Resultat bleibt selbstverständlich gleich.

Lösung 1.3.5

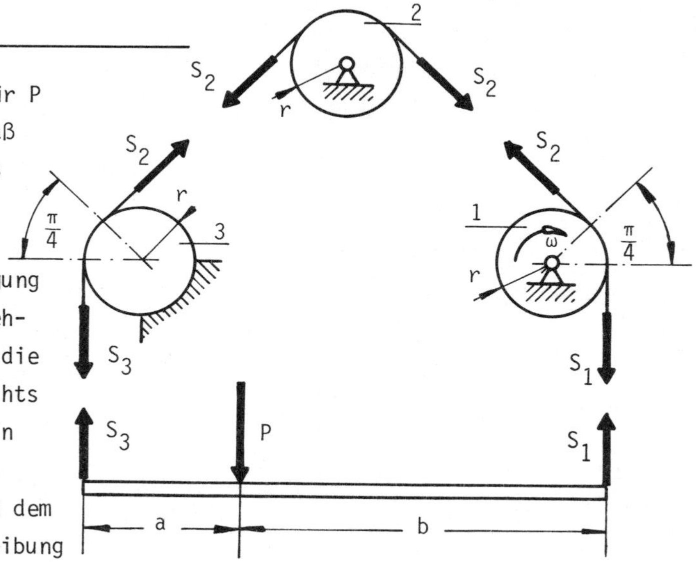

Die beiden Grenzlagen für P ergeben sich dadurch, daß sich das Seil nach links oder rechts in Bewegung setzt.
Die Gleichgewichtsbedingung für die reibungsfrei drehbare Rolle 2 zeigt, daß die Seilkräfte links und rechts von der Rolle gleich sein müssen.
Zwischen der Rolle 1 und dem Seil tritt stets Gleitreibung auf, die in beiden Grenzfällen im Uhrzeigersinn auf das Seil wirkt. Daher ist S_2 immer größer als S_1 (D.3):

$$S_2 = S_1 e^{\mu\pi/4} \qquad (1)$$

Erst bei der festgehaltenen Rolle 3 unterscheiden sich die beiden Grenzfälle. Die Seilreibungsgleichung (D.3) liefert für den Bewegungsbeginn des Seiles:

im Uhrzeigersinn: $S_2 = S_3 e^{\mu\pi/4}$ (2a)

gegen den Uhrzeigersinn: $S_3 = S_2 e^{\mu\pi/4}$ (2b)

Verwenden wir nun das Momentengleichgewicht um den Kraftangriffspunkt von P, so erhalten wir:

$$S_3 a = S_1 b \qquad a/b = S_1/S_3 \qquad (3)$$

Mit (1) und (2a) oder (2b) gibt (3) den Bereich

$$1 \geq \frac{a}{b} \geq e^{-\mu\pi/2}$$

Lösung 1.3.6

In der Skizze bedeutet N die Resultierende der von der Unterlage auf das Werkstück wirkenden Normaldruckverteilung, R die Resultierende der zugehörigen Schubspannungsverteilung. Beide Verteilungen sind nicht bekannt, ihre Kenntnis im einzelnen ist auch nicht erforderlich. Der Abstand s ist unbekannt.

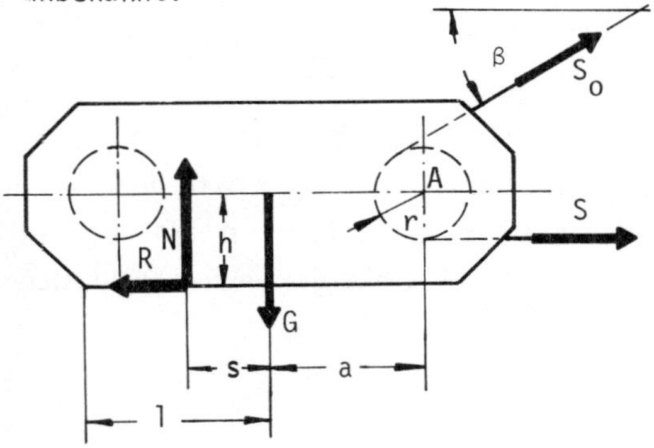

Nach der Seilreibungsgleichung gilt für das gleitende Seil (D.3):

$$S = S_0 e^{\bar{\mu}\alpha} \qquad (1)$$

Der Umschlingungswinkel α ist

$$\alpha = \pi - \beta \qquad (2)$$

Für das Gleichgewicht des Werkstückes gelten die Gleichgewichtsbedingungen (A.3), wobei die Momentensumme zweckmäßigerweise um die Achse A des zylindrischen Teiles gebildet wird:

$$S + S_0 \cos\beta - R = 0 \qquad (3)$$

$$S_0 \sin\beta + N - G = 0 \qquad (4)$$

$$N.(s+a) + R.h - G.a + S_0 r - S.r = 0 \qquad (5)$$

Mit (1) und (2) folgt aus (3):

$$R = S[1 + e^{-\bar{\mu}(\pi-\beta)} \cdot \cos\beta] \qquad (6)$$

und aus (4):

$$N = G - S.e^{-\bar{\mu}(\pi-\beta)} \cdot \sin\beta \qquad (7)$$

a) Bei Bewegungsbeginn muß die maximal mögliche Haftkraft $R_{h,max}$ überwunden werden (D.1) :

$$R_{h,max} = \mu_h . N \qquad (8)$$

Aus (8) folgt mit (6) und (7):

$$S_{min} = \frac{\mu_h . G}{1+e^{-\bar{\mu}\{\pi-\beta\}}(\cos\beta + \mu_h \sin\beta)} \qquad (9)$$

b) Für Bewegung mit Gleitreibung gilt (D.2):

$$R = \mu_g . N \qquad (10)$$

Somit ist in (9) μ_h durch μ_g zu ersetzen:

$$S(\beta) = \frac{\mu_g . G}{1+e^{-\bar{\mu}\{\pi-\beta\}}(\cos\beta + \mu_g \sin\beta)} \qquad (11)$$

c) Aus (5) folgt mit (1), (3), (4) und (11) für den Abstand s:

$$s = \frac{\mu_g\left[r-h+(a.\sin\beta-r-h.\cos\beta).e^{-\bar{\mu}\{\pi-\beta\}}\right]}{1 + e^{-\bar{\mu}\{\pi-\beta\}}\cos\beta}$$

Liefert die Rechnung $s>l$ so kann das Werkstück nicht mehr die dargestellte Lage haben, da die Resultierende N nicht außerhalb der Berührfläche liegen kann. Setzt man also in (5) $s=l$, so erhält man eine Gleichung für den Winkel β, bei dem das Werkstück vorne abzuheben beginnt.

Lösung 1.4.1

Wir berechnen zuerst die Auflagerreaktionen A_x, A_z und B aus den Gleichgewichtsbedingungen der Kräfte in x- und z-Richtung und der Momente um D:

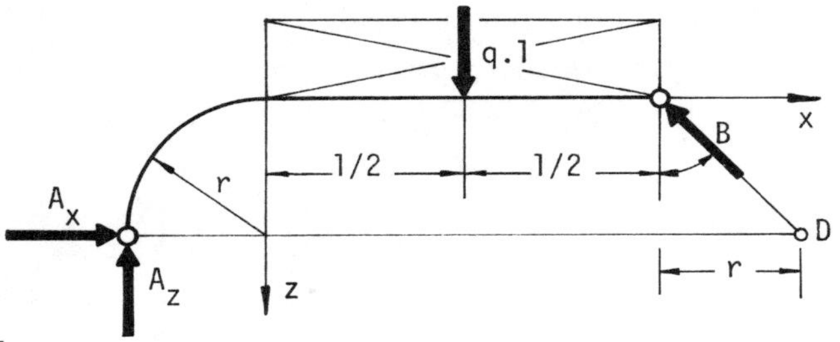

$$A_x - B/\sqrt{2} = 0 \quad (1)$$
$$-A_z + ql - B/\sqrt{2} = 0 \quad (2)$$
$$-A_z.(l+2r) + ql.(r+l/2) = 0 \quad (3)$$

Diese drei Gleichungen liefern: $A_x = A_z = ql/2$, $B = ql/\sqrt{2}$ (4)

Für die Bestimmung der Schnittgrößen im geraden Trägerteil denken wir uns diesen an der Stelle x aufgeschnitten und zeichnen die Schnittgrößen den Koordinatenrichtungen entsprechend ein (E.2).

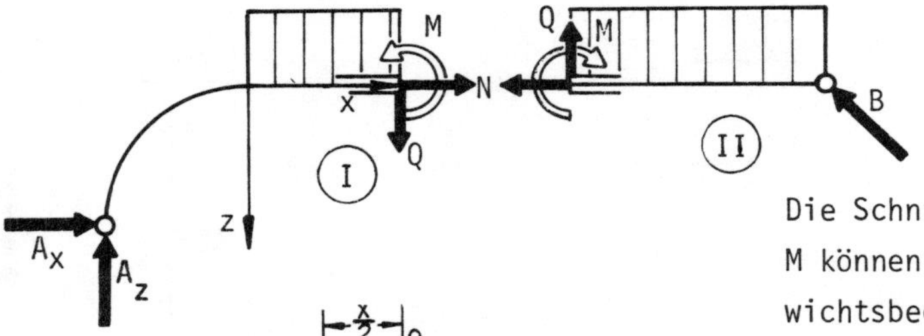

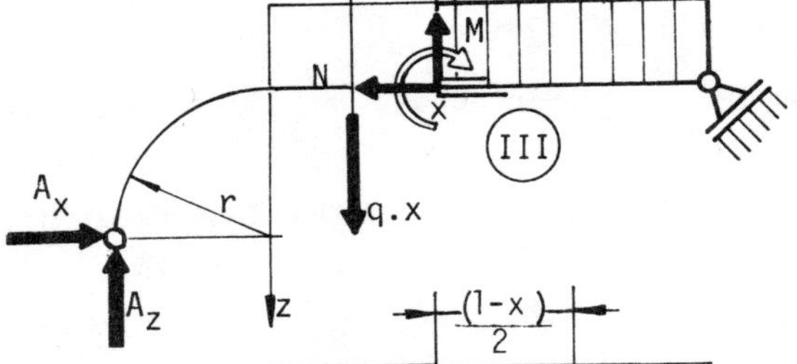

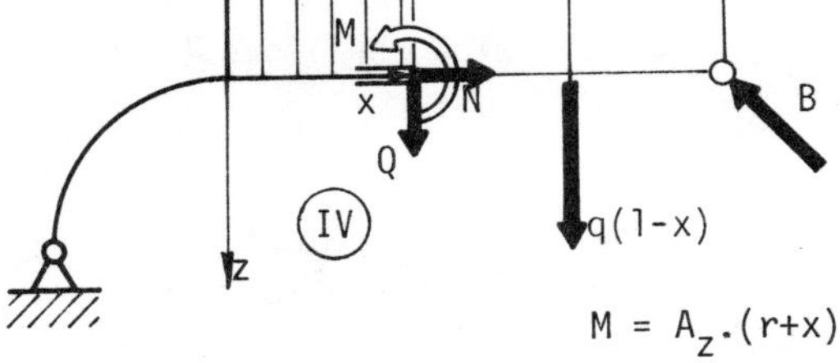

Die Schnittgrößen N, Q und M können aus den Gleichgewichtsbedingungen eines der beiden Trägerteile ermittelt werden (I, II).

N, Q und M sind auch das Reduktionsergebnis des an einem Trägerteil angreifenden Kraftsystems bezüglich des zum anderen Teil gehörigen Schnittufers (III, IV).

Die Reduktion gemäß III liefert:

$$N = -A_x \quad (5)$$
$$Q = A_z - q.x \quad (6)$$
$$M = A_z.(r+x) - A_x r - qx.(x/2) \quad (7)$$

Mit (4) erhält man: $N = -ql/2$

$Q(x) = q(l/2 - x) \qquad M(x) = qx(l - x)/2$

Für die Bestimmung der Schnittgrößen im Bogen liefern die Gleichgewichtsbedingungen des abgeschnittenen Bogenstückes drei Einzelgleichungen für N, Q und M, wenn das Kräftegleichgewicht in Richtung N bzw. Q und die Momentensumme bezüglich der Schnittstelle gebildet wird:

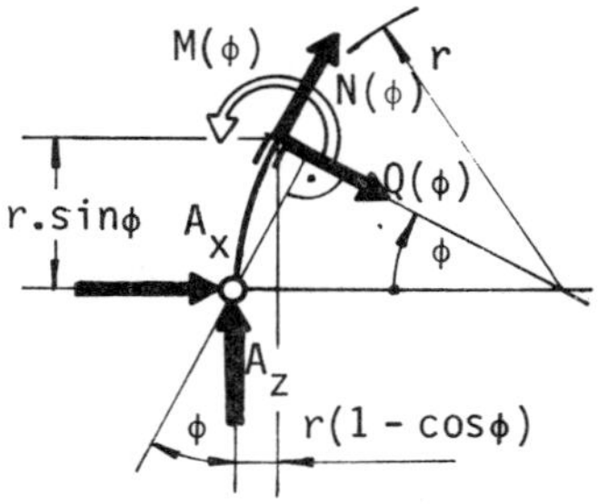

$$M + A_x r.\sin\phi - A_z r.(1-\cos\phi) = 0$$
$$N + A_x.\sin\phi + A_z.\cos\phi = 0$$
$$Q + A_x.\cos\phi - A_z.\sin\phi = 0$$

Mit (4) folgt:

$$M(\phi) = \frac{qlr}{2}.(1 - \cos\phi - \sin\phi)$$
$$N(\phi) = \frac{-ql}{2}.(\sin\phi + \cos\phi)$$
$$Q(\phi) = \frac{ql}{2}.(\sin\phi - \cos\phi)$$

Die positiven Zählrichtungen der Schnittgrößen im Bogenstück wurden hier in Übereinstimmung mit jenen des geraden Teiles gewählt - nicht entsprechend den Einheitsvektoren des Zylinderkoordinatensystems.

Lösung 1.4.2

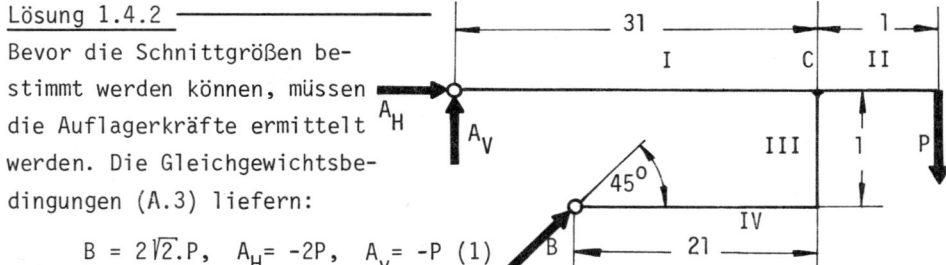

Bevor die Schnittgrößen bestimmt werden können, müssen die Auflagerkräfte ermittelt werden. Die Gleichgewichtsbedingungen (A.3) liefern:

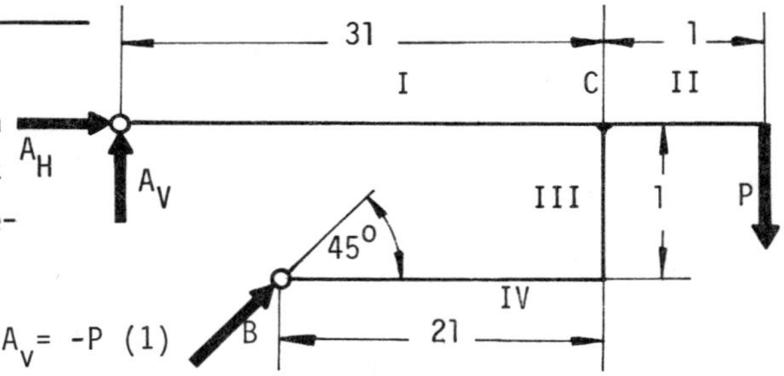

$B = 2\sqrt{2}.P, \quad A_H = -2P, \quad A_V = -P \quad (1)$

Zur Bestimmung des Verlaufes der Schnittgrößen müssen die Abschnitte I bis IV unterschieden werden. Die Aufteilung in Abschnitte ergibt sich, wie hier leicht ersichtlich, zufolge kräftemäßiger oder geometrischer Unstetigkeiten.

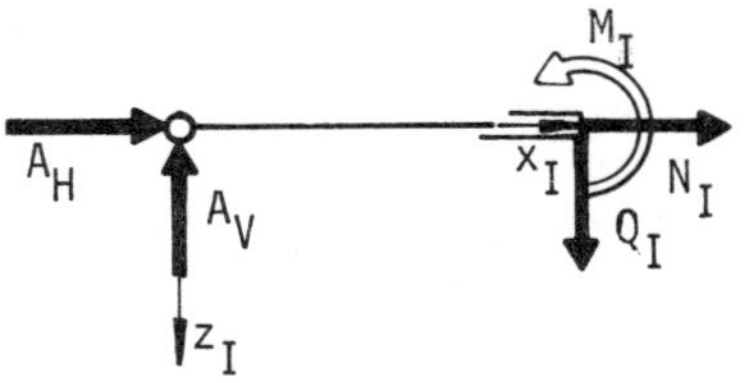

Für Abschnitt I mit der Eintragung der Schnittgrößen entsprechend (E.2) liefern die Gleichgewichtsbedingungen (A.3):

$$A_H + N_I = 0$$
$$-A_V + Q_I = 0$$
$$A_V.x_I - M_I = 0$$

Mit (1) folgt:

$$\left.\begin{aligned} N_I &= 2\,P \\ Q_I &= -P \\ M_I &= -P.x_I \end{aligned}\right\} \text{für } 0 \leq x_I \leq 3l$$

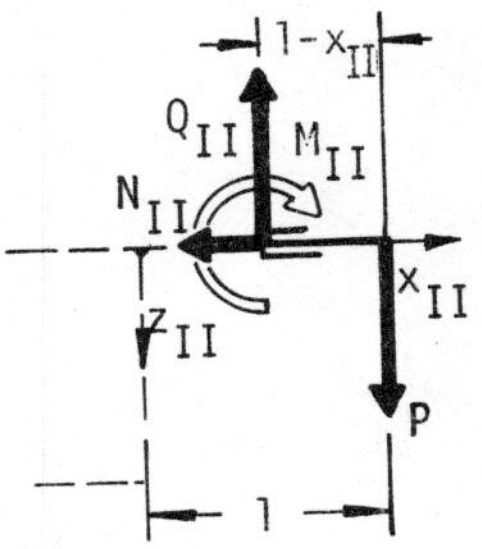

Für Abschnitt II betrachten wir zweckmäßigerweise den Teil von der Schnittstelle bis $x_{II}=l$, da auf diesen Teil als Belastung nur die Einzelkraft P wirkt. Analog zu Abschnitt I ergibt sich für die jetzt umgekehrt eingezeichneten Schnittgrößen (rechtes Schnittufer in E.2) mit (1):

$$\left.\begin{aligned} N_{II} &= 0 \\ Q_{II} &= P \\ M_{II} &= -P(l-x_{II}) \end{aligned}\right\} \text{für } 0 \leq x_{II} \leq l$$

Für Abschnitt III liefert die Reduktion von B an die Schnittstelle mit (1):

$$\left.\begin{aligned} N_{III} &= -2P \\ Q_{III} &= -2P \\ M_{III} &= -2P(l+x_{III}) \end{aligned}\right\} 0 \leq x_{III} \leq l$$

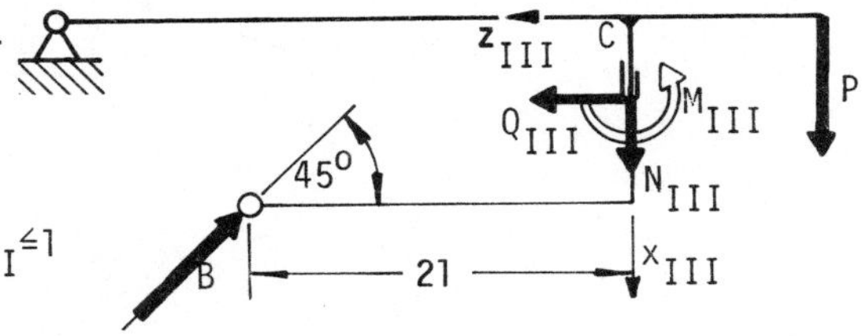

Für Abschnitt IV wäre bei einer umlaufenden positiven Zählrichtung die Richtung der x-Koordinate entgegen der Einzeichnung in Abschnitt I. Wir wählen sie und die dazugehörigen positiven Zählrichtungen für N, Q, M jedoch wie bei Abschnitt I. (Unterschiedliche Zählrichtungen wirken sich nur bei der Berechnung der Durchbiegung und den dazugehörigen Randbedingungen aus.)

Die Gleichgewichtsbedingungen liefern mit (1):

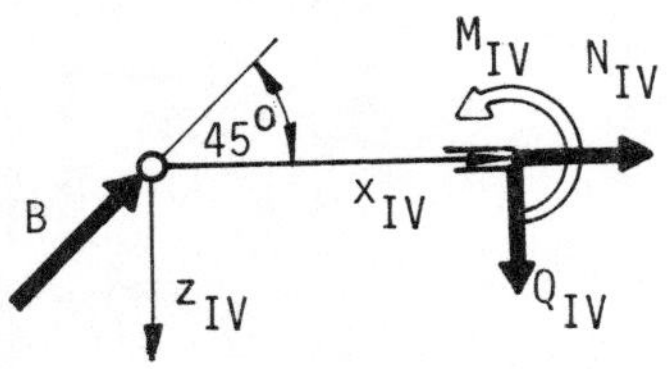

$$\left.\begin{aligned} N_{IV} &= -2P \\ Q_{IV} &= 2P \\ M_{IV} &= 2P.x_{IV} \end{aligned}\right\} \text{für } 0 \leq x_{IV} \leq 2l$$

Die folgenden 3 Bilder zeigen den Verlauf von N, Q und M in den Rahmenteilen mit den positiven Werten entsprechend unseren Eintragungen:

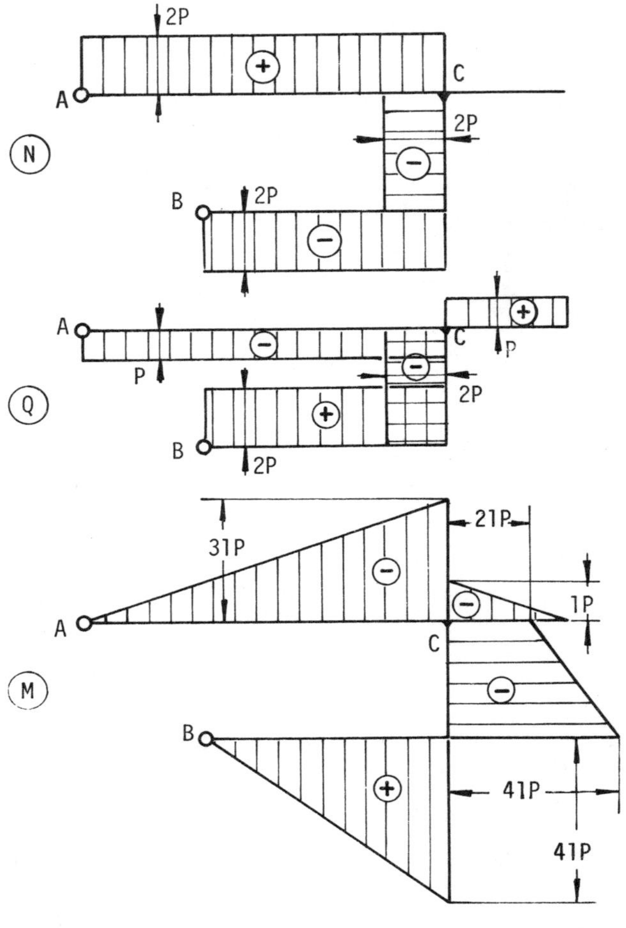

Die Anschlußstellen zwischen den einzelnen Abschnitten zeigen die Weiterleitung der Schnittgrößen. Überdies kann mit diesen Stellen die Berechnung überprüft werden:

Die Gleichgewichtsbedingungen für die 3 Schnittgrößen unmittelbar an der Anschlußstelle C lauten:

$$N_I + Q_{III} - N_{II} = 0$$
$$-Q_I + N_{III} + Q_{II} = 0$$
$$M_I(x_I=3l) - M_{II}(x_{II}=0) - M_{III}(x_{III}=0) = 0$$

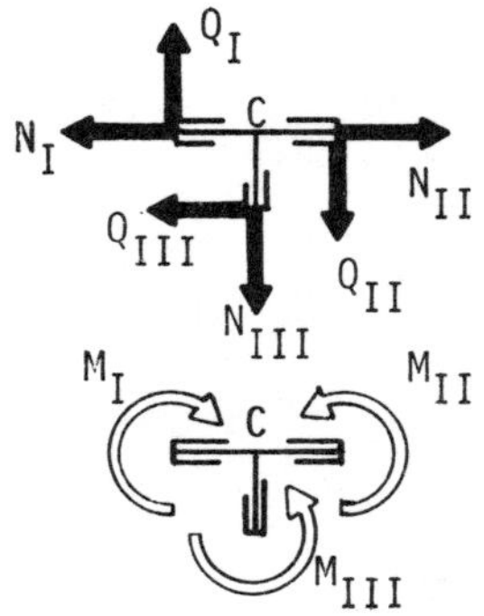

Diese Beziehungen müssen nach Einsetzen der entsprechenden Werte erfüllt sein.

Lösung 1.4.3

Bei Vernachlässigung des Eigengewichtes der Stütze BC müssen die Stützkräfte B und C gegengleich sein und in der Geraden BC liegen. Zur Bestimmung der Auflagerkräfte kann die Gleichlast durch ihre Resultierende $R=(a+b)q$ ersetzt werden, die mit den Kräften in A und C im Gleichgewicht sein muß (A.4). Die im Kräfteplan bestimmten Kräfte A und C werden zur graphischen Ermittlung der Schnittgrößenverläufe in Richtung des Teiles AD und normal dazu zerlegt. Die Gleichlast q muß mindestens an der Stelle C unterteilt werden; die Teilresultierenden werden ebenso wie A und C zerlegt.

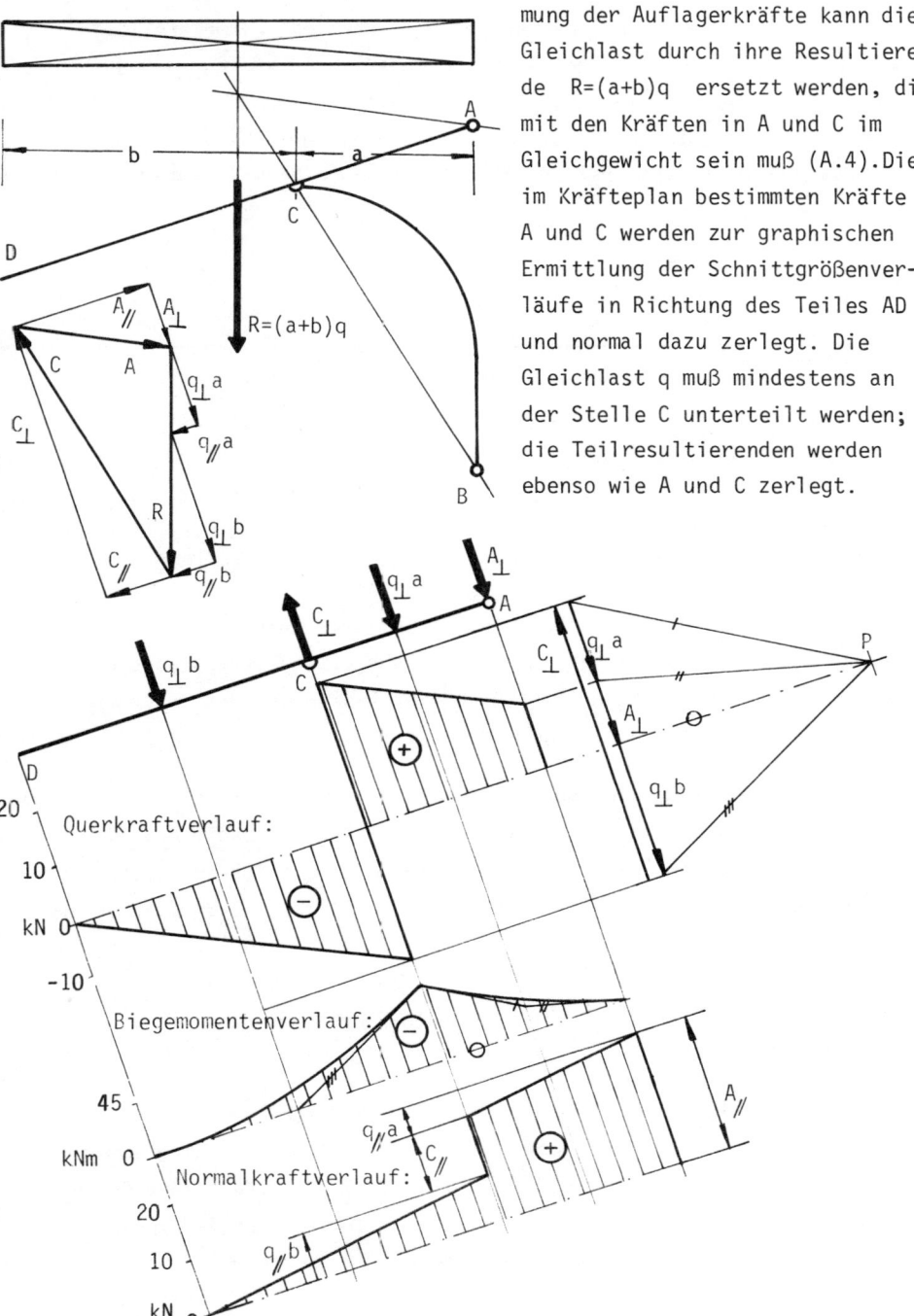

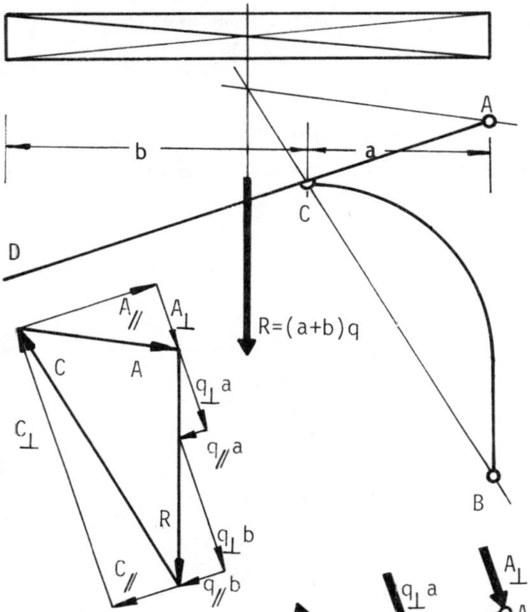

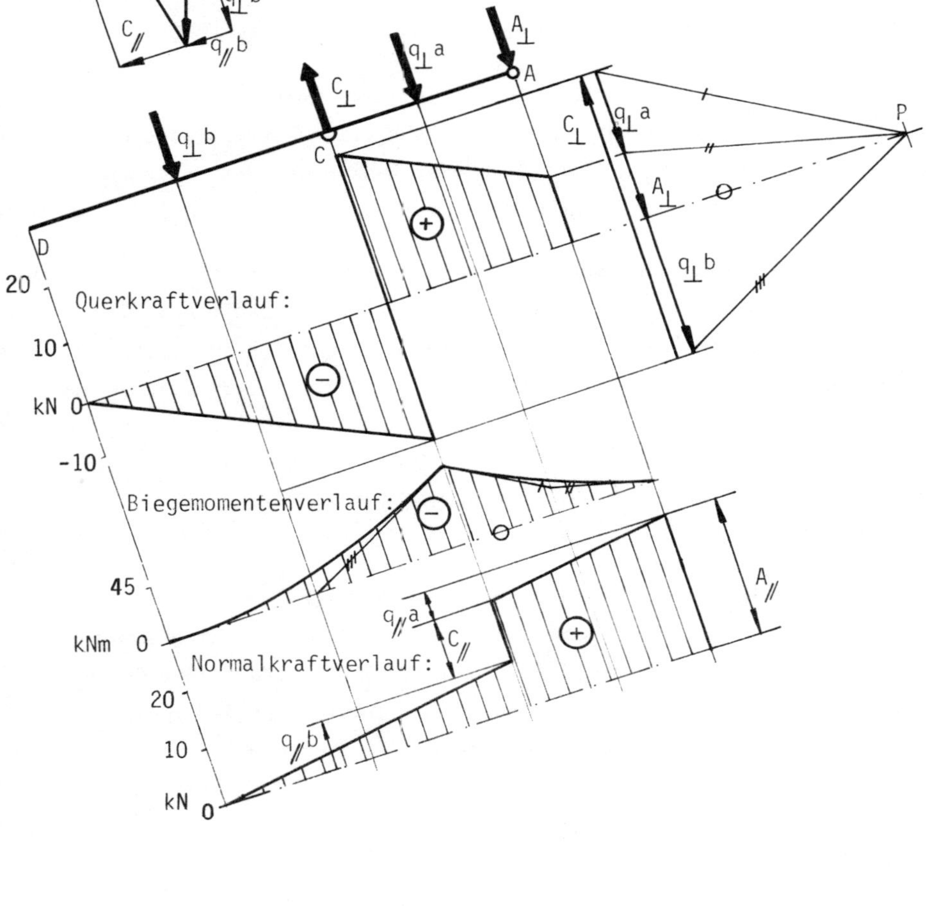

Der Verlauf von Querkraft Q und Biegemoment M ergibt sich aus den zu AD normal stehenden Kraftkomponenten mit Hilfe des Seileckes. Aus den Kraftkomponenten in Richtung AD bestimmt sich der Normalkraftverlauf.

In den Abschnitten DC und CA wachsen Querkraft und Normalkraft (bei D mit Null beginnend) zufolge der Gleichlast linear an. Für die graphische Darstellung des Momentenverlaufes (Parabeln zweiter Ordnung) sind die Seilstrahlen die Tangenten in den Punkten D,C und A . Da das Gelenk C kein Moment überträgt, hat der Momentenverlauf zum Unterschied von N und Q dort keinen Sprung.

Lösung 1.4.4

a) Für die graphische Bestimmung der Momentenverteilung mit Hilfe des Seileckes (E.3) müssen die verteilten Belastungen abschnittsweise durch äquivalente Einzelkräfte ersetzt werden. Dabei ist zu beachten, daß die Gleichlast im Abschnitt AC bei Gelenk B unterteilt wird, (Ersatzlasten Q_1) weil sonst die Schlußlinie - diese schneidet wegen des momentenfreien Gelenkes bei B den Seilstrahl - nicht richtig gezogen werden kann.

Im Kräfteplan sind nun die Belastungen in ihrer Reihenfolge (im Lageplan von links beginnend) nacheinander anzuordnen. Die Last P_1 wird direkt vom Auflager D aufgenommen und könnte bei der Bestimmung des Momenten- und Querkraftverlaufes weggelassen werden, wodurch D entsprechend größer würde.

Nach Zeichnen des Seilpolygons sind die zwei Schlußlinien zu legen (die Anzahl der Schlußlinien ist stets um eins kleiner als die Anzahl der Auflagerkräfte). Da im Träger an den Stellen B, C und F kein Biegemoment auftritt, kennen wir diese drei Punkte der Schlußlinie (E.3). Die Schlußlinie I für den Abschnitt AD ist daher durch die Punkte B und C bestimmt; die Schlußlinie II schließt das Seileck von D nach F. Bei der hier gewählten Reihenfolge der Kräfte ist das Biegemoment positiv, wenn die Schlußlinie über den Seilstrahlen liegt (Zählrichtungen nach E.2)).

Die zu den Schlußlinien gehörigen Polstrahlen bestimmen im Kräfteplan die Auflagerkräfte A, D und F. Somit kann auch das Querkraftdiagramm gezeichnet werden. Es zeigt an den Stellen B und C unmittelbar die Größe der Gelenkskräfte. In den Abschnitten der Gleichlasten ist der Verlauf der Querkraft linear und der des Biegemomentes parabolisch.

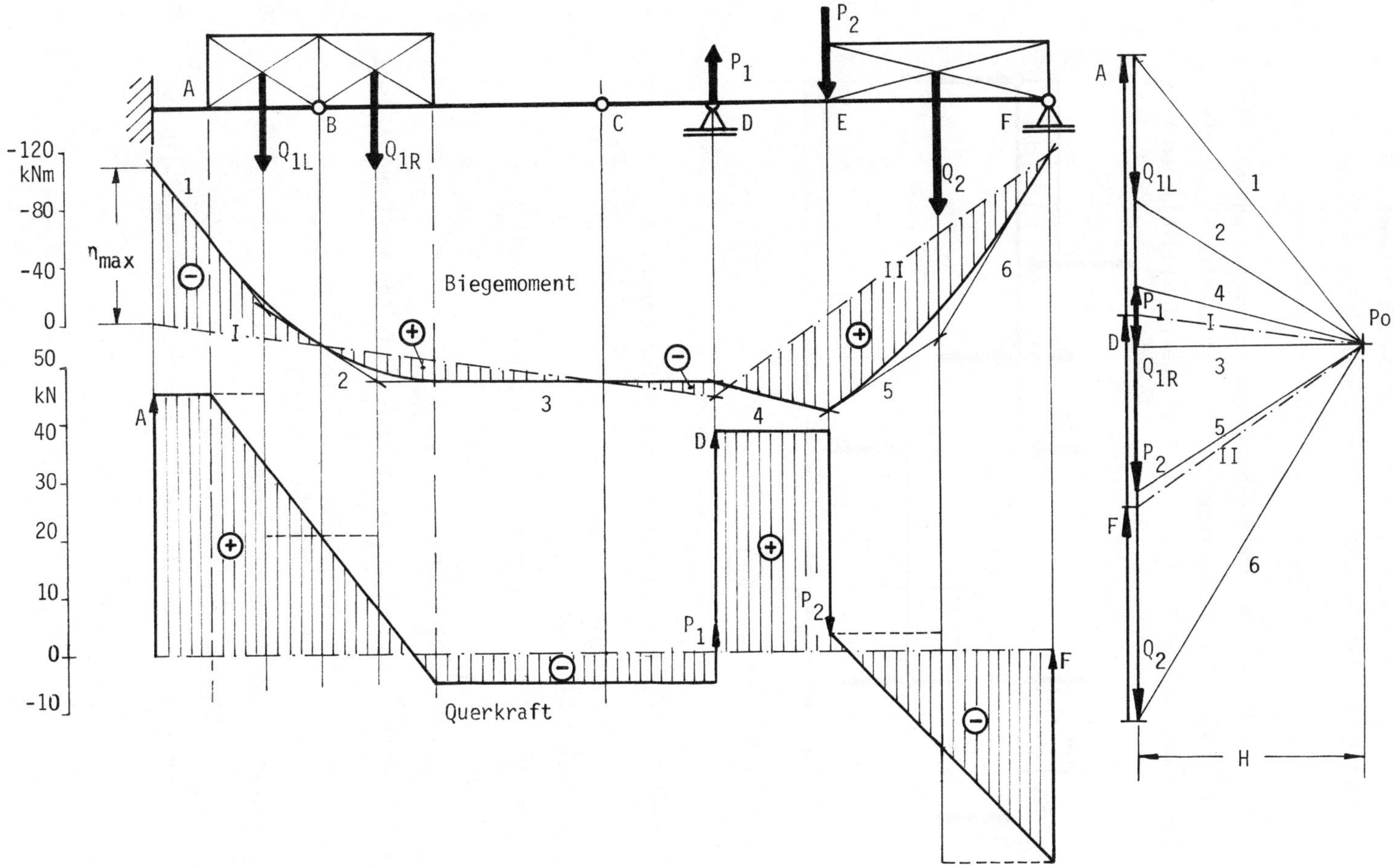

A
B
C
D
E
F
Q_{1L}
Q_{1R}
P_1
P_2
Q_2
-120
kNm
-80
-40
0
50
kN
40
30
20
10
0
-10
η_{max}
Biegemoment
Querkraft
1
2
3
4
5
6
I
II
Pol
H

b) Das maximale Biegemoment tritt hier an der Einspannstelle A auf und errechnet sich unter Berücksichtigung der Maßstäbe (E.3):

$$M_{max} = -\eta_{max} . H = -2{,}75\ m\ .\ 40\ kN = -110\ kNm$$

c) Für die rechnerische Bestimmung der Auflagerkräfte und des Einspannmomentes zerlegen wir den Träger bei den momentenfreien Gelenken in Einzelteile und stellen für diese die Gleichgewichtsbedingungen auf:

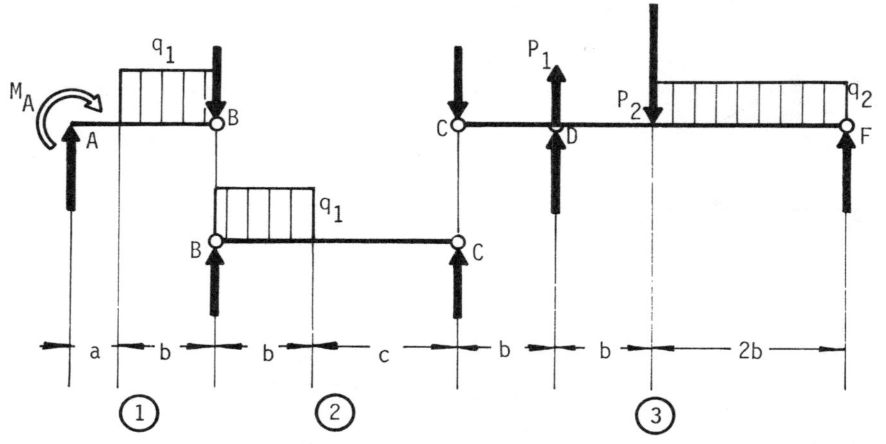

Für Teil 2 folgen zwei Einzelgleichungen für B und C:

$$B(b + c) - q_1 b(c + b/2) = 0 \tag{1}$$
$$-C(b + c) + q_1 b(b/2) = 0 \tag{2}$$

Mit dem aus (1) errechneten B ergibt sich für den Teil 1:

$$A - B - q_1 b = 0$$
$$M_A + B(a + b) + q_1 b(a + b/2) = 0$$

Für die Auflagerkräfte D und F des Teiles 3 folgen mit C aus (2):

$$(D + P_1).3b - C.4b - P_2.2b - (2bq_2).b = 0$$
$$F.3b + Cb - P_2 b - (2bq_2).2b = 0$$

Die angegebenen Zahlenwerte liefern:

$B = 20$ kN, $C = 5$ kN,
$A = 45$ kN, $D = 33{,}3$ kN, $F = 36{,}7$ kN, $M_A = -110$ kNm

Lösung 1.4.5

a) Die auf die Laufkatze wirkenden Kräfte sind ins Gleichgewicht zu setzen: die Resultierende R der beiden Seilkräfte S=G, das Gewicht G_1, die vertikale Stützkraft T und die Kraft W an den gebremsten Haupträdern, deren Richtung im Extremfall durch den Haftgrenzwinkel ρ_h gegeben ist. Aus dem Kräfteplan (A.5) ergibt sich G_{1min}= 47 kN

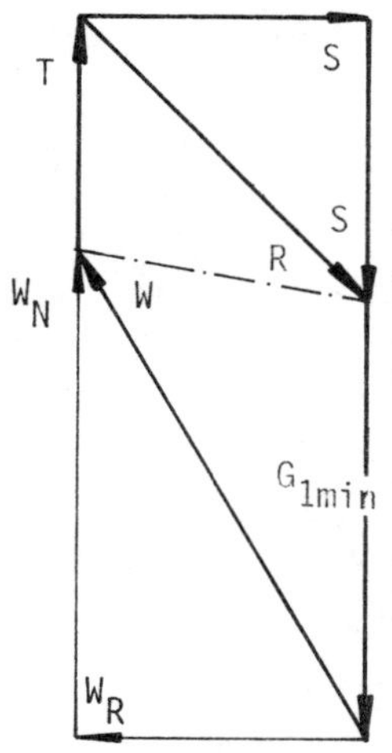

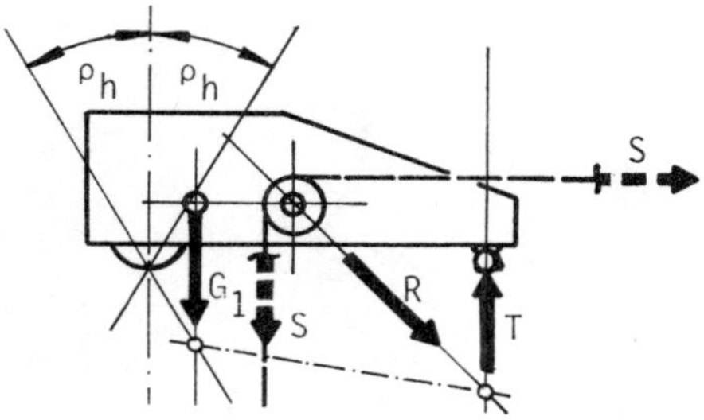

b) Wir denken uns nun Laufkatze und Kranschiene als Einheit und betrachten nur die äußeren Kräfte. Es sind dies die drei parallelen Kräfte G, G, G_1=G_{1min} und die noch unbekannten Auflagerkräfte A und B. Da auf den Tragwerksteil links vom Gelenk C nur zwei Kräfte, die Auflagerkraft A und die Gelenkskraft C wirken, müssen diese beiden Kräfte gegengleich in der Geraden AC liegen. Wir kennen somit die Richtung von A und können daher beginnend mit dem ersten Seilstrahl durch den Punkt B ein Seileck zeichnen, das uns die Kräfte A und B liefert.

Die Stabkräfte des linken und rechten Fachwerkteiles lassen sich durch eine einfache Ergänzung des Kräfteplanes finden (Zerlegung von A bzw. B in die Stabkräfte).

Die Resultierende der Seilkräfte auf die rechte Rolle hat die Richtung des Stabes bei H; somit ist der vertikale Stützstab unbelastet. Von der Laufkatze wirken nur die Kräfte W und T auf die Kranschiene. Der Querkraftverlauf für die Kranlaufbahn ergibt sich nun aus den Vertikalkomponenten der angreifenden Kräfte. Zur Veranschaulichung sind diese im Querkraftdiagramm gekennzeichnet.

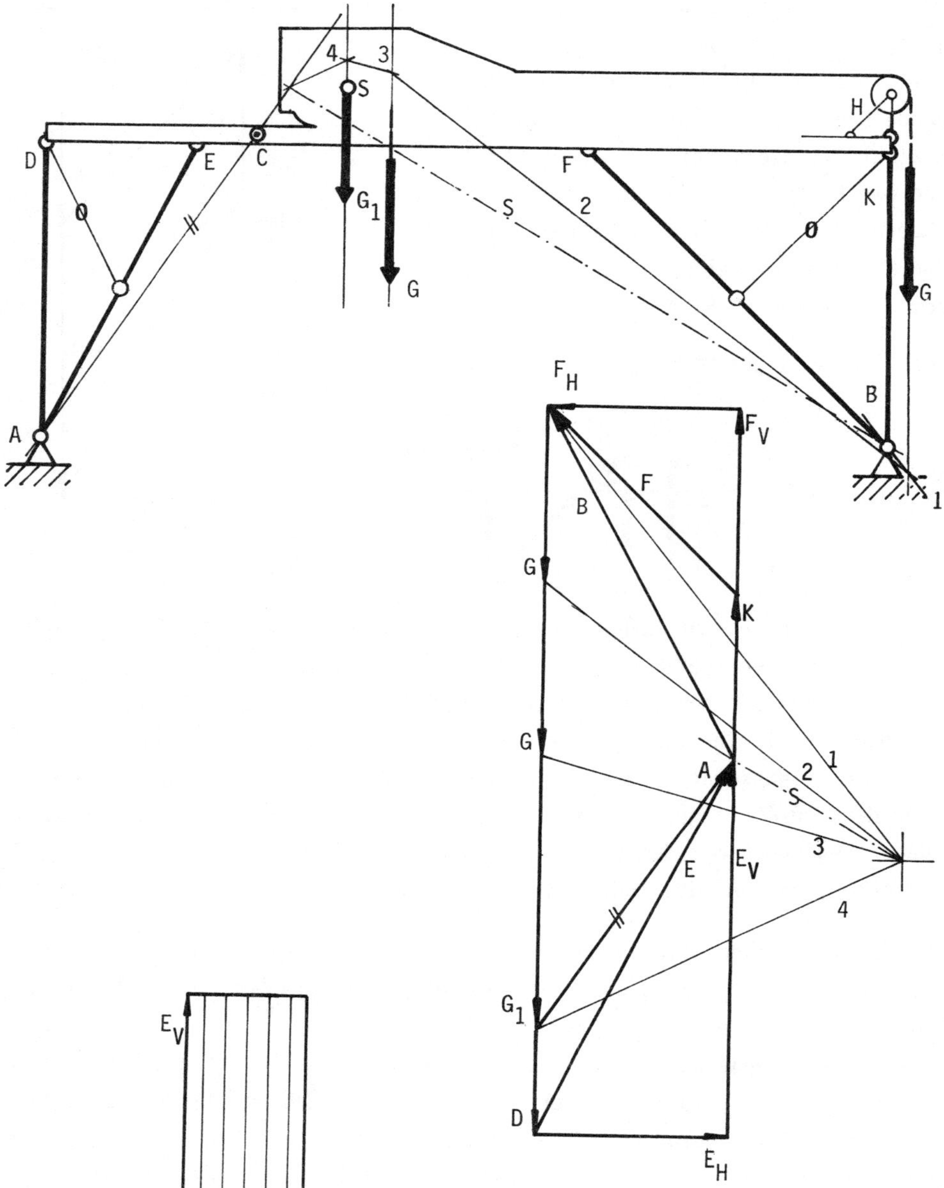

Querkraftverlauf in der Kranschiene:

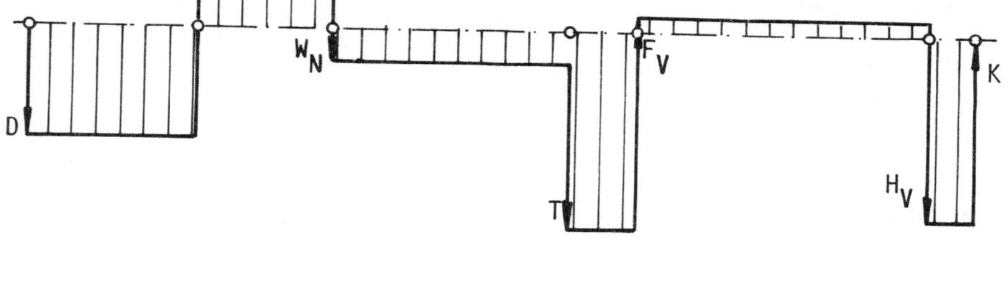

Lösung 2.1.1

Für die Berechnung der Lage der Trägheitshauptachsen benötigen wir zunächst die Flächenträgsmomente J_x, J_y und das Deviationsmoment J_{xy}.

Für deren Bestimmung kann der Querschnitt dargestellt werden:

a) aus aneinandergereihten Rechtecken oder

b) aus einem großen Rechteck (Außenumrandung) und zwei "fehlenden" Rechtecken.

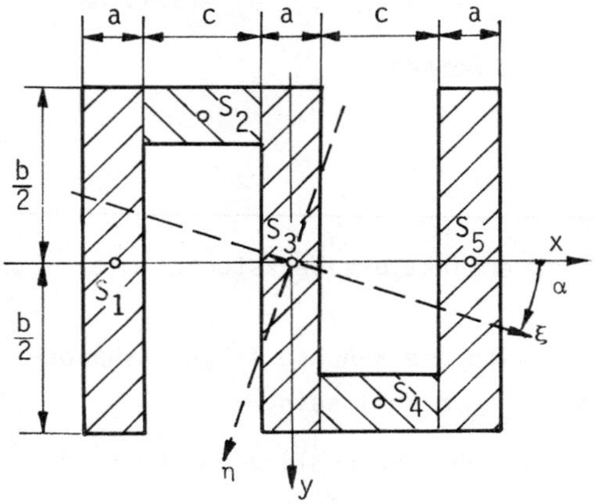

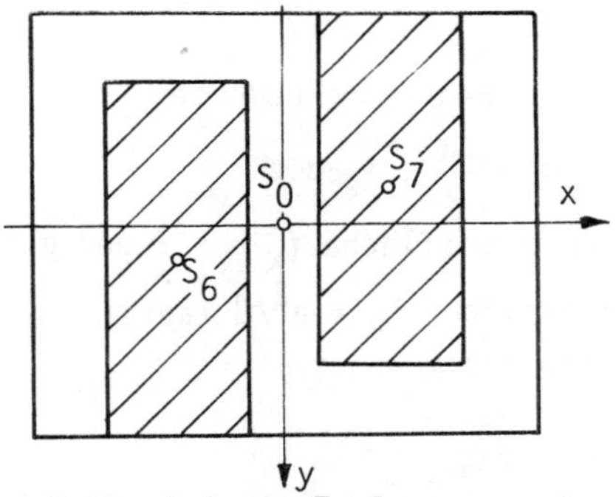

Die Zerlegung nach a) liefert mit den Flächenträgheitsmomenten der Rechtecke um zu x parallele Achsen durch die Teilschwerpunkte S_1 bis S_5 (F.9) und dem STEINERschen Satz (F.8):

$$J_x = 3(ab^3/12) + 2\left[ca^3/12+(ca).(b/2-a/2)^2\right] \qquad (1)$$

Um auch die Anwendung der Zerlegung nach b) zu zeigen, berechnen wir J_y auf diese Weise:

$$J_y = b(3a+2c)^3/12 - 2\left[(b-a)c^3/12 + c(b-a).(c/2+a/2)^2\right] \qquad (2)$$

Die Deviationsmomente der Rechtecke bezüglich zu x und y paralleler Achsen durch die Teilschwerpunkte sind Null. Bei der Zerlegung nach a) liefert der Steiner'sche Satz (F.8) nur für die beiden kleinen Rechtecke (Schwerpunkte S_2, S_4) Beiträge zu J_{xy}:

$$J_{xy} = 2(ac).(c/2 + a/2).(b/2 - a/2) \qquad (3)$$

Für den Winkel α unter dem die Trägheitshauptachsen ξ, η gegen x-und y-Achse verdreht sind, gilt:

$$\tan 2\alpha = \frac{2J_{xy}}{J_y - J_x} \qquad (4)$$

Speziell für b = 6a, c = 2a wird aus (1), (2) und (3)

$$J_x = 238a^4/3 = 79{,}33a^4; \quad J_y = 719a^4/6 = 119{,}83a^4; \quad J_{xy} = 15a^4$$

Mit diesen Werten folgt aus (4)

$$\tan 2\alpha = \frac{20}{27} = 0{,}7407 \; ; \qquad \alpha = 18{,}26^0$$

Die Hauptträgheitsmomente J_ξ, J_η erhält man aus

$$J_\xi = \frac{1}{2}(J_x + J_y) + \frac{1}{2}(J_x - J_y).\cos 2\alpha - J_{xy}\sin 2\alpha$$

$$J_\eta = \frac{1}{2}(J_x + J_y) - \frac{1}{2}(J_x - J_y).\cos 2\alpha + J_{xy}\sin 2\alpha$$

mit $\cos 2\alpha = 0{,}8036$, $\sin 2\alpha = 0{,}5952$ zu: $J_\xi = 74{,}38a^4$, $J_\eta = 124{,}78a^4$

Zur Kontrolle kann die Beziehung verwendet werden:

$$J_x + J_y = J_\xi + J_\eta = 199{,}16a^4$$

Lösung 2.1.2

Für das statische Auswuchten muß der Schwerpunkt des Werkstückes mit Bohrung auf der x-Achse liegen.

Für das dynamische Auswuchten muß zusätzlich die x-Achse Trägheitshauptachse sein, d.h. das Deviationsmoment I_{xy} muß Null sein.

Da diese beiden Forderungen für das Werkstück ohne Schlitz und Bohrung erfüllt sind, ist es hier nur nötig, die beiden "fehlenden" Volumina zu betrachten:

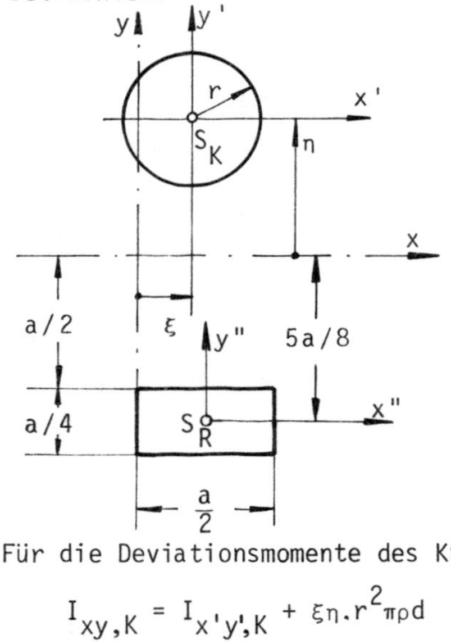

Die erste Bedingung bedeutet

$$\eta.f_K\rho d = \frac{5a}{8} \,.\, f_R\rho d$$

Mit der Kreisfläche $f_K = r^2\pi$ und der Rechteckfläche $f_R = a^2/8$ lautet die gesuchte Beziehung

$$\eta(r) = \frac{5a^3}{64\pi} \,.\, \frac{1}{r^2} \qquad (1)$$

Die zweite Beziehung liefert

$$I_{xy,K} + I_{xy,R} = 0 \qquad (2)$$

Für die Deviationsmomente des Kreis- bzw. Rechteckausschnittes gilt (F.5):

$$I_{xy,K} = I_{x'y',K} + \xi\eta.r^2\pi\rho d$$

$$I_{xy,R} = I_{x''y'',R} + (a/4).(-5a/8).(a^2\rho d/8)$$

Aus Symmetriegründen sind $I_{x'y',K}$ und $I_{x''y'',R}$ gleich Null.

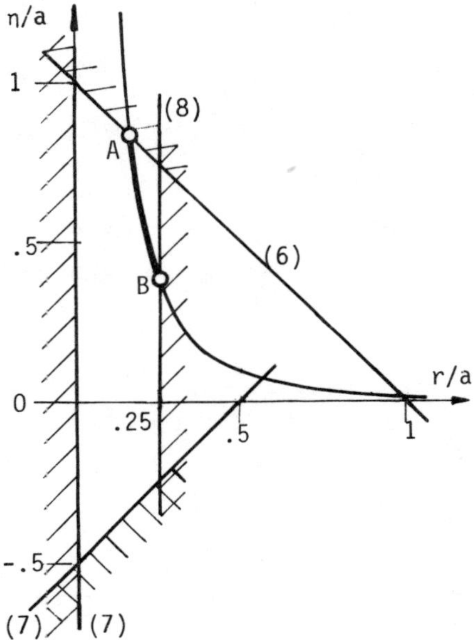

Damit gibt (2)

$$\xi\eta . r^2\pi - 5a^4/256 = 0 \quad (3)$$

Mit (1) erhält man

$$\xi = a/4 \quad (4)$$

Voraussetzungen für die Gültigkeit von (1) und (4) sind, daß die Bohrung ganz innerhalb des Werkstückes liegt und nicht in den unteren Ausschnitt reicht:

$$\xi + r \leq \frac{a}{2} \quad (5)$$

$$\eta + r \leq a \quad (6)$$

$$0 < r \leq \frac{a}{2} + \eta \quad (7)$$

Aus (5) und (4) folgt:

$$r \leq \frac{a}{4} \quad (8)$$

Mit den Bedingungen (6), (7) und (8) bleibt für den Zusammenhang (1) nur noch das zulässige Kurvenstück von A bis B.

Lösung 2.1.3

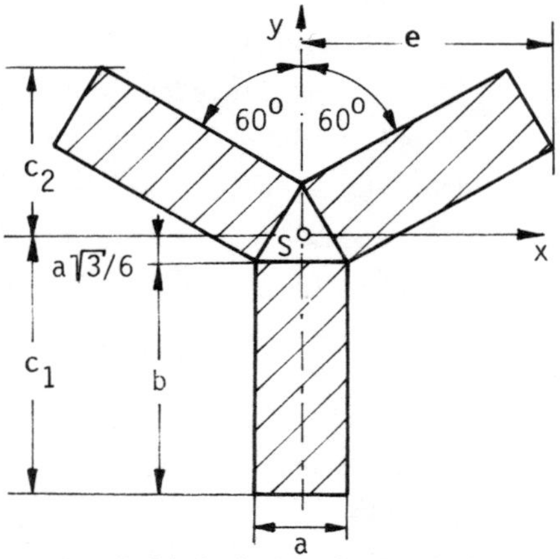

Bei der Berechnung der Flächenträgheitsmomente führt die Zusammensetzung des Querschnittes aus 3 gleichen Rechtecken zu einer wesentlichen Vereinfachung:
Läßt sich - wie hier - ein Querschnitt durch eine Drehung von weniger als 180° um den Flächenschwerpunkt S wieder mit seiner ursprünglichen Form zur Deckung bringen, so ist das Flächenträgheitsmoment bezüglich jeder Querschnittsachse durch S gleich groß:

$$J_x = J_y = J \quad (1)$$

Das polare Trägheitsmoment $J_p = J_x + J_y = 2J$ des Querschnittes bezüglich S (F.7) errechnet sich mit dem Steiner'schen Satz (F.8) und dem polaren Flächenträgheitsmoment des Rechteckes (F.9) zu:

$$2J = J_p = 3.\left[\left(\frac{b^3a}{12} + \frac{a^3b}{12}\right) + \left(\frac{b}{2} + \frac{a}{6}\sqrt{3}\right)^2 . ab\right]$$

Somit wird:

$$J = J_x = J_y = \frac{ab}{4}(2b^2 + ab\sqrt{3} + a^2) \qquad (2)$$

Die Widerstandsmomente (siehe (H.4)) bezüglich der y-Achse sind beide gleich. Mit J_y nach (2) und dem Randabstand e folgt:

$$W_{y1} = W_{y2} = \frac{J_y}{e}, \qquad \text{mit} \qquad e = a/2 + b\sqrt{3}/2$$

Die Widerstandsmomente bezüglich der x-Achse ergeben sich mit J_x nach (2) zu:

$$W_{x1} = \frac{J_x}{c_1}, \qquad \text{mit} \qquad c_1 = a\sqrt{3}/6 + b$$

$$W_{x2} = \frac{J_y}{c_2}, \qquad \text{mit} \qquad c_2 = a\sqrt{3}/3 + b/2$$

Lösung 2.1.4

a),b) Analog wie bei der graphischen Bestimmung der Momentenverteilung mit Hilfe des Seileckes (B.1) in Aufgabe 1.4.4 muß hier die Gleichlast zumindest an der Stelle des Gelenkes E unterteilt werden.

Wir beginnen das Seileck mit den Seilstrahlen 0 und 1 bei der Last P. Die Schlußlinie I wird durch den Schnittpunkt des Seilstrahles 0 mit der Wirkungslinie der Auflagerkraft A und durch das momentenfreie Gelenk D (Schnittpunkt mit Seilstrahl 1) festgelegt. Die Schlußlinie II geht vom Schnittpunkt von I mit B durch den Schnittpunkt von 2 mit E. Die zugehörigen Polstrahlen I und II im Kräfteplan bestimmen die Auflagerkräfte A, B und C (B.1), mit denen sodann der Querkraftverlauf gezeichnet werden kann.

Im Teil der Gleichlast ist der Querkraftverlauf linear, der Momentenverlauf parabolisch. Die Seilstrahlen 1, 2 und 3 sind am Bereichsanfang, bei E und am Bereichsende der Gleichlast die Tangenten an die Parabel. Die eingetragenen Vorzeichen entsprechen der Festlegung nach (E.2).

Der größte Absolutwert des Biegemomentes M_{max} tritt an der Einspannstelle C auf. Mit η_{max} und dem Polabstand H folgt (siehe (E.3)):

$$M_{max} = -\eta_{max} \cdot H \cdot \mu_L \cdot \mu_F = -43 \text{ kNm} \qquad (1)$$

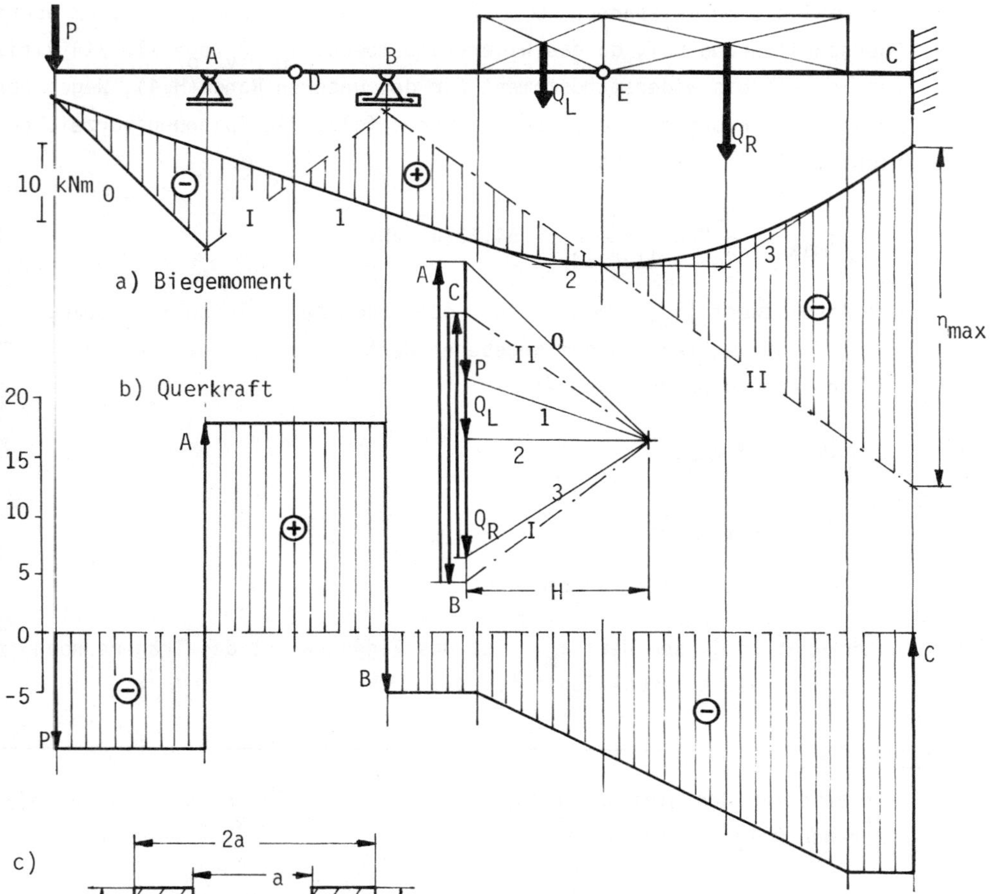

c)

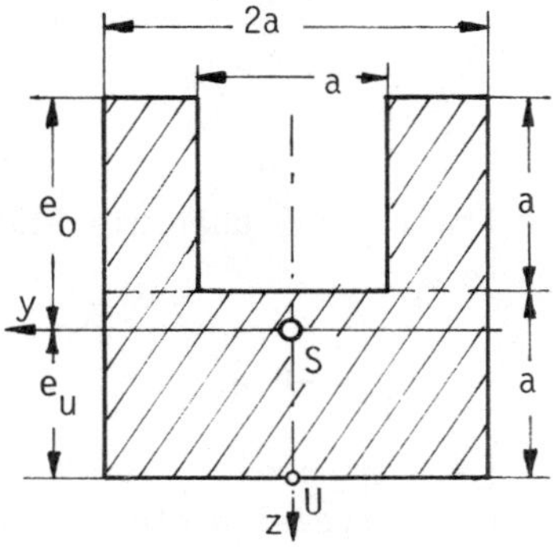

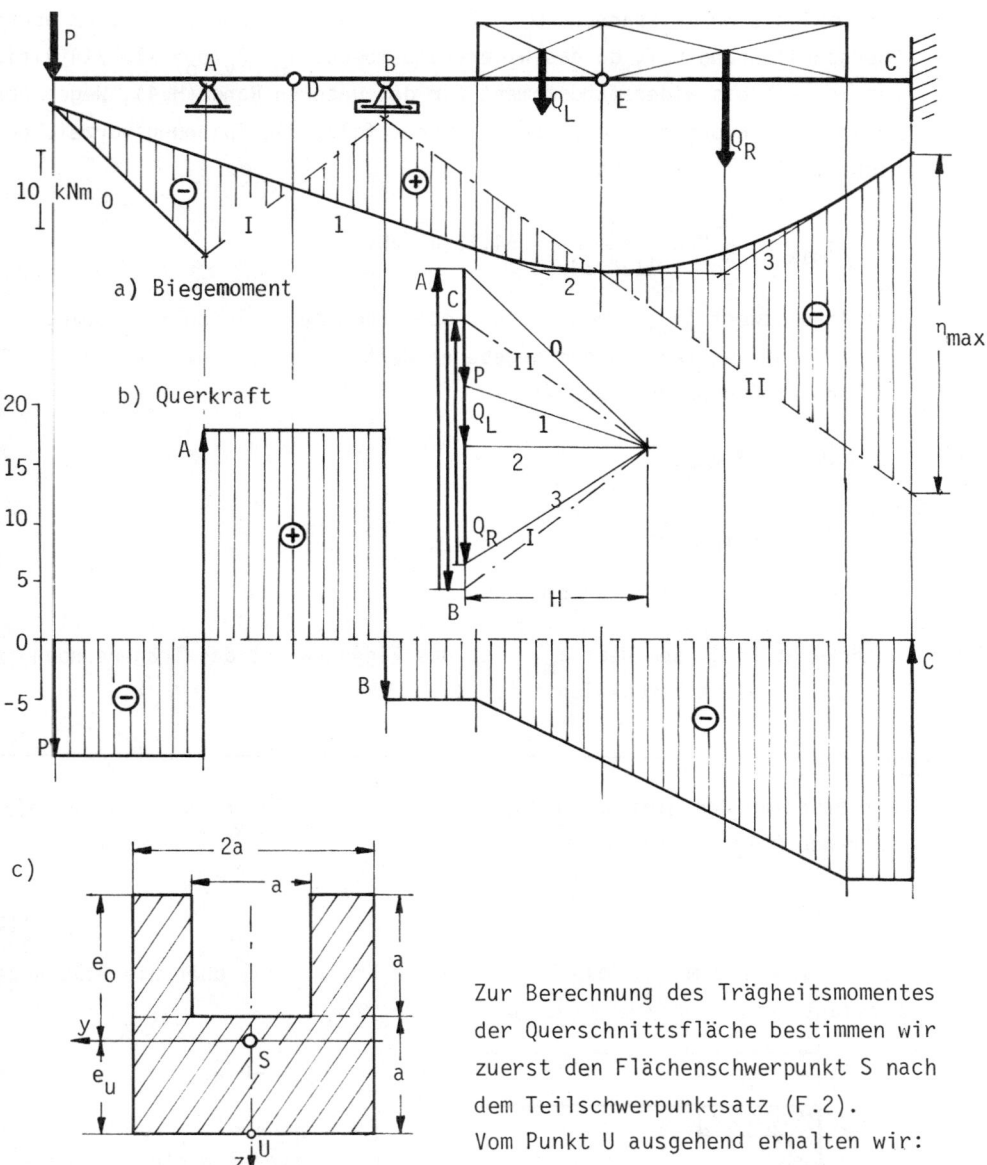

Zur Berechnung des Trägheitsmomentes der Querschnittsfläche bestimmen wir zuerst den Flächenschwerpunkt S nach dem Teilschwerpunktsatz (F.2). Vom Punkt U ausgehend erhalten wir:

$$e_u = \frac{(a/2).2a^2 + 2\,(3a/2).(a^2/2)}{3a^2} = \frac{5a}{6}, \qquad e_o = \frac{7a}{6} \tag{2}$$

Mit Hilfe des STEINERschen Satzes (F.6) ergibt sich aus den bekannten Trägheitsmomenten der drei Rechtecke (F.9) für die y-Achse durch den Schwerpunkt:

$$J_y = \frac{2a.a^3}{12} + (2a^2).(e_u - \tfrac{a}{2})^2 + 2\left[\frac{(a/2).a^3}{12} + (\tfrac{a^2}{2}).(e_o - \tfrac{a}{2})^2\right] = \frac{11a^4}{12} \tag{3}$$

d) Die maximale Normalspannung σ_{max} tritt an der Einspannstelle C am oberen Querschnittsrand auf, da das Widerstandsmoment $W_o = J_y/e_o = 11a^3/14$ kleiner ist als das Widerstandsmoment für den unteren Rand (H.4). Wegen der negativen z-Koordinate des oberen Randes folgt die Spannung vorzeichenrichtig mit (1) als Zugspannung.

$$\sigma_{max} = \frac{M_{max}}{W_o} = \frac{43}{11a^3/14} = 54{,}73/a^3 \text{ kNm}^{-2} \tag{4}$$

Der Absolutwert $|\sigma_{max}|$ muß kleiner oder höchstens gleich σ_{zul} sein. Damit folgt aus (4) und dem gegebenen Wert von σ_{zul} eine Gleichung für den kleinsten Wert von a:

$$|\sigma_{max}| = \sigma_{zul}$$

$$54{,}73/a^3_{min} = 1{,}37.10^5$$

$$a_{min} = 0{,}074 \text{ m} = 7{,}4 \text{ cm}$$

Anmerkung: In diesem Wert a_{min} ist das Eigengewicht des Trägers noch nicht berücksichtigt.

Lösung 2.1.5

a) Wir ersetzen den gleichmäßigen Druck p auf die Platte durch die Resultierende P in Plattenmitte:

$$P = p.b^2 \tag{1}$$

Das Biegemoment M_y im Stab 2 zufolge der Kraft P ist über die Stablänge konstant

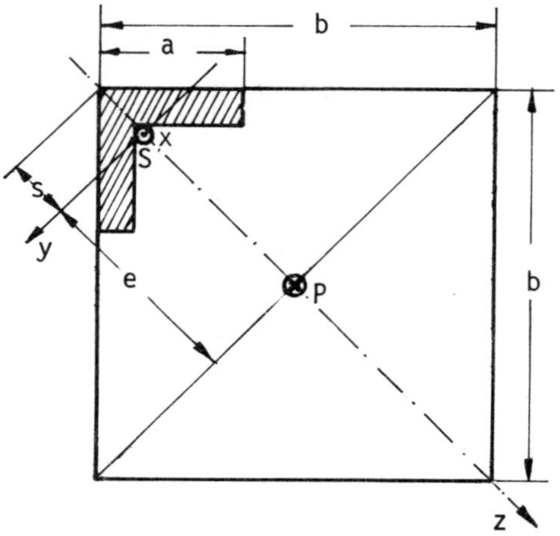

$$M_y = -P.e \tag{2}$$

Da die eingezeichnete x-z-Ebene Symmetrieebene des Stabes ist und P in dieser liegt, handelt es sich um den Fall gerader Biegung in dieser Ebene.

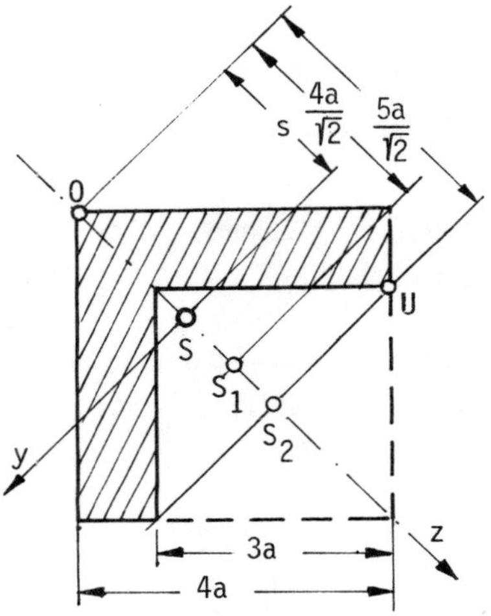

Zur Berechnung des Abstandes e benötigen wir die Lage des Querschnittsschwerpunktes S. Ausgehend vom Punkt 0 liefert der Teilschwerpunktsatz (F.1) (großes Quadrat, Schwerpunkt S_1, minus kleines Quadrat, Schwerpunkt S_2):

$$s = \frac{\frac{4a}{\sqrt{2}}(4a)^2 + \frac{5a}{\sqrt{2}}\left[-(3a)^2\right]}{(4a)^2-(3a)^2} =$$

$$= \frac{19}{7\sqrt{2}}a = 1{,}92a \qquad (3)$$

Mit (3) folgt aus $e = (b/\sqrt{2}) - s$ und (1):

$$M_y = -\frac{P}{\sqrt{2}}(b-19a/7) \qquad (4)$$

b) Zur Bestimmung der Spannungsverteilung benötigen wir das Flächenträgheitsmoment J_y des Querschnittes um die y-Achse. Da für jede Achse in der Fläche durch den Mittelpunkt eines Quadrates der Kantenlänge c das Flächenträgheitsmoment $J = c^4/12$ ist (F.9), betrachten wir zweckmäßigerweise den Querschnitt wieder als Differenz zweier Quadrate der Kantenlängen 4a und 3a. Mit dem STEINERschen Satz (F.8) wird

$$J_y = \frac{(4a)^4}{12} + \left(\frac{4a}{\sqrt{2}} - s\right)^2.(4a)^2 - \left[\frac{(3a)^4}{12} + \left(\frac{5a}{\sqrt{2}} - s\right)^2.(3a)^2\right] = 4{,}30a^4 \qquad (5)$$

Unter Verwendung der Abstände der Randpunkte 0 und U von der y-Achse erhalten wir mit (2), (3) und (5) die Normalspannungen zufolge der Biegung (H.3) für diese Punkte

$$\sigma_{B,0} = \frac{M_y}{J_y}.z_0 = \frac{M_y}{J_y}.(-s) = \frac{P}{a^2}.\left(\frac{b}{a} - \frac{19}{7}\right).\frac{1{,}92}{4{,}30}.\frac{\sqrt{2}}{2} \qquad (6)$$

$$\sigma_{B,U} = \frac{M_y}{J_y}.z_U = \frac{M_y}{J_y}.\left(\frac{5a}{\sqrt{2}} - s\right) = -\frac{P}{a^2}\left(\frac{b}{a} - \frac{19}{7}\right).\frac{(5-1{,}92\sqrt{2})}{8{,}60}$$

Beiden Spannungen ist nun noch die Normalspannung zufolge der Normalkraft N = -P (G.1) zu überlagern

$$\sigma_N = N/f = -P/(7a^2)$$

Somit

$$\sigma_O = \sigma_{B,O} + \sigma_N = \frac{P}{a^2}\left(\frac{b}{a} - \frac{19}{7}\right)\cdot\frac{1,92}{4,30}\cdot\frac{\sqrt{2}}{2} - \frac{P}{7a^2} \qquad (7)$$

$$\sigma_U = \sigma_{B,U} + \sigma_N = -\frac{P}{a^2}\left(\frac{b}{a} - \frac{19}{7}\right)\cdot\frac{(5-1,92\sqrt{2})}{8,60} - \frac{P}{7a^2} \qquad (8)$$

Da weder Biegemoment M_y noch Normalkraft N von x abhängen, gelten diese Spannungen für alle Querschnitte des Stabes 2.

c) Bei dieser Anordnung kann nur im Punkt O die größte Zugspannung auftreten. Wir setzen daher $\sigma_O \leq 0$ und erhalten für das Verhältnis b/a, für das keine Zugspannung auftritt, aus (7):

$$\frac{b}{a} \leq \frac{4,30.\sqrt{2}}{7.1,92} + \frac{19}{7} = 3,17$$

Lösung 2.1.6

Die zulässige Belastung P_{zul} wird dadurch bestimmt, daß in keinem Punkt des Querschnittes des Trägers AB der Absolutwert der Normalspannung die zulässige Spannung σ_{zul} überschreitet. Die Normalspannung σ_x berechnet sich aus dem Biegemoment M_y und der Normalkraft N sowie den entsprechenden Querschnittsgrößen (G.1)(H.3).

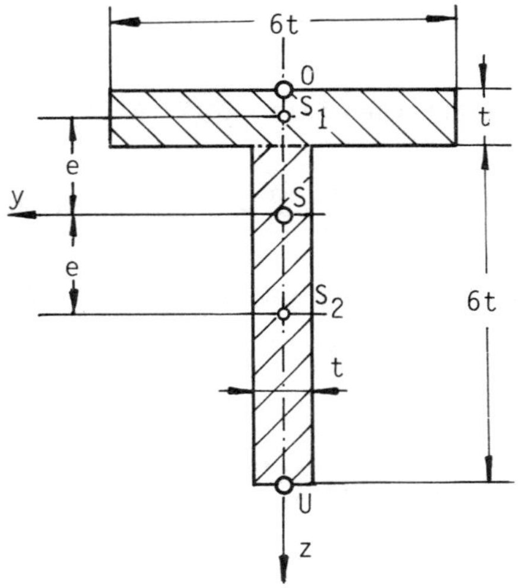

Für den im Stab AB konstanten Querschnitt berechnet sich die Lage des Flächenschwerpunktes S über die beiden gleichgroßen Teilrechtecke mit den Schwerpunkten S_1 und S_2 aus dem Teilschwerpunktsatz (F.1) :

$$e = 7t/4$$

Die Randpunkte O und U haben daher die z-Koordinaten:

$$z_O = -9t/4 \quad ; \quad z_U = 19t/4 \qquad (1)$$

Das Flächenträgheitsmoment J_y wird wieder über die beiden Teilflächen (F.9) mit dem STEINERschen Satz (F.8) bestimmt:

$$J_y = \left[\frac{t^3 6t}{12} + (6t^2)(7t/4)^2\right] + \left[\frac{(6t)^3 \cdot t}{12} + (6t^2)(7t/4)^2\right] = 55,25t^4 \qquad (2)$$

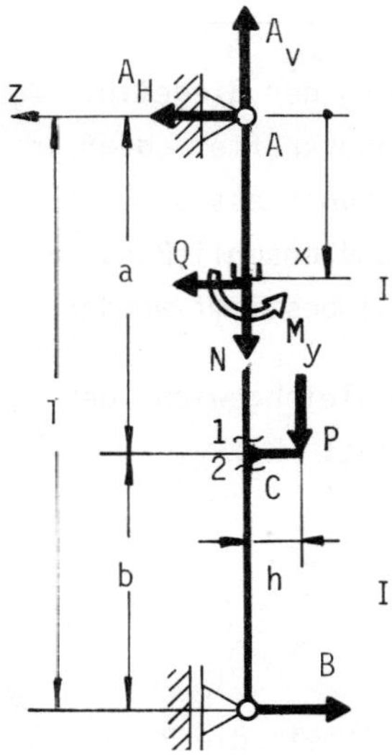

Die Schnittgrößen M_y, N im Träger AB bestimmen sich mit den Auflagerkräften

$$A_V = P$$
$$A_H = Ph/l \tag{3}$$
$$B = Ph/l$$

im Bereich I zu:

$$N_I = A_V = P, \quad M_{y,I} = -A_H x = -Phx/l \tag{4}$$

im Bereich II zu:

$$N_{II} = 0, \quad M_{y,II} = B(l-x) = Ph(l-x)/l \tag{5}$$

Da die Normalkräfte in den beiden Bereichen konstant sind, werden die Extremwerte der Normalspannungen durch die Maximalwerte der Biegemomente bestimmt. Die Maximalwerte treten in beiden Bereichen unmittelbar bei C in den Querschnitten 1,2 auf:

$$M_1 = -A_H a = -Pha/l \quad ; \quad M_2 = Bb = Phb/l \tag{6}$$

Da nicht sofort ersichtlich ist, in welchem der Randpunkte O bzw. U der beiden Querschnitte 1 bzw. 2 der größte Absolutbetrag der Normalspannung auftritt, schreiben wir alle vier Werte unter Verwendung von (1), (2), (4), (5), (6) und der Querschnittsfläche $f=12t^2$ an und setzen die gegebenen Werte ein:

$$\sigma_{0,1} = \frac{M_1}{J_y}\cdot z_0 + \frac{N}{f} = \frac{9Pha}{221t^3 l} + \frac{P}{12t^2} = (0{,}349 + 0{,}083)\frac{P}{t^2} = 0{,}432\,\frac{P}{t^2}$$

$$\sigma_{0,2} = \frac{M_2}{J_y}\cdot z_0 = -\frac{9Phb}{221t^3 l} = -0{,}261\,\frac{P}{t^2}$$

$$\sigma_{U,1} = \frac{M_1}{J_y}\cdot z_U + \frac{N}{f} = \frac{-19Pha}{221t^3 l} + \frac{P}{12t^2} = (-0{,}737 + 0{,}083)\,\frac{P}{t^2} = -0{,}654\,\frac{P}{t^2}$$

$$\sigma_{U,2} = \frac{M_2}{J_y}\cdot z_U = \frac{19Phb}{221t^3 l} = 0{,}553\,\frac{P}{t^2}$$

Die für die Bestimmung von P_{zul} maßgebliche Spannung tritt also im Punkt U des Querschnittes 1 auf. Der Wert P_{zul} folgt aus:

$$\sigma_{zul} = |\sigma_{U,1}| = 0{,}654\,\frac{P_{zul}}{t^2}$$
$$P_{zul} = 83{,}79 \text{ kN}$$

Lösung 2.2.1

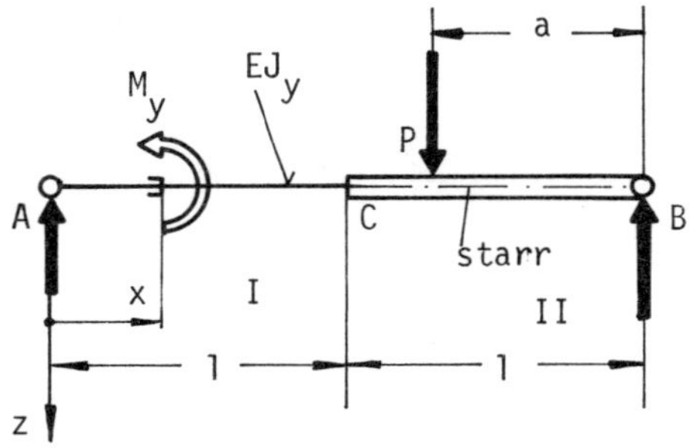

Vor der Berechnung der Biegelinie müssen die Auflagerkräfte - oder in diesem Beispiel zumindest die Auflagerkraft A - und anschließend das Biegemoment $M_y(x)$ bestimmt werden.

Aus dem Momentengleichgewicht des Trägers um B folgt:

$$A = Pa/(2l) \qquad (1)$$

und mit (1):

$$M_y = A.x = Pa.x/(2l) \quad \text{für} \quad 0 \leq x \leq (2l-a)$$

a) Wir unterteilen den Träger in 2 Abschnitte und ermitteln die Biegelinie für Abschnitt I aus $d^2w/dx^2 = -M_y(x)/(EJ_y)$ - siehe (H.1a):

$$EJ_y.\frac{d^2w}{dx^2} = -\frac{aP}{2l}x$$

$$EJ_y.\frac{dw}{dx} = -\frac{aP}{4l}x^2 + C_1 \qquad (2)$$

$$EJ_y.w = -\frac{a.P}{12.l}x^3 + C_1x + C_2 \qquad (3)$$

Die Randbedingung $w|_{x=0} = 0$ liefert $C_2 = 0$. Die "Biegelinie" für den Abschnitt II ist eine Gerade, die unter dem Winkel α gegen die horizontale Ausgangslage geneigt ist.

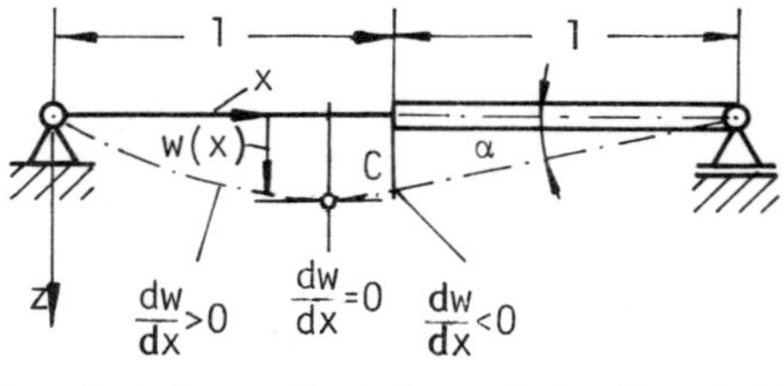

Da die Biegelinie keine Knicke aufweist - siehe Darstellung des qualitativen Verlaufes - ist $\alpha = -\frac{dw}{dx}\Big|_{x=l}$ und die Durchbiegung an der Stelle C bei Beachtung kleiner Winkel:

$$w\Big|_{x=l} = l.\alpha = -l.\frac{dw}{dx}\Big|_{x=l} \qquad (4)$$

Diese 2. Randbedingung liefert mit $C_2 = 0$ über (2) und (3):

$$-\frac{aP.l^3}{12l} + C_1.l = -l.\left[-\frac{aP.l^2}{4l} + C_1\right] \longrightarrow C_1 = alP/6 \qquad (5)$$

Damit ergibt sich die Gleichung der Biegelinie im Bereich I mit (3) und in II mit der Geradengleichung $w(x) = w|_{x=l} - \alpha(x-l)$ zu:

$$\text{I:} \quad w(x) = \frac{Pa}{6EJ_y}\left[lx - \frac{x^3}{2l}\right] \qquad 0 \leq x \leq l \qquad (6)$$

$$\text{II:} \quad w(x) = \frac{Pa}{6EJ_y}\left[l^2 - \frac{xl}{2}\right] \qquad l \leq x \leq 2l \qquad (7)$$

b) Die maximale Durchbiegung muß - siehe Darstellung der Biegelinie - im Abschnitt I auftreten. Die Bedingung $\frac{dw}{dx} = 0$ liefert aus (2) mit (5) für die Stelle x_M:

$$0 = -\frac{aP}{4l}x_M^2 + \frac{alP}{6} \quad \text{und daraus} \quad x_M = \pm l.\sqrt{\frac{2}{3}} \qquad (8)$$

Wie Gleichung (8) zeigt, ist, solange der Lastangriffspunkt im Bereich II liegt, die Stelle x_M unabhängig von a und P.

Der Wert mit dem negativen Vorzeichen scheidet aus, da er nicht im Bereich I liegt. Somit ergibt sich mit (6):

$$w_{max} = \frac{Pal^2}{9EJ_y}\sqrt{\frac{2}{3}}$$

Lösung 2.2.2

Man betrachtet die Durchbiegung in y- und z-Richtung unabhängig voneinander. An der Stelle x bestimmt man die Komponenten M_y, M_z des Biegemomentes entsprechend (E.1):

$$M_y = -P.(l-x).\cos\alpha \; ; \qquad M_z = P.(l-x).\sin\alpha \qquad (1)$$

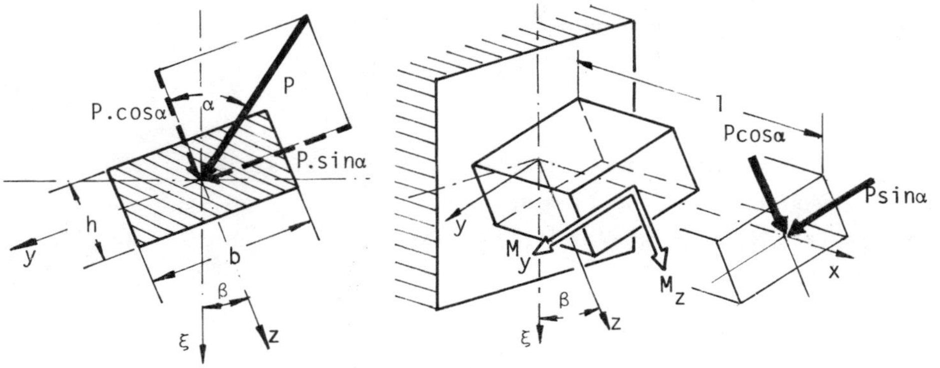

Die Differentialgleichungen für die Verschiebungen v und w in y- und z-Richtung lauten (H.1):

$$w'' = -M_y(x)/(EJ_y) \;; \qquad v'' = +M_z(x)/(EJ_z)$$

Und mit (1):

$$w'' = \frac{P.\cos\alpha}{EJ_y}\,(1-x) \;; \qquad v'' = \frac{P.\sin\alpha}{EJ_z}\,(1-x) \qquad (2)$$

Für eine Durchbiegung in ξ-Richtung muß für die Verschiebungen gelten:

$$\tan\beta = v/w \qquad (3)$$

Zufolge der gleichen Randbedingungen der Biegelinien (2) und ihrer bis auf einen konstanten Faktor gleichen Bauart läßt sich unter Umgehung der Integration sofort anschreiben:

$$\tan\beta = \frac{v}{w} = \frac{v''}{w''} = \frac{\sin\alpha}{\cos\alpha}\cdot\frac{J_y}{J_z}$$

Die jeweiligen Flächenträgheitsmomente lauten (F.9):

$$J_y = h^3b/12 \;; \qquad J_z = b^3h/12$$

Damit folgt für den gesuchten Winkel α:

$$\tan\alpha = (b/h)^2.\tan\beta$$

Lösung 2.2.3

Der Träger hat unterschiedliche EJ_y-Werte und ist durch zwei Einzelkräfte belastet; außerdem ist die Durchbiegung w und die Neigung w' nur an einer Stelle gesucht. Zur Lösung empfiehlt sich daher das Verfahren von Mohr(H.2).

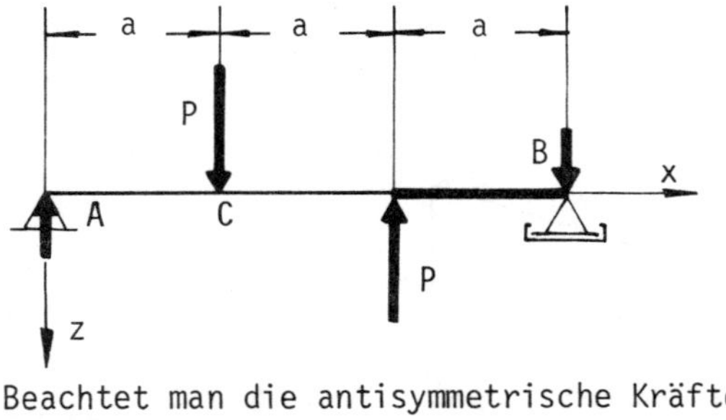

Für die Verteilung des Biegemomentes im Originalträger berechnen wir zunächst die Auflagerkräfte A und B aus den Gleichgewichtsbedingungen (A.3):

$$A = \frac{P}{3} = B \qquad (1)$$

Beachtet man die antisymmetrische Kräfteanordnung, so läßt sich der Momentenverlauf sofort bestimmen.

Der Ersatzträger für das Mohr'sche Verfahren ist wieder ein Träger auf zwei Stützen. (H.2)

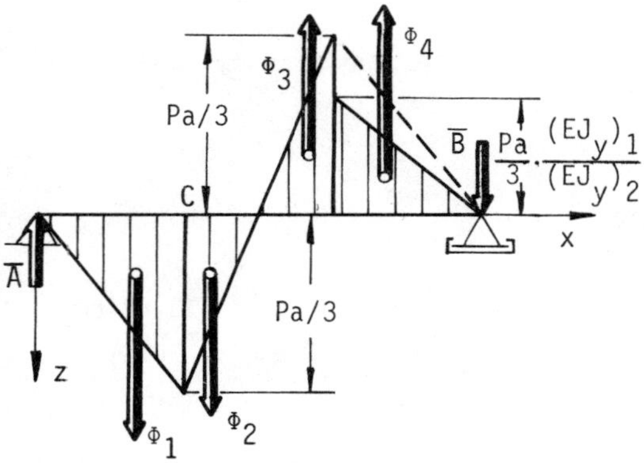

Nun ist:

$$M_y(x).(EJ_y)_o/(EJ_y)_x = \overline{q}(x)$$

auf den Ersatzträger als fiktive Belastung aufzubringen.

Wir wählen für die Bezugsgröße $(EJ_y)_o$:

$$(EJ_y)_o = (EJ_y)_1 \qquad (2)$$

Dies bedeutet, daß die fiktive Belastung $\overline{q}(x)$ des Ersatzträgers im Abschnitt $0 \le x \le 2a$ gleich ist dem $M_y(x)$ des Originalträgers. Im Abschnitt $2a \le x \le 3a$ ist $M_y(x)$ mit dem Faktor $(EJ_y)_1/(EJ_y)_2$ zu multiplizieren.

Die Dreiecksflächen dieser fiktiven Belastung ersetzen wir durch Resultierende Φ_i in den Flächenschwerpunkten. An der Stelle C muß unterteilt werden, da dort die Durchbiegung und die Neigung der Biegelinie des Originalträgers bestimmt werden sollen.

Vor Berechnung der fiktiven Schnittgrößen im Ersatzträger müssen die fiktiven Auflagerkräfte bestimmt werden. Hier wird nur $\overline{A}$ benötigt.
Die fiktive Kraft $\overline{A}$ folgt aus dem "Momentengleichgewicht" des Ersatzträgers um B :

$$\overline{A}.3a - \Phi_1.7a/3 - \Phi_2.11a/6 + \Phi_3.7a/6 + \Phi_4.2a/3 = 0$$

mit:

$$\Phi_1 = Pa^2/6 \;;\; \Phi_2 = \Phi_3 = Pa^2/12 \;;\; \Phi_4 = \frac{Pa^2}{6}\cdot\frac{(EJ_y)_1}{(EJ_y)_2} \qquad (3)$$

zu:

$$\overline{A} = \frac{Pa^2}{27}\left[4 - (EJ_y)_1/(EJ_y)_2\right] \qquad (4)$$

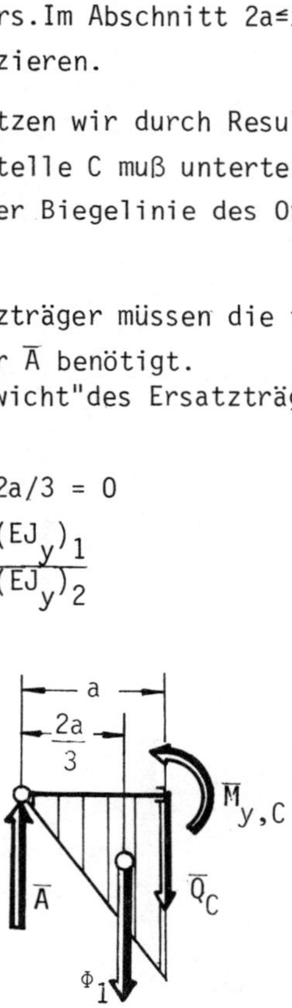

Die Durchbiegung w_C errechnet sich mit (2) aus dem "Biegemoment" $\overline{M}_y$ des Ersatzträgers (H.2):

$$w_C = \frac{\overline{M}_{y|x=a}}{(EJ_y)_1} = (\overline{A}.a - \Phi_1.a/3)/(EJ_y)_1$$

Daraus folgt mit $\overline{A}$ nach (4) und Φ_1 aus (3) :

$$w_C = \frac{Pa^3}{27}\left[\frac{5}{2(EJ_y)_1} - \frac{1}{(EJ_y)_2}\right]$$

Der Wert w_C' folgt nach (H.2) aus der fiktiven Querkraft $\overline{Q}_z$ des Ersatzträgers:

$$w_C' = \frac{\overline{Q}_{z|x=a}}{(EJ_y)_1} = \frac{\overline{A} - \Phi_1}{(EJ_y)_1} \qquad w_C' = -\frac{Pa^2}{27}\left[\frac{1}{2(EJ_y)_1} + \frac{1}{(EJ_y)_2}\right]$$

Durch abschnittsweise Berechnung der Verteilung des fiktiven Biegemomentes $\overline{M}_y(x)$ im Ersatzträger kann man nach (H.2) die gesamte Biegelinie erhalten.

Zur Veranschaulichung der Ergebnisse von 2.2.3 diene die folgende spezielle Auswertung:

Träger mit Rechteckquerschnitt:

$a = 70$ cm , $E = 20{,}6.10^6$ N/cm^2 ,

Querschnittgrößen:

$0 \leq x \leq 2a$: $h_1 = 5$ cm , $b = 2$ cm , $J_{y,1} = h^3b/12 = 20{,}83$ cm^4

$2a \leq x \leq 3a$: $h_2 = 6$ cm , $b = 2$ cm , $J_{y,2} = 36$ cm^4

Belastung: $P = 3$ kN;

$$w_C = \frac{3000.(70)^3}{27}\left(\frac{5}{2.20{,}6.10^6.20{,}83} - \frac{1}{20{,}6.10^6.36}\right) = 0{,}1707 \text{ cm}$$

$$w_C' = -\frac{3000.(70)^2}{27}\left(\frac{1}{2.20{,}6.10^6.20{,}83} + \frac{1}{20{,}6.10^6.36}\right) = -1{,}37.10^{-3}\text{rad} =$$

$$= -0{,}078^0$$

Lösung 2.2.4

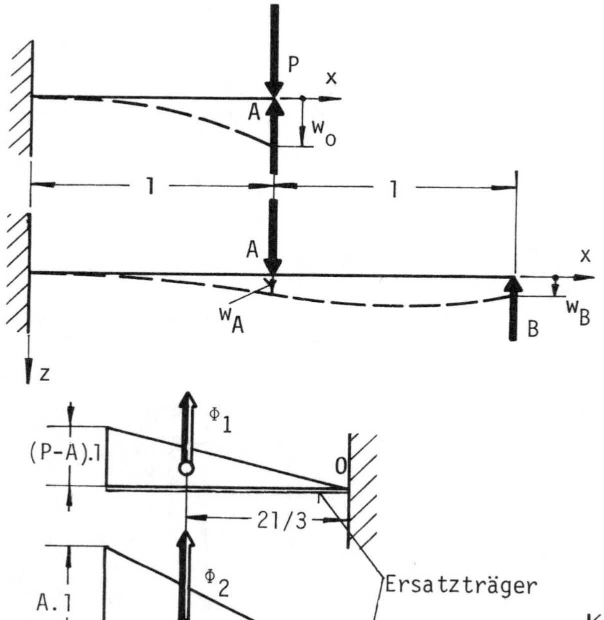

Betrachtet man gleich den allgemeinen Fall mit Berührung bei A und B und beliebiger Durchbiegung w_B, so lassen sich die gesuchten Fälle durch Spezialisierung daraus leicht gewinnen.

Die Momentenverläufe in den beiden Blattfedern sind sofort anzugeben und werden nun auf die beiden Ersatzträger als fiktive Belastungen aufgebracht (H.2).

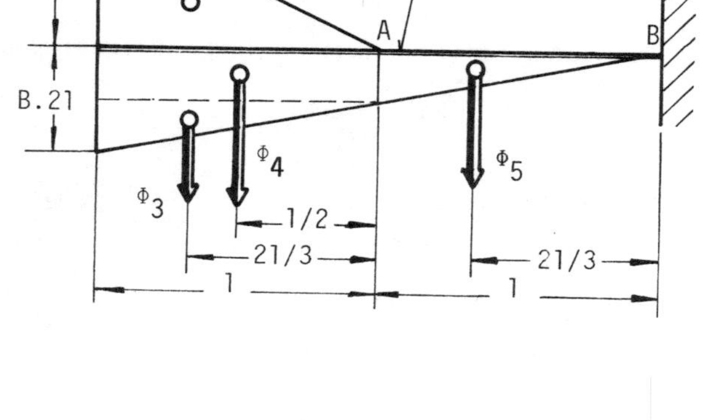

Die Zusammenfassung der fiktiven Belastungen zu "Einzelkräften" Φ_i liefert:

$$\Phi_1 = (P-A).l^2/2 \ , \Phi_2 = Al^2/2 \ , \quad \Phi_3 = \Phi_5 = Bl^2/2 \ , \quad \Phi_4 = Bl^2 \qquad (1)$$

Für die Durchbiegungen w_0, w_A und w_B erhält man mit den fiktiven Biegemomenten $\overline{M}_0$, $\overline{M}_A$ und $\overline{M}_B$ an den entsprechenden Stellen der Ersatzträger und (1):

$$w_0 = \frac{\overline{M}_0}{EJ_y} = \frac{\Phi_1.(2l/3)}{EJ_y} = \frac{l^3}{3EJ_y}(P-A) \qquad (2)$$

$$w_A = \frac{\overline{M}_A}{EJ_y} = \frac{1}{EJ_y}\left[(\Phi_2-\Phi_3)\frac{2l}{3} - \frac{l}{2}\Phi_4\right] = \frac{l^3}{3EJ_y}(A - \frac{5}{2}B) \qquad (3)$$

$$w_B = \frac{\overline{M}_B}{EJ_y} = \frac{1}{EJ_y}\left[(\Phi_2-\Phi_3)\frac{5l}{3} - \frac{3l}{2}\Phi_4 - \frac{2l}{3}\Phi_5\right] = \frac{l^3}{3EJ_y}\left(\frac{5}{2}A - 8B\right) \qquad (4)$$

a) Mit A=0 und B=0 (keine Berührung bei A und daher auch keine bei B) folgt aus (2) $w_0 = Pl^3/(3EJ_y)$. Da $w_0 < d$ sein soll, folgt für die Grenze $P = P_a$:

$$P_a = 3EJ_y.d/l^3$$

b) Mit B=0 (noch keine Berührung bei B) folgt aus der geometrischen Bedingung $w_0 = w_A + d$ (Berührung bei A) mit (2) und (3)

$$\frac{l^3}{3EJ_y}(P-A) = \frac{l^3}{3EJ_y}A + d$$

und daraus:

$$A(P) = P/2 - 3EJ_y.d/(2l^3) \qquad (5)$$

Die Beziehung (5) gilt für $P > P_a$ und $w_B < d$. Für die Grenze $w_B = d$ liefert (4) mit B=0 den Grenzwert

$$A_b = 6EJ_y.d/(5l^3)$$

Damit erhält man aus (5) den Grenzwert

$$P_b = 27EJ_y.d/(5l^3)$$

c) Aus den beiden geometrischen Bedingungen $w_0 = w_A + d$ und $w_B = d$ folgen mit (2) bis (4) die beiden Beziehungen:

$$\frac{l^3}{3EJ_y}(P-A) = \frac{l^3}{3EJ_y}(A - \frac{5}{2}B) + d, \qquad \frac{l^3}{3EJ_y}(\frac{5}{2}A - 8B) = d$$

Dies sind 2 Gleichungen für A und B. Sie liefern für $P > P_b$:

$$A(P) = \frac{32}{39}.P - \frac{126}{39}.\frac{EJ_y.d}{l^3} \ , \qquad B(P) = \frac{10}{39}.P - \frac{54}{39}.\frac{EJ_y.d}{l^3}$$

Zur Veranschaulichung der Ergebnisse diene die graphische Darstellung in den dimensionslosen Größen

$$P^* = \frac{Pl^3}{3EJ_y.d}$$

$$A^* = \frac{Al^3}{3EJ_y.d}$$

$$B^* = \frac{Bl^3}{3EJ_y.d}$$

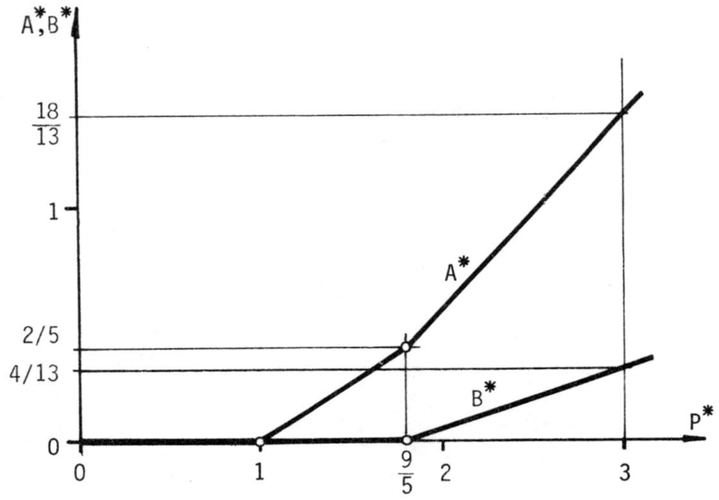

Lösung 2.2.5

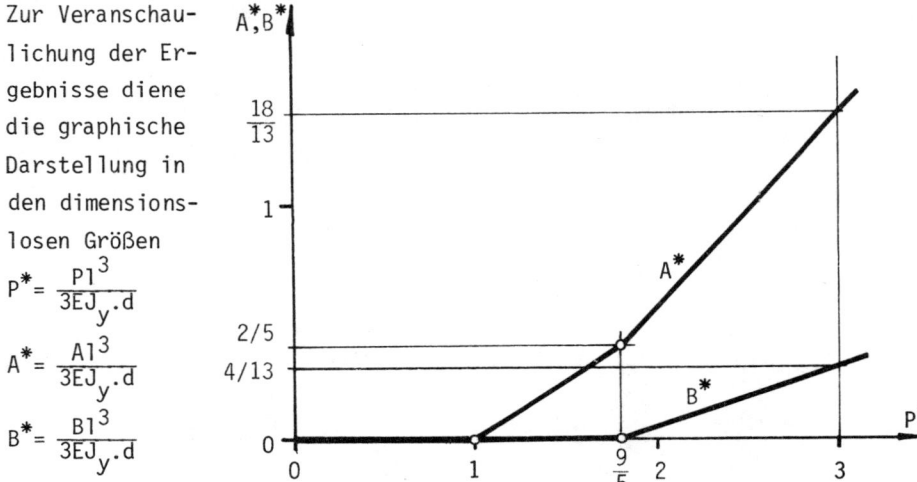

a) Bis zu der gesuchten Grenze tritt noch keine Berührkraft bei A auf. Es muß daher das Moment der Kraft P um B mit dem Moment $M_F = c_T.\psi$ der Drehfeder (J.3) im Gleichgewicht sein:

$$c_T.\psi - Pb.\cos\psi = 0$$

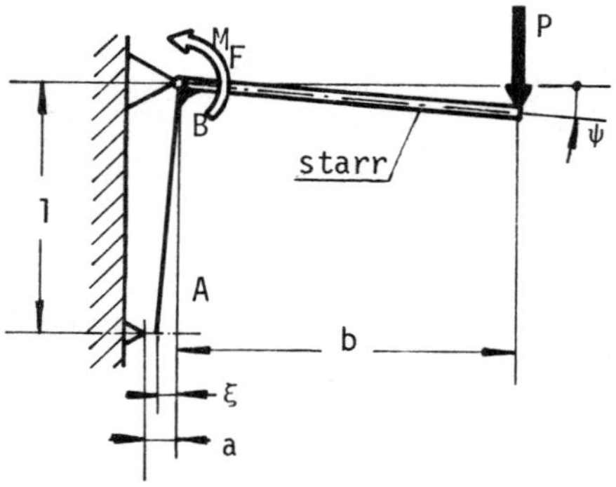

Wegen $a \ll l$ ist ψ sicher klein, so daß wir $\cos\psi$ durch 1 ersetzen dürfen. Somit folgt:

$$\psi(P) = Pb/c_T \qquad (1)$$

Die Beziehung (1) gilt für

$$\xi = l.\tan\psi \cong l.\psi \leq a \qquad (2)$$

Als Grenze P_1 für die Belastung P folgt aus (1) mit (2):

$$P_1 = \frac{c_T.a}{bl} \qquad (3)$$

b) Für kleine Winkel ψ lautet die Gleichgewichtsbedingung für die Momente um B, nachdem nun bei A eine Berührkraft auftritt:

$$Al - Pb + c_T.\psi = 0 \qquad (4)$$

Eine zweite Beziehung zwischen A, P und ψ erhalten wir aus der Durchbiegung des elastischen Stabes.

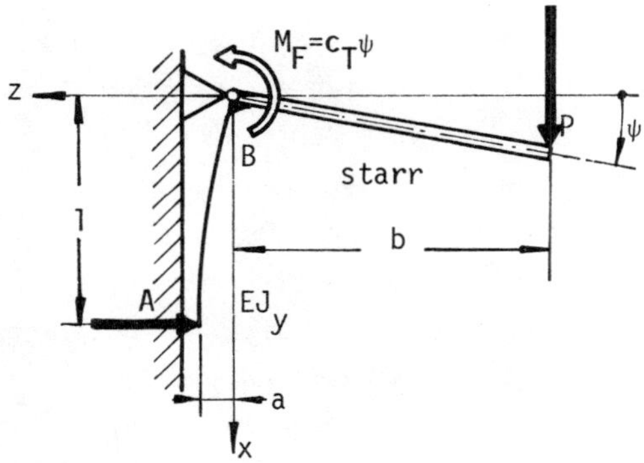

Mit dem Biegemoment

$$M_y = A(l-x)$$

folgt für die Biegelinie (H.1a):

$$EJ_y w''(x) = -A(l-x)$$
$$EJ_y w'(x) = -A(lx-x^2/2)+C_1 \quad (5)$$
$$EJ_y w\,(x) = -A(lx^2/2-x^3/6)+ +C_1x+C_2 \quad (6)$$

Die Randbedingungen $w'|_{x=0}=\psi$ und $w|_{x=0}=0$ liefern $C_1=EJ_y.\psi$ und $C_2=0$. Damit folgt nach (6) aus der Bedingung $w|_{x=l}=a$ die Beziehung

$$EJ_y.a = -Al^3/3 + EJ_y.l.\psi \quad (7)$$

Die Gleichungen (4) und (7) geben schließlich:

$$A(P) = \frac{P - \frac{c_T}{b}\cdot\frac{a}{l}}{\frac{1}{b}(1 + \frac{c_T.l}{3EJ_y})}\,, \qquad \psi(P) = \frac{Pbl^2 + 3aEJ_y}{c_Tl^2 + 3lEJ_y} \quad \text{für } P \geq P_1 \quad (8)$$

Zur dimensionslosen Darstellung der Federkennlinie schreiben wir (1) und (8) mit (3) in der Form

$$\frac{l.\psi}{a} = \frac{P}{P_1} \qquad \text{für } 0 \leq P \leq P_1$$

$$\frac{l.\psi}{a} = \frac{P/P_1 + k}{1 + k} \quad \text{für } P \geq P_1$$

$$\text{mit} \quad k = \frac{3EJ_y}{c_T.l}$$

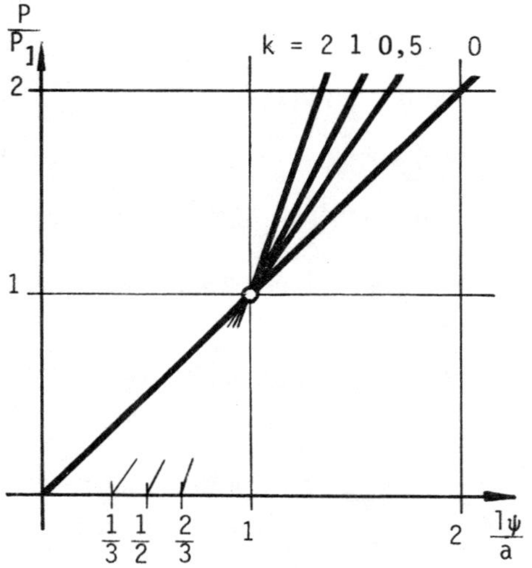

Lösung 2.2.6

a) Zufolge der Verschiebung des Stabes unter der Last P wirken an den starren Verbindungen A und B auf die beiden Blattfedern Momente und Vertikalkräfte. Horizontalkräfte treten an diesen Stellen nicht auf.

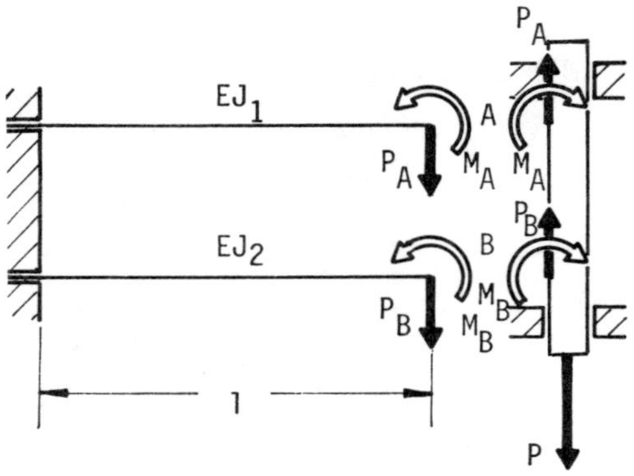

Wir bezeichnen die an der Anschlußstelle A vom Stab auf die obere Feder wirkende Vertikalkraft mit P_A und das Moment mit M_A; analog dazu an der Anschlußstelle B mit P_B und M_B. Die Gleichgewichtsbedingung für die Kräfte in vertikaler Richtung lautet damit für den reibungsfrei gelagerten Stab:

$$P_A + P_B - P = 0 \tag{1}$$

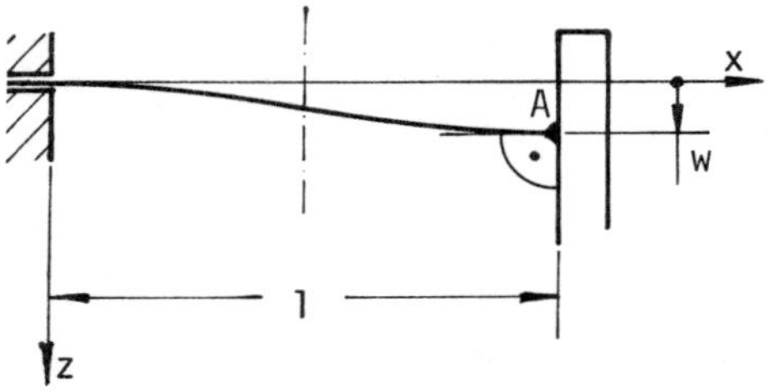

Für die Berechnung der Biegelinien braucht man nur z.B. die obere Feder betrachten; für die zweite Feder ergeben sich die entsprechenden Beziehungen durch Auswechseln der Indizes.

Mit dem Biegemoment $M_{y1} = M_A - P_A(l-x)$ wird nach (H.1a)

$$EJ_1 w_1''(x) = P_A(l-x) - M_A$$

$$EJ_1 w_1'(x) = P_A(lx - x^2/2) - M_A x + C_1 \tag{2}$$

$$EJ_1 w_1(x) = P_A(lx^2/2 - x^3/6) - M_A x^2/2 + C_1 x + C_2 \tag{3}$$

Mit den Randbedingungen $w_1|_{x=0}=0$ und $w_1'|_{x=0}=0$ folgen $C_1=C_2=0$.

Wegen der starren Verbindung bei A muß $w_1'|_{x=l}=0$ gelten. Aus (2) folgt damit:

$$M_A = P_A l/2 \tag{4}$$

Die Durchbiegungen der beiden Federn müssen für x=l gleich groß und gleich der Verschiebung w des Stabes sein. Setzt man (4) in (3) ein und beachtet für die zweite Feder die anderen Indizes, so ergibt sich mit (1):

$$w_1|_{x=l} = w_2|_{x=l} = w$$

$$\frac{P_A l^3}{12EJ_1} = \frac{P_B l^3}{12EJ_2} = \frac{(P-P_A) l^3}{12EJ_2} \tag{5}$$

$$P_A = P.\frac{EJ_1}{EJ_1+EJ_2} \tag{6}$$

Die gesuchte Verschiebung w folgt damit aus (5) zu

$$w(P) = \frac{Pl^3}{12(EJ_1+EJ_2)}$$

Bemerkung: die Form der Biegelinie ist wegen der gleichen Randbedingungen links und rechts schiefsymmetrisch bezüglich der Federmitte. Da in der Mitte kein Biegemoment auftreten kann ($w''|_{x=l/2}=0!$) läßt sich die Durchbiegung am Federende auch einfach mit (H.5) bestimmen.

b) Bei einem gelenkigen Anschluß der Federn an den starren Stab bei A und B wirken auf die beiden Federn nur Vertikalkräfte P_A und P_B, jedoch keine Momente. Die Gleichgewichtsbedingung (1) für den starren Stab gilt hier genauso.

Die Durchbiegung $w_1|_{x=l}$ der oberen Feder kann entweder aus (3) mit $M_A=0$, $C_1=C_2=0$ oder direkt aus (H.5) entnommen werden.

$$w_1|_{x=l} = \frac{P_A l^3}{3EJ_1} \tag{7}$$

Für die Verschiebung w des Stabes gilt wieder $w=w_1|_{x=l}=w_2|_{x=l}$. Analog zu (5) folgt damit unter Verwendung von (1) der gleiche Ausdruck für P_A wie im Fall a). Damit wird w aus (7)

$$w = \frac{Pl^3}{3(EJ_1+EJ_2)}$$

also viermal so groß wie im Fall a).

Lösung 2.3.1

Das Tragwerk ist statisch unbestimmt (zweifach), wir werden also zusätzlich zu den Gleichgewichtsbedingungen auf die Verformung eingehen müssen.

Wir zerlegen zunächst in Einzelteile und schreiben die nötigen Gleichgewichtsbedingungen an (A.3):

$$D + F + B - P = 0 \tag{1}$$

$$Bl - M_B = 0 \tag{2}$$

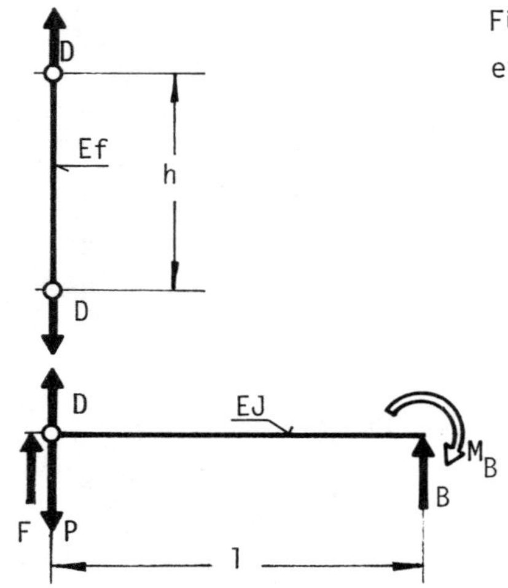

Für die Verschiebung w_A des Punktes A erhält man:

für den Zugstab (G.4):

$$w_A = \frac{D.h}{E.f} \qquad (3)$$

für den Biegestab (H.4):

$$w_A = \frac{(P-F-D).l^3}{3EJ} \qquad (4)$$

für die Druckfeder (J.1):

$$w_A = \frac{F}{c} \qquad (5)$$

Dies sind 5 Gleichungen für die 5 Unbekannten: B, D, F, M_B, w_A.

Wir setzen w_A nach (5) in (3) und (4) ein, eliminieren nun D und erhalten die Gleichung für F:

$$P = F(1 + \frac{Ef}{hc} + \frac{3EJ}{l^3c}) \qquad (6)$$

Mit (6) kann aus (3) und (5) nun D bestimmt werden, mit (1) und (4) B und mit (2) auch M_B. Aus (5) und (6) folgt dann w_A.

$$M_B = Pl/(1 + \frac{l^3c}{3EJ} + \frac{l^3f}{3hJ}) \qquad w_A = (P/c)/(1 + \frac{Ef}{hc} + \frac{3EJ}{l^3c})$$

Lösung 2.3.2

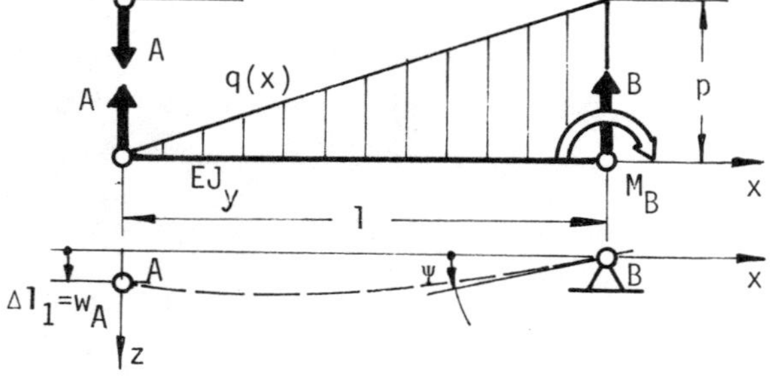

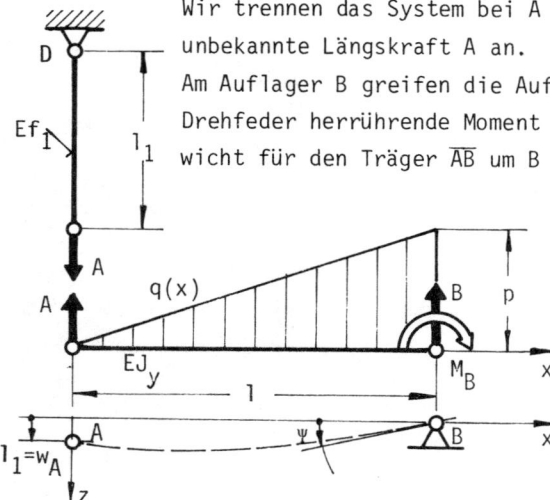

Wir trennen das System bei A auf und bringen am Gelenk die unbekannte Längskraft A an.

Am Auflager B greifen die Auflagerkraft B und das von der Drehfeder herrührende Moment M_B an. Das Momentengleichgewicht für den Träger $\overline{AB}$ um B liefert:

$$Al - (\frac{pl}{2}).\frac{l}{3} + M_B = 0 \qquad (1)$$

Mit M_B nach (J.3):

$$M_B = c_T.\psi \qquad (2)$$

Am verformten Tragwerk muß die Verlängerung Δl_1 des Zugstabes gleich der Durchbiegung w_A des Biegeträgers sein.

Für die Verlängerung des Zugstabes $\overline{AD}$ gilt nach (G.2)

$$\Delta l_1 = Al_1/(E_1 f_1) \qquad (3)$$

Das für die Bestimmung der Biegelinie des Trägers $\overline{AB}$ benötigte Biegemoment ist:

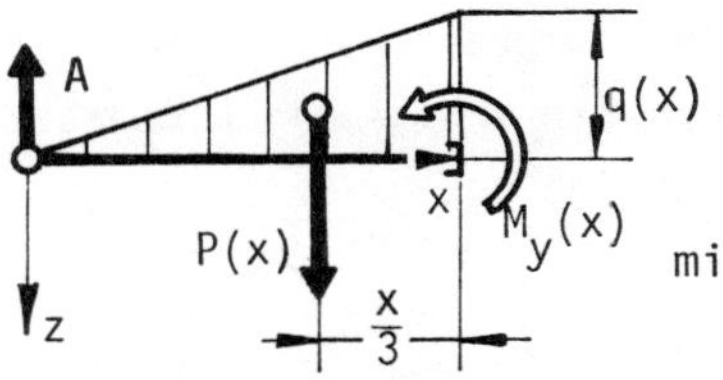

$$M_y = A.x - P(x).x/3 \quad\quad (4)$$
$$\text{mit} \quad P(x) = q(x).\frac{x}{2} = p.\frac{x^2}{2l}$$

Damit lautet die Differentialgleichung der Biegelinie (H.1a) und deren Integration:

$$EJ_y w'' = -Ax + px^3/(6l)$$
$$EJ_y w' = -Ax^2/2 + px^4/(24l) + C_1 \quad\quad (5)$$
$$EJ_y w = -Ax^3/6 + px^5/(120l) + C_1 x + C_2 \quad\quad (6)$$

Die Gleichung (6) liefert für x=0: $EJ_y w_A = C_2$

An der Stelle x=l gilt $\psi = -w'|_{x=l}$ und $w|_{x=l} = 0$. Damit folgen aus (2), (5) und (6):

$$\frac{M_B}{c_T} = -\frac{1}{EJ_y}\left[-A\frac{l^2}{2} + \frac{pl^4}{24l} + C_1\right] \quad\quad (7)$$

$$0 = -A\frac{l^3}{6} + \frac{pl^5}{120l} + C_1 l + EJ_y.w_A \quad\quad (8)$$

Setzt man C_1 aus (7) in (8) ein ergibt sich wegen $w_A = \Delta l_1$ mit (3):

$$w_A = -\frac{Al^3}{3EJ_y} + \frac{pl^4}{30EJ_y} + l.\frac{M_B}{c_T} = \frac{Al_1}{E_1 f_1} \quad\quad (9)$$

Zu (1) haben wir nun eine zweite Gleichung für A und M_B. Durch Elimination von M_B erhalten wir:

$$A = pl.\frac{\frac{1}{10} + \frac{EJ_y}{2c_T l}}{1 + \frac{3EJ_y}{c_T l} + \frac{3EJ_y.l_1}{E_1 f_1 l^3}} \quad\quad (10)$$

Damit hat man nach (4) den gesuchten Verlauf des Biegemomentes.

Zur Kontrolle des Ergebnisses (10) betrachten wir die Spezialfälle:

1) Setzt man in (10) $c_T \to \infty$ und $E_1 \to \infty$ so wird

$$A = pl/10$$

und damit aus (1) $M_B = pl^2/15$

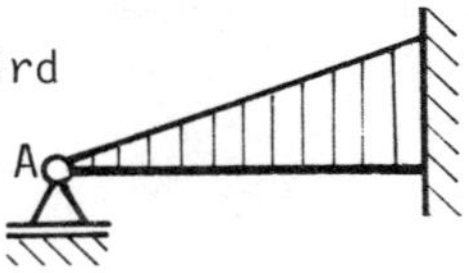

2) Mit $c_T \to 0$ und $E_1 \to \infty$ liefert (10) $A = pl/6$
Dies folgt auch aus (1) mit $M_B = 0$.

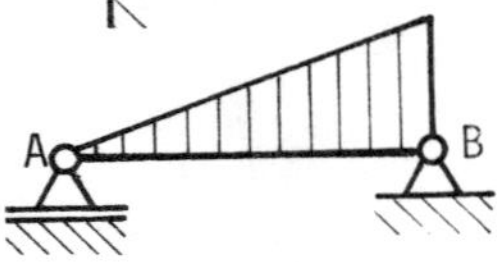

Lösung 2.3.3

a) Eine qualitative Skizze des verformten Tragwerkes erleichtert die Herleitung der Formänderungsbedingung des einfach statisch unbestimmten Systems (Beachte die positive Zählrichtung von dw/dx!):

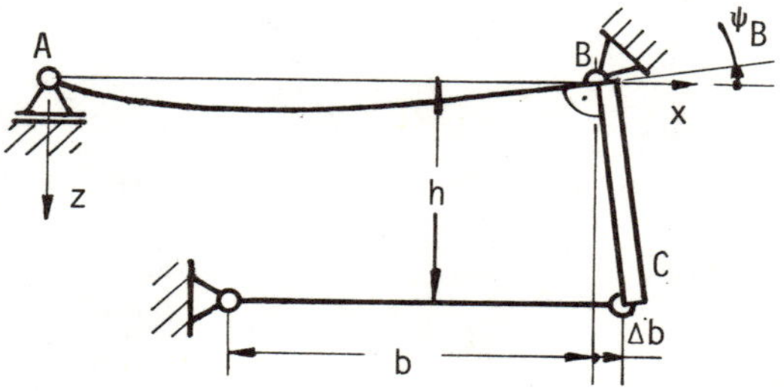

$$\frac{\Delta b}{h} = \psi_B = -w'\big|_{x=a} \qquad (1)$$

Zur Bestimmung von Δb und $w'\big|_{x=a}$ trennen wir das System beim Gelenk C auf.

Für die gesuchte Kraft P liefert die Verlängerung des Zugstabes (G.2) die Beziehung

$$\Delta b = \frac{P.b}{Ef} \qquad (2)$$

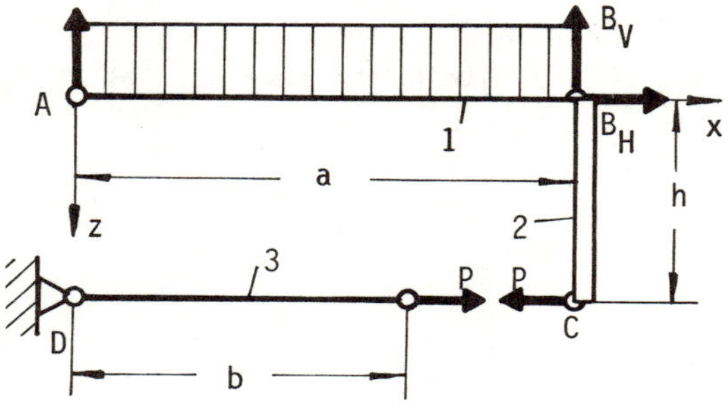

Eine weitere Beziehung, die allerdings die unbekannte Auflagerkraft A enthält, folgt aus dem Momentengleichgewicht um B:

$$A.a + P.h - qa^2/2 = 0 \qquad (3)$$

Die für (1) benötigte Neigung $w'\big|_{x=a}$ bestimmen wir über die Differentialgleichung der Biegelinie für den Stab 1 (H.1a). Mit dem Biegemoment M_y (positive Zählrichtung entsprechend (E.2)).

$$M_y(x) = Ax - qx^2/2 \qquad (4)$$

folgt:

$$E_1J_yw'' = -Ax + qx^2/2$$

$$E_1J_yw' = -Ax^2/2 + qx^3/6 + C_1 \qquad (5)$$

$$E_1J_yw = -Ax^3/6 + qx^4/24 + C_1x + C_2 \qquad (6)$$

Für die Randbedingungen $w\big|_{x=0}=0$, $w\big|_{x=a}=0$ gibt (6):

$$C_2 = 0, \quad C_1 = Aa^2/6 - qa^3/24$$

Damit folgt aus (5) für x=a:

$$w'\big|_{x=a} = \frac{1}{E_1J_y}\left(\frac{qa^3}{8} - \frac{Aa^2}{3}\right) \qquad (7)$$

Setzt man (2) und (7) in (1) ein und eliminiert jetzt A mit Hilfe von (3) so erhält man

$$P = q.a.\frac{\frac{a}{8h}}{1+\frac{3bE_1J_y}{h^2aEf}} \qquad (8)$$

b) Das Biegemoment $M_y(x)$ für den Träger (1) erhält man nach (4) mit (3)

$$M_y(x) = -P.h\,\frac{x}{a} + \frac{qa^2}{2}\left[\frac{x}{a} - \left(\frac{x}{a}\right)^2\right] \quad \text{mit P nach (8).}$$

Die Querkraft kann über die Beziehung $dM_y/dx=Q$ berechnet werden.

$$Q(x) = -\frac{P.h}{a} + \frac{qa}{2}\left[1 - \frac{2x}{a}\right]$$

mit P nach (8).

In der Skizze sind diese Abhängigkeiten qualitativ dargestellt.

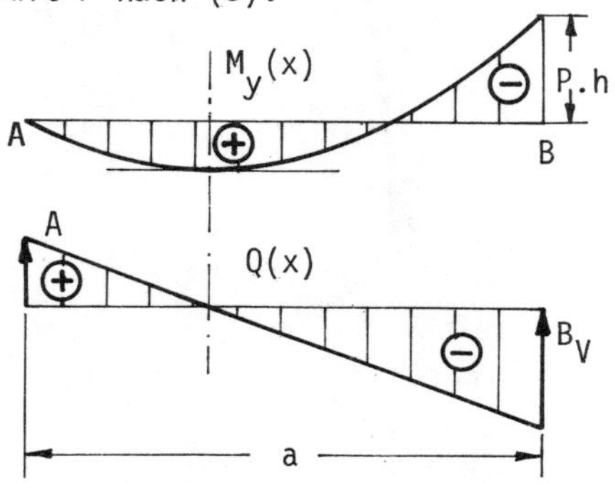

Lösung 2.3.4

Da das Flächenträgheitsmoment des Quadrates um jede Achse in der Fläche, die durch den Mittelpunkt geht, gleich ist, gilt unabhängig von ψ:

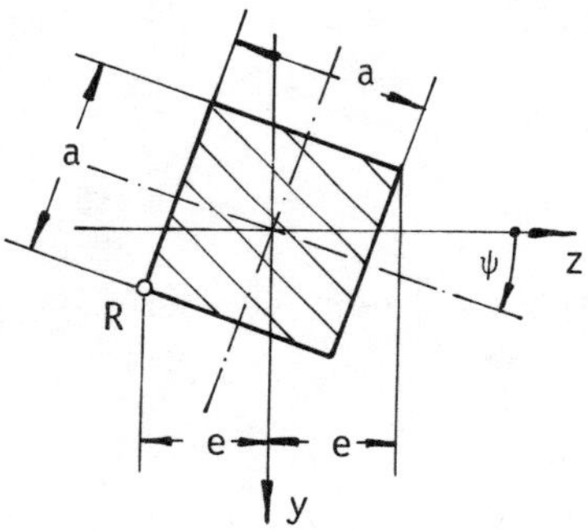

$$J_y = J_z = J = \frac{a^4}{12} \qquad (1)$$

Der größte Randfaserabstand e, der dann zur Bestimmung der Spannung $\sigma_{x,max}$ benötigt wird, ist jedoch vom Winkel ψ abhängig:

$$e = (a/2).(\cos\psi+\sin\psi) \quad 0\le\psi\le\pi/2 \quad (2)$$

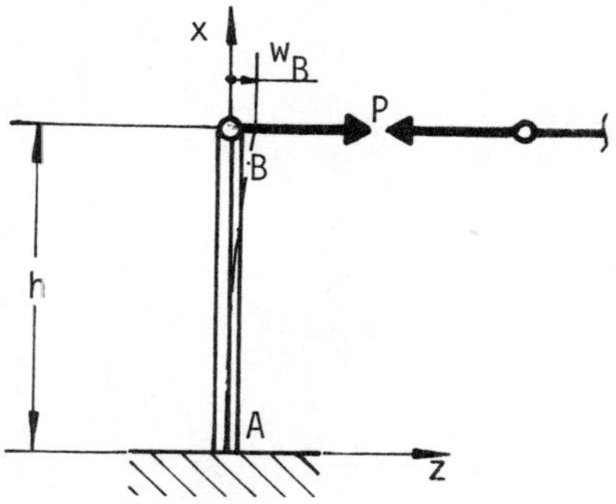

Man trennt die beiden Teile im Gelenk bei B und betrachtet sodann die Deformationen von Zugstab und Biegestab unter der Einwirkung der jetzt äußeren Kräfte P.

Da J_y hier von ψ unabhängig ist, ist auch die Durchbiegung w_B des Stabes 1 zufolge der Kraft P unabhängig von ψ. Sie ist nach (H.5)

$$w_B = \frac{Ph^3}{3EJ_y} \qquad (3)$$

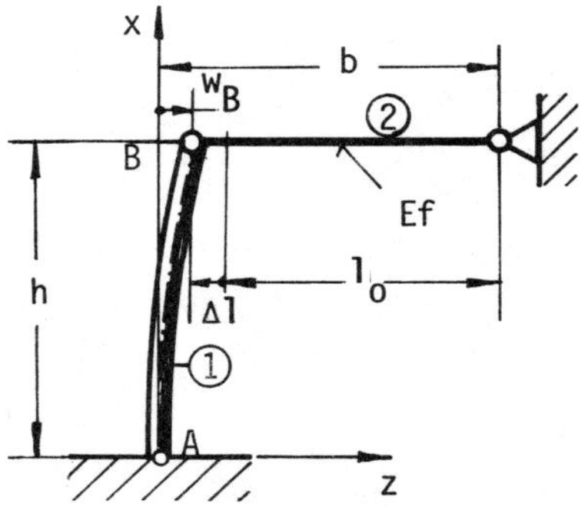

Für die Verlängerung Δl des Zugstabes zufolge der Kraft P gilt (G.2)

$$\Delta l = \frac{P.l_o}{Ef} \qquad (4)$$

Aus der Skizze ersieht man für die verformten Stäbe den Zusammenhang:

$$b - w_B = l_o + \Delta l \qquad (5)$$

Setzt man (3) mit (1) und (4) in (5) ein, so erhält man

$$P = Ef.\frac{(b/l_o) - 1}{1 + 4h^3 f/(a^4 l_o)}$$

unabhängig von ψ.

Die größte Zuspannung $\sigma_{x,max}$ im Stab 1 tritt im Einspannquerschnitt A, wo das Biegemoment M_y seinen Extremwert -P.h hat, in dem Eckpunkt R auf. Nach (H.4) ergibt sich mit dem Randabstand (2) und J nach (1)

$$\sigma_{x,max} = \frac{Ph}{J}.e = \frac{6P.h}{a^3}(\sin\psi + \cos\psi) \qquad 0 \leq \psi \leq \pi/2 \qquad (6)$$

Der Extremwert σ^* von (6) nach ψ tritt, wie man auch leicht aus der Abbildung des Stabquerschnittes erkennt, für

$$\psi = \frac{\pi}{4}$$

auf. Er beträgt $\sigma^* = 6\sqrt{2}Ph/a^3$.

Lösung 2.4.1

a) Es handelt sich um ein statisch bestimmtes System unter Einwirkung eines äußeren Momentes M_T.
Das Torsionsmoment M_T ist im Stabteil AD konstant und gegengleich dem durch die Drehfeder aufgebrachten Moment. Im Stabteil BD ist das Torsionsmoment wegen der Randbedingung bei B (frei drehbar) gleich Null.
Das Diagramm für die Verdrehwinkel ϕ der Stabquerschnitte folgt aus dem relativem Verdrehwinkel $\psi = l \cdot M_T/(GJ_p)$ eines Torsionsstabes der Länge l (I.1) und der linearen Charakteristik der Drehfeder $M_T = c_T \cdot \psi$ (J.3).

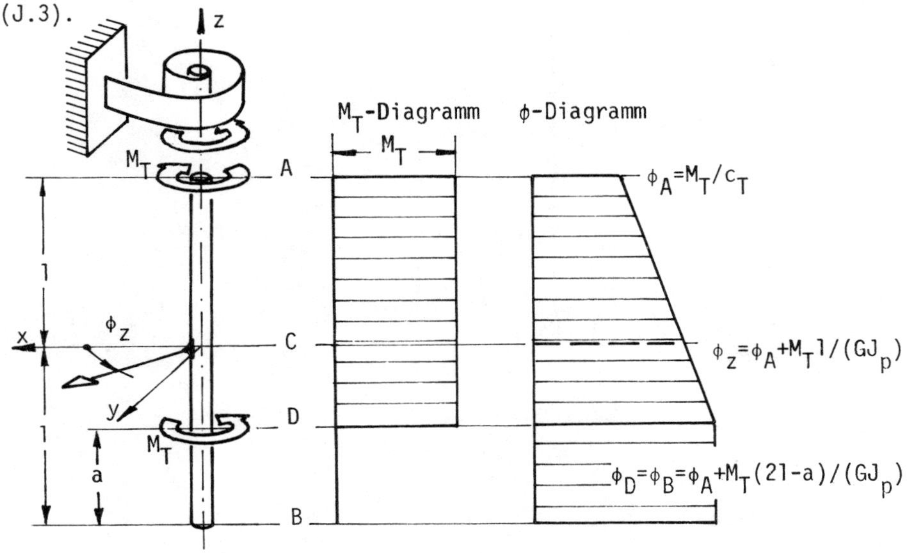

Die Verdrehung des Torsionsstabes bei C muß gleich dem gegebenen Zeigerausschlag ϕ_z sein:

$$\phi_z = M_T/c_T + lM_T/(GJ_p)$$

Die Drehfederkonstante ergibt sich damit zu:

$$c_T = \frac{M_T}{\phi_z - lM_T/(GJ_p)} \qquad (1)$$

b) Durch die Einspannung bei B ist das System jetzt statisch unbestimmt. Wir trennen den Torsionsstab bei D auf und zerlegen das Moment M_T in zwei Anteile

$$M_T = M_{T1} + M_{T2} \qquad (2)$$

Das Torsionsmoment M_{T1} im Stabteil AD ist konstant und durch die Drehfeder bestimmt. Das konstante Torsionsmoment M_{T2} im Stabteil DB ergibt sich zufolge der Einspannung bei B.
Das Diagramm für ϕ folgt daraus, daß in der Einspannung bei B der Verdrehwinkel $\phi_B=0$ ist und ϕ_D für den Stabquerschnitt bei D von oben und von unten her ermittelt, gleich sein muß.

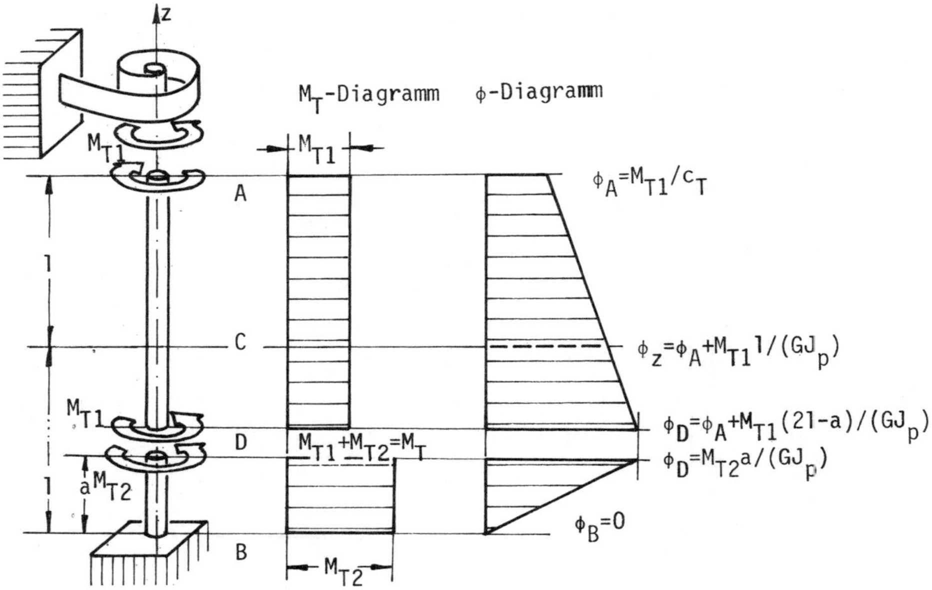

$$\phi_D = M_{T1}/c_T + (2l-a)M_{T1}/(GJ_p) = aM_{T2}/(GJ_p) \tag{3}$$

Mit der Drehfederkonstanten c_T lassen sich aus den Gleichungen (2) und (3) M_{T1} und M_{T2} ermitteln.

$$M_{T1} = \frac{a}{2l + GJ_p/c_T}.M_T, \qquad M_{T2} = M_T.\frac{(2l-a) + GJ_p/c_T}{2l + GJ_p/c_T} \tag{4}$$

Der Verdrehwinkel ϕ_z des Zeigers zufolge des Torsionsmomentes M_T wird damit

$$\phi_z = \frac{M_T}{c_T}.\frac{a(1 + c_T l/(GJ_p))}{2l + GJ_p/c_T} \tag{5}$$

c) Ist, wie in der Angabe dargestellt, $a<l$, so muß nach (4) $M_{T2}>M_{T1}$ gelten.

Die maximale Schubspannung τ_{max}, die gleich τ_{zul} sein soll, wird demnach im Stabteil DB auftreten:

$$\tau_{zul} = \tau_{max} = M_{T2}(d/2)/J_p \tag{6}$$

Aus (6) folgt mit (4) und dem polaren Trägheitsmoment J_p des Kreisquerschnittes (F.9) $J_p=\pi d^4/32$ das größte zulässige Moment:

$$M_{T,max} = \frac{\pi\tau_{zul}d^3}{16} \cdot \frac{2l + GJ_p/c_T}{(2l-a) + GJ_p/c_T}$$

Lösung 2.4.2

Wir betrachten zunächst die starre Scheibe. An ihr greifen neben dem gegebenen äußeren Moment M_T die von der Torsion der beiden Stäbe herrührenden Torsionsmomente M_{T1} und M_{T2} an.

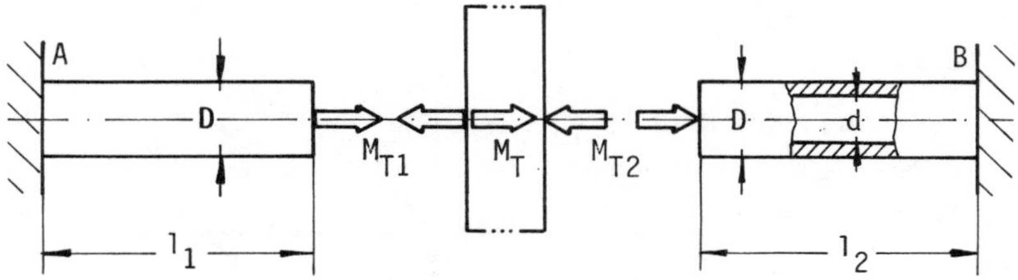

Die Gleichgewichtsbedingung für die Scheibe liefert:

$$M_T = M_{T1} + M_{T2} \tag{1}$$

Die Verdrehwinkel der Anschlußquerschnitte der beiden Stäbe an die Scheibe müssen gleich sein dem Verdrehwinkel ϕ dieser Scheibe. Da die Endquerschnitte der Stäbe bei A und B eingespannt sind, gilt nach (I.1)

$$\phi = \frac{M_{T1}l_1}{GJ_{p1}} = \frac{M_{T2}l_2}{GJ_{p2}} \tag{2}$$

Verwendet man die Drehfederkonstanten der beiden Torsionsstäbe (J.4):

$$c_{T1} = \frac{GJ_{p1}}{l_1} = \frac{GD^4\pi}{32.l_1} ; \qquad c_{T2} = \frac{GJ_{p2}}{l_2} = \frac{G(D^4-d^4)\pi}{32.l_2}$$

so lautet (2):

$$\phi = \frac{M_{T1}}{c_{T1}} = \frac{M_{T2}}{c_{T2}} \tag{3}$$

Aus (3) und (1) folgen:

$$M_{T1} = M_T \cdot \frac{c_{T1}}{c_{T1}+c_{T2}} , \qquad M_{T2} = M_T \cdot \frac{c_{T2}}{c_{T1}+c_{T2}} \tag{4}$$

$$\phi = \frac{M_T}{c_{T1}+c_{T2}} \qquad (5)$$

Die Gleichung (5) zeigt, daß sich im Ausdruck für den Verdrehwinkel ϕ die beiden Drehfederkonstanten addieren, was einer Parallelschaltung von Federn entspricht.

Lösung 2.4.3

a) Das Tragwerk ist statisch bestimmt, da nicht mehr als sechs unbekannte Komponenten von Auflagerreaktionen auftreten können und zur Bestimmung dieser die sechs Gleichgewichtsbedingungen (A.1) und (A.2) zur Verfügung stehen.

Man sieht sofort, daß $A_L=0$ sein muß. Die Momentensumme um eine vertikale Achse durch A bestimmt $B_H=0$, woraus auch $A_H=0$ folgt.

Die Momentensumme um die Achse AB liefert C=P, die um die Achse BC bestimmt $A_V=P/2$. Weiters folgt $B_V=-P/2$.

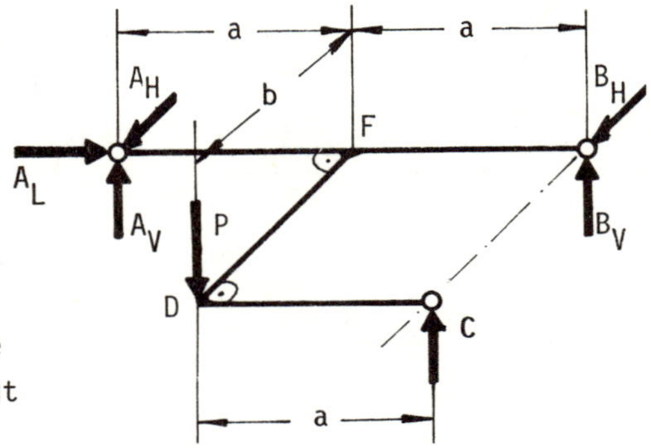

Wir zeichnen nun das Stabwerk mit den so bestimmten Auflagerkräften, zerlegen in Einzelstäbe und zeichnen die möglichen Schnittgrößen ein.

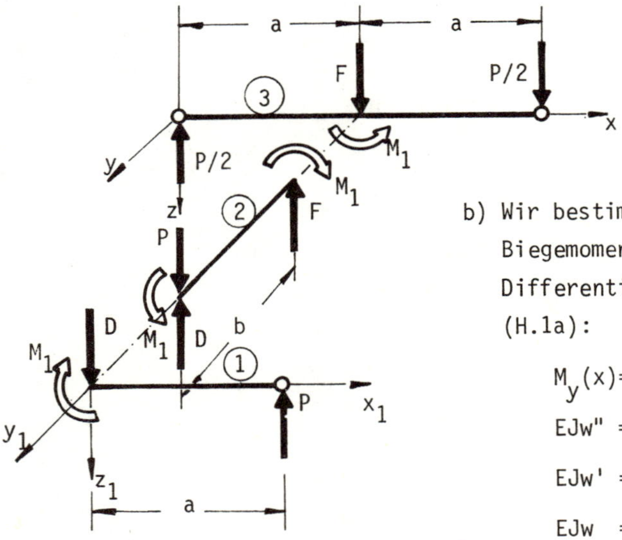

Aus den Gleichgewichtsbedingungen folgt für Stab 1:

$$D = P \;, \quad M_1 = P.a$$
$$\text{und für Stab 2:} \quad F = 0 \qquad (1)$$

b) Wir bestimmen die Biegelinie mit dem Biegemoment des Stabes 3 über die Differentialgleichung der Biegelinie (H.1a):

$$M_y(x) = Px/2$$

$$EJw'' = -Px/2$$

$$EJw' = -Px^2/4 + C_1 \qquad (2)$$

$$EJw = -Px^3/12 + C_1x + C_2 \qquad (3)$$

Wegen der antisymmetrischen Anordnung des Kräfte bezüglich der Stabmitte F muß die Durchbiegung des Stabes 1 bei F gleich Null sein.

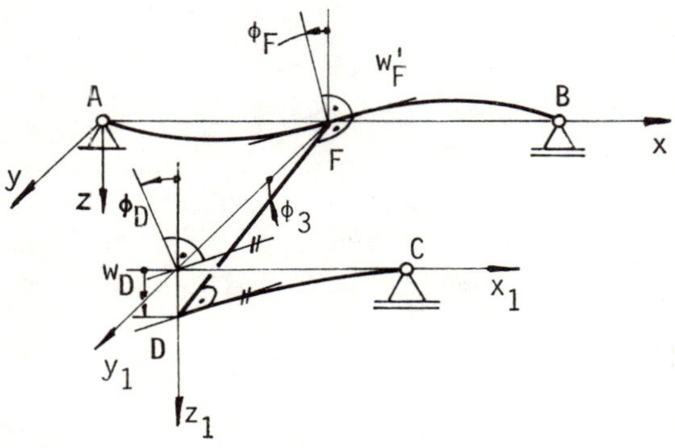

Damit bestimmen sich die Integrationskonstanten aus (3) über die Randbedingungen wie folgt:

$$w|_{x=0} = 0 \; ; \quad C_2 = 0$$
$$w|_{x=a} = 0 \; ; \quad C_1 = Pa^2/12 \qquad (4)$$

Die Neigung der Biegelinie bei F ergibt sich mit (4) und (2) zu

$$w_F' = -Pa^2/6EJ \qquad (5)$$

c) Der Verdr..hwinkel ϕ_D des Querschnittes bei D des Stabes 2 setzt sich aus dem Verdrehwinkel $\phi_F = -w_F'$ des Querschnittes bei F und dem relativen Verdrehwinkel ψ dieser beiden Querschnitte gegeneinander (zufolge M_1) zusammen.

Mit (1) folgt aus (I.1):

$$\psi = \frac{Pab}{GJ_T} \qquad (6)$$

Für ϕ_D erhält man aus (5) und (6) unter Beachtung der positiven Zählrichtungen

$$\phi_D = -w_F' + \psi = \frac{Pa^2}{6EJ}\left[1 + \frac{6b}{a}\cdot\frac{EJ}{GJ_T}\right] \qquad (7)$$

d) Die Verschiebung w_D des Punktes D bestimmen wir wieder über die Differentialgleichung der Biegelinie. Mit dem Biegemoment $M_{y1} = P(a-x_1)$ ergibt sich mit (H.1a):

$$EJw_1'' = -P(a-x_1)$$
$$EJw_1' = -P(ax_1 - x_1^2/2) + C_3 \qquad (8)$$
$$EJw_1 = -P(ax_1^2/2 - x_1^3/6) + C_3x_1 + C_4 \qquad (9)$$

Mit den Randbedingungen $w_1|_{x_1=a} = 0$ und $w_1'|_{x_1=0} = -\phi_D$ lassen sich aus (8) mit (7) und (9) die beiden Integrationskonstanten bestimmen:

$$C_3 = -\frac{Pa^2}{6}\left[1 + \frac{6b}{a}\cdot\frac{EJ}{GJ_T}\right], \qquad C_4 = \frac{Pa^3}{2}\left[1 + \frac{2b}{a}\cdot\frac{EJ}{GJ_T}\right] \qquad (10)$$

Die Verschiebung $w_D = w_1|_{x_1=0}$ folgt aus (9) mit C_4 zu

$$w_D = \frac{Pa^3}{2EJ}\left[1 + \frac{2b}{a}\cdot\frac{EJ}{GJ_T}\right]$$

Der Stab 3 verdreht sich zufolge dieser Verschiebung des Punktes D um den Winkel $\phi_3 = w_D/b$ als Ganzes um die x-Achse! Der Stab 2 wird nicht gebogen, sondern nur tordiert.

Lösung 2.4.4

a) Für das polare Flächenträgheitsmoment J_p des Stabes 1 erhalten wir nach (I.1) bzw. (F.9):

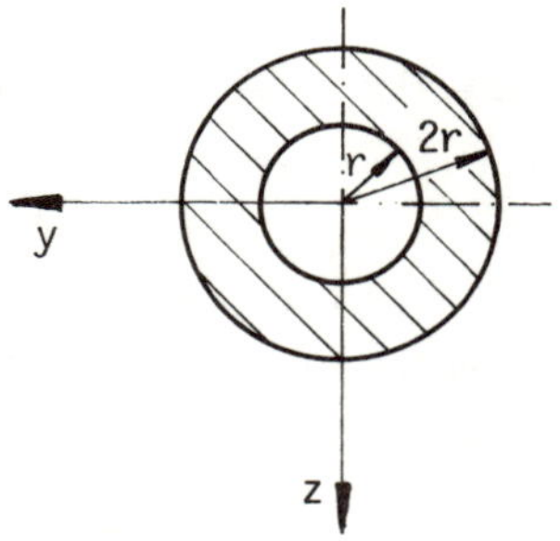

$$J_p = \frac{15r^4\pi}{2} \qquad (1)$$

Mit (1) und dem Zusammenhang $E = 2G(1+\mu)$, worin μ die sogenannte Querdehnungszahl ist, folgt für die Torsionssteifigkeit des Stabes 1:

$$(GJ_p) = \frac{15r^4\pi E}{4(1+\mu)} \qquad (2)$$

Die Biegesteifigkeit errechnet sich mit dem Flächenträgheitsmoment bezüglich der y-Achse (F.9)

$$J_y = \frac{J_p}{2} = \frac{15r^4\pi}{4} \qquad \text{zu} \qquad (EJ_y) = \frac{15r^4\pi E}{4} \qquad (3)$$

b) Da das System einfach statisch unbestimmt ist, müssen wir auf die Verformung eingehen.

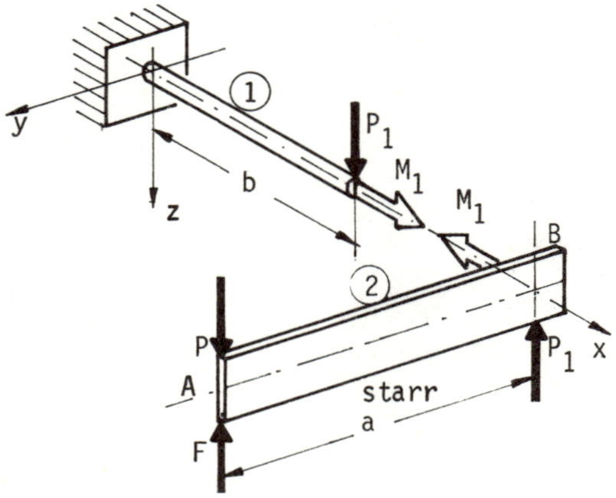

Wir zerlegen das Tragwerk in B und bringen die möglichen Schnittgrößen an. Die Gleichgewichtsbedingungen für den Teil 2 liefern:

$$M_1 = (P - F)a \qquad (4)$$

$$P_1 = P - F \qquad (5)$$

Die Federkraft F zufolge der Verschiebung w_A des Punktes A in z-Richtung ist

$$F = c.w_A \qquad (6)$$

Für den einseitig eingespannten Stab 1 erhalten wir die Durchbiegung w_B und den Verdrehwinkel ψ_B bei B nach (H.5) und (I.1):

$$w_B = \frac{P_1 l^3}{3EJ_1} , \qquad \psi_B = \frac{M_1 l}{(GJ_p)} \qquad (7), (8)$$

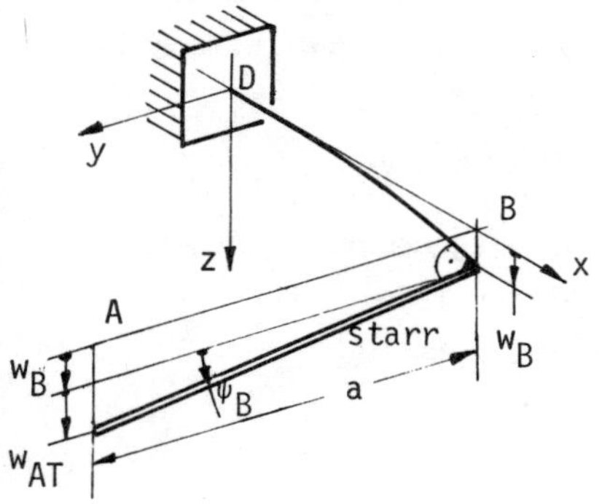

Die Verschiebung w_A setzt sich zusammen aus w_B und dem Anteil w_{AT} aus der Torsion des Stabes 1:

$$w_{AT} = \psi_B a = M_1 l.a/(GJ_p)$$

$$w_A = w_B + w_{AT} = P_1 l^3/(3EJ_y) + M_1 l.a/(GJ_p) \qquad (9)$$

Mit (4), (5), (6) folgt aus (9) die Bestimmungsgleichung für F:

$$\frac{F}{c} = \frac{(P-F)l^3}{3EJ_y} + \frac{(P-F)la^2}{GJ_p}$$

Errechnet man F aus dieser Gleichung und setzt in (6) ein, so erhält man mit (1) und (2):

$$w_A = \frac{P}{c} \cdot \frac{1 + \frac{3a^2EJy}{l^2GJp}}{1 + \frac{3EJy}{l^3c} + \frac{3a^2EJy}{l^2GJp}} = \frac{P}{c} \cdot \frac{1 + 3(1+\mu)(a/l)^2}{1 + 45r^4\pi E/(4l^3c) + 3(1+\mu)(a/l)^2}$$

c) Die Ersatzfederkonstante $c_A = P/w_A$ folgt daraus unmittelbar zu:

$$c_A = c\left[1 + \frac{45r^4\pi E}{4.l^3c} \cdot \frac{1}{1 + 3(1+\mu)(a/l)^2}\right]$$

Für einen starren Stab 1 ($E \to \infty$) oder ein Auflager bei A ($c \to \infty$) folgt sinngemäß $c_A \to \infty$.

Lösung 2.4.5

Wir zerlegen, wie dargestellt, das statisch unbestimmte Tragwerk in drei Teile.

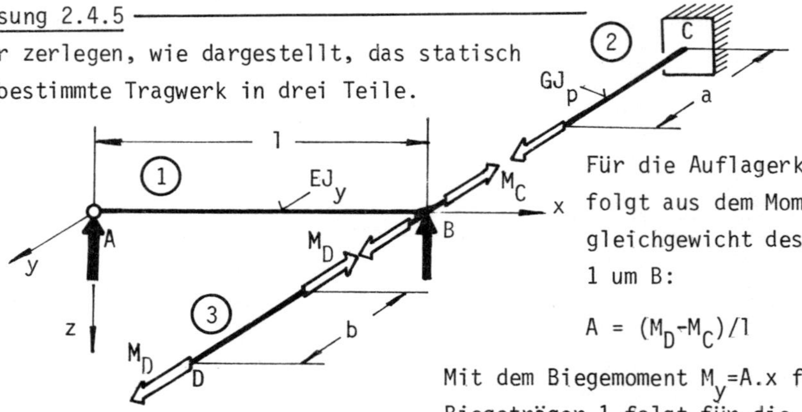

Für die Auflagerkraft A folgt aus dem Momentengleichgewicht des Teiles 1 um B:

$$A = (M_D - M_C)/l \tag{1}$$

Mit dem Biegemoment $M_y = A.x$ für den Biegeträger 1 folgt für die Biegelinie (H1.a):

$$EJ_y w'' = -A.x$$

$$EJ_y w' = -Ax^2/2 + C_1 \tag{2}$$

$$EJ_y w = -Ax^3/6 + C_1 x + C_2 \tag{3}$$

Die Randbedingungen liefern die Integrationskonstanten C_1 und C_2:

$$w|_{x=0} = 0 : \; C_2 = 0 ; \qquad w|_{x=l} = 0 : \; C_1 = Al^2/6 \tag{4}$$

Aus (2) mit (4) erhält man für die Neigung w' der Biegelinie beim Auflager B

$$w'|_{x=l} = -\frac{Al^2}{3EJ_y} \tag{5}$$

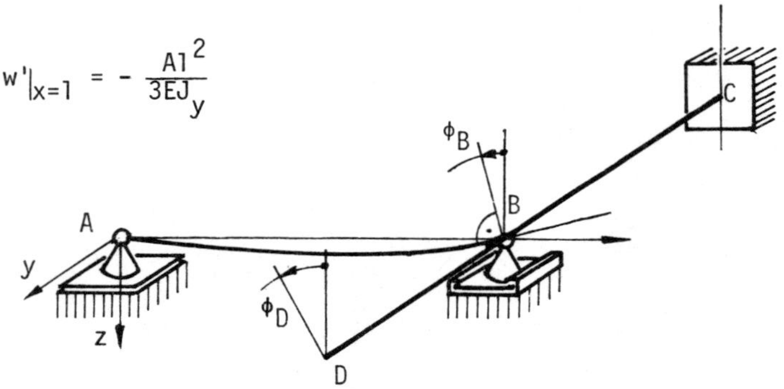

Für den Verdrehwinkel ϕ_B des Torsionsstabes bei B gilt nun einerseits nach (I.1): $\phi_B = M_C a/(GJ_p)$, (6)

anderseits wegen des starren Anschlusses: $\phi_B = -w'|_{x=l}$. (7)

a) Die Gleichung (7) liefert mit (5), (6) und der Gleichgewichtsbedingung (1) das Einspannmoment M_C:

$$M_C = \frac{M_D}{1 + (3aEJ_y)/(lGJ_p)} \tag{8}$$

b) Der Verdrehwinkel ϕ_D bei D ist mit (I.1):

$$\phi_D = \phi_B + \frac{M_D b}{GJ_p}$$

Der Winkel ϕ_B ergibt sich aus (6) mit (8). Damit wird schließlich

$$\phi_D = \frac{M_D b}{GJ_p}\left[1 + \frac{(a/b)}{1 + (3aEJ_y)/(lGJ_p)}\right]$$

Mit den gegebenen Zahlenwerten folgt zunächst für die Flächenträgheitsmomente des Kreisquerschnittes:

$$J_p = \frac{r^4\pi}{2} = \frac{(0,5)^4\pi}{2} = 0,09817 \text{ cm}^4 \; ; \quad J_y = J_p/2 = 0,04909 \text{ cm}^4$$

sowie für die Torsionssteifigkeit GJ_p und den Rechenterm $(3aEJ_y)/(lGJ_p)$:

$$GJ_p = 7,85.10^6.0,09817 = 0,7706.10^6 \text{ Ncm}^2$$

$$(3aEJ_y)/(lGJ_p) = (3.50.20,6.10^6.J_y)/(50.7,85.10^6.J_p) = 3,936$$

Damit errechnet sich aus (8) und (9):

$$M_C = \frac{1000}{1+3,936} = 202,6 \text{ Ncm}$$

$$\phi_D = \frac{10^3.50}{0,7706}.10^{-6}\left(1 + \frac{1}{1+3,936}\right) = 0,078 \text{ rad} = 4,47^0$$

Lösung 2.4.6

a) Wir berechnen zunächst für einen beidseitig eingespannten Stab unter der Last F die Durchbiegung in der Mitte mit Hilfe der Biegelinie (H.1a):

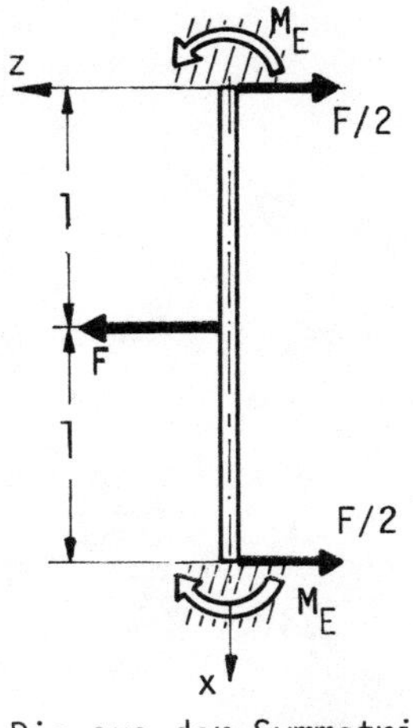

Mit dem Biegemoment

$$M_y(x) = (F/2).x - M_E \qquad 0 \leq x \leq l$$

folgt:

$$EJ_y w'' = -Fx/2 + M_E$$

$$EJ_y w' = -Fx^2/4 + M_E x + C_1 \tag{1}$$

$$EJ_y w = -Fx^3/12 + M_E x^2/2 + C_1 x + C_2 \tag{2}$$

Die Randbedingungen liefern

$$w|_{x=0} = 0: \; C_2 = 0, \quad w'|_{x=0} = 0; \; C_1 = 0$$

Die aus der Symmetrie folgende Bedingung $w'|_{x=l} = 0$ gibt nach (1)

$$M_E = Fl/4 \tag{3}$$

Damit bestimmt sich aus (2) die Durchbiegung w_F in Stabmitte zu:

$$w_F = w|_{x=l} = Fl^3/(24EJ_y) \tag{4}$$

Nach dieser Vorbereitung betrachten wir nun die Lasche. Wenn sich diese nicht verdrehen soll, so müssen die Durchbiegungen der beiden Stäbe gleich sein. Es treten dann in den Stäben keine Torsionsmomente auf.

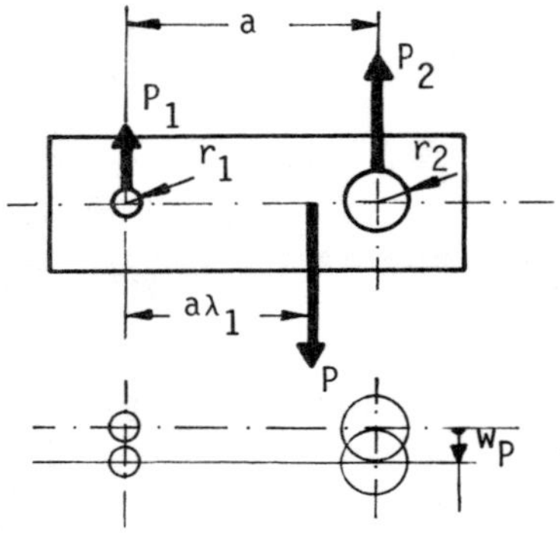

Die Gleichgewichtsbedingungen für die Lasche liefern:

$$P_1 = (1-\lambda_1)P, \quad P_2 = \lambda_1 P \tag{5}$$

Mit (4) ergibt sich aus der Bedingung, daß die Durchbiegungen der beiden Stäbe in der Mitte gleich groß sein müssen:

$$w_{P1} = w_{P2} = w_P = P_1 l^3/(24EJ_{y1}) = \\ = P_2 l^3/(24EJ_{y2}) \tag{6}$$

Unter Verwendung von $J_y = r^4\pi/4$ - siehe (F.9) - und (5) folgt aus (6):

$$\lambda_1 = r_2^4/(r_1^4 + r_2^4) \tag{7}$$

$$w_P = \frac{Pl^3}{6E(r_1^4 + r_2^4)\pi} \tag{8}$$

b) Die Einspannmomente der Stäbe ergeben sich, wenn man in (3) die Kraft F durch P_1 bzw. P_2 nach (5) ersetzt:

$$M_{E1} = \frac{Pl}{4}(1 - \lambda_1) \; ; \qquad M_{E2} = \frac{Pl}{4}\lambda_1$$

c) Die Ersatzfederkonstante c_P ist definiert durch $P = c_P . w_P$. Aus (8) erhält man somit

$$c_P = 6E(r_1^4 + r_2^4)\pi/l^3$$

d) Soll die Lasche verdreht, aber der Stab 1 nicht gebogen werden, so muß die Kraft P_1 Null sein. Die Verdrehung der Lasche bewirkt jedoch nun Torsionsmomente in den Stäben.

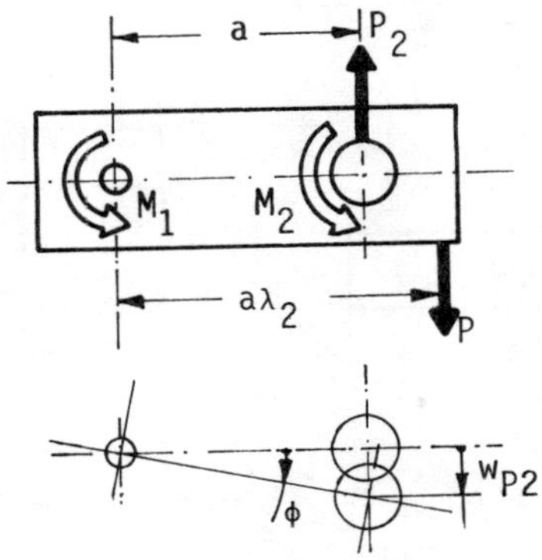

Die Gleichgewichtsbedingung für die Lasche lautet jetzt

$$P_2 - P = 0$$

$$M_1 + M_2 - Pa.(\lambda_2-1) = 0 \qquad (9)$$

Für kleine Winkel ϕ gilt die Beziehung:

$$\phi = w_{P2}/a \qquad (10)$$

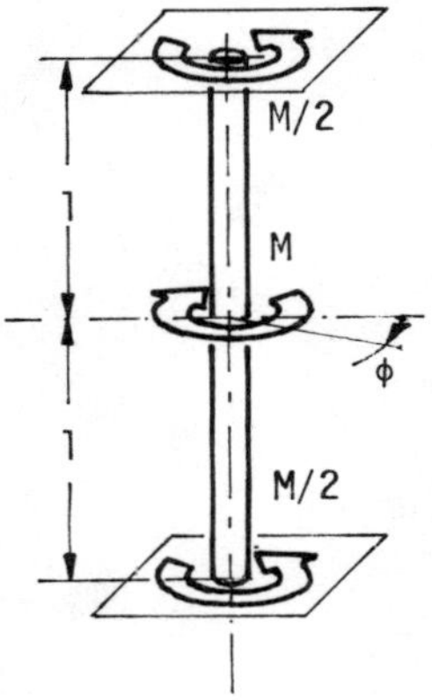

Der Verdrehwinkel ϕ in der Mitte eines beidseitig eingespannten Stabes der Länge 2l folgt aus (I.1):

$$\phi = \frac{M}{2}\,\frac{l}{GJ_P} \qquad (11)$$

Da die Verdrehwinkel für beide Stäbe gleich sein müssen, erhält man aus (11)

$$\phi = \frac{M_1}{2}\,\frac{l}{GJ_{P1}} = \frac{M_2}{2}\,\frac{l}{GJ_{P2}} \qquad (12)$$

und mit $J_P = r^4\pi/2$: $\quad M_1 = M_2.(r_1/r_2)^4$ (13)

Mit (4) und (12) liefert die Bedingung (10)

$$\frac{M_2}{2}\,\frac{l}{GJ_{P2}} = \frac{P_2.l^3}{24EJ_{y2}.a} \ ,$$

bzw. nach Einsetzen der Flächenträgheitsmomente: $M_2 = (P_2 l^2/a).(G/6E)$ (14)

Aus den Gleichungen (9) folgt nun mit (13) und (14)

$$\lambda_2 = 1 + (\frac{l}{a})^2.\frac{G}{6E}\left[1 + (\frac{r_1}{r_2})^4\right]$$

Lösung 3.1.1

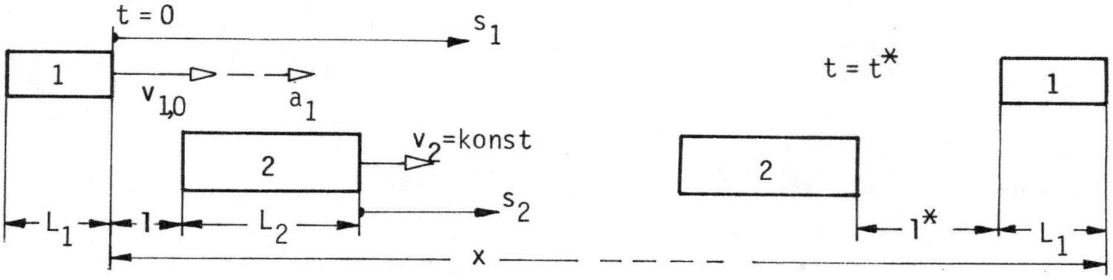

Der bis zum Zeitpunkt t von der Front des Fahrzeuges 1 zurückgelegte Weg s_1 ist bei konstanter Beschleunigung a_1 und der Anfangsgeschwindigkeit $v_{1,0}$:

$$s_1(t) = v_{1,0}\cdot t + a_1\frac{t^2}{2} \qquad (1)$$

Der Weg s_2 der Front des Fahrzeuges 2 ist

$$s_2(t) = v_2 t \qquad (2)$$

Zum gesuchten Zeitpunkt muß gelten

$$x = s_1(t^*) = l + L_2 + s_2(t^*) + l^* + L_1 \qquad (3)$$

Mit (1) und (2) folgt aus (3) für t^* die quadratische Gleichung:

$$a_1\cdot t^{*2} + 2\cdot(v_{1,0} - v_2)\cdot t^* - 2\cdot(l + L_2 + l^* + L_1) = 0 \qquad (4)$$

und daraus

$$t^* = \frac{v_2 - v_{1,0}}{a_1}\left[1 (\pm) \sqrt{1 + \frac{2a_1(l+L_2+l^*+L_1)}{(v_2-v_{1,0})^2}}\right] \qquad (5)$$

Da t^* positiv sein muß, kann in Gleichung (4) nur das positive Vorzeichen vor der Wurzel gelten.

Der Überholweg folgt bei bekanntem t^* aus (3) mit (2) zu:

$$x = l + L_2 + v_2 t^* + l^* + L_1 \qquad (6)$$

Für den Sonderfall $a_1=0$, also konstanter Geschwindigkeit $v_1 = v_{1,0} = \text{konst.}$ des Fahrzeuges 1 folgt aus (4)

$$t^*\Big|_{a_1=0} = \frac{l+L_2+l^*+L_1}{v_1-v_2} \qquad \text{für } v_1 > v_2 \qquad (7)$$

und für den Überholweg mit (7) aus (6)

$$x\Big|_{a_1=0} = (l + L_2 + l^* + L_1)\frac{v_1}{v_1 - v_2}$$

Lösung 3.1.2

Wir haben die beiden dargestellten Grenzfälle zu betrachten:

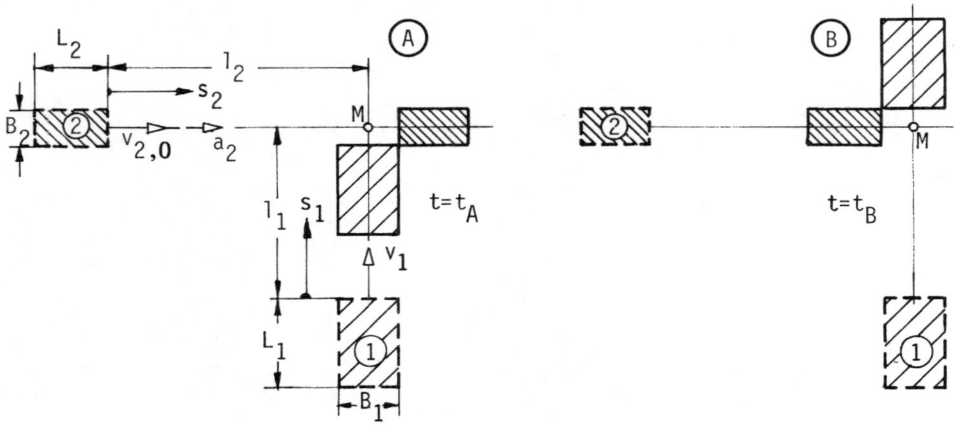

Die von den Fahrzeugen bis zum Zeitpunkt t zurückgelegten Wege sind:

$$s_1(t) = v_1 t \tag{1}$$

$$s_2(t) = v_{2,0}t + a_2 t^2/2 \tag{2}$$

Die Gleichung (2) gilt sinnvollerweise nur solange $v_2(t) \geqq 0$ ist, (keine Bewegungsumkehr des Fahrzeuges 2), wobei $v_2(t) = v_{2,0} + a_2 t$ ist.

Im Fall A ist $s_1(t_A) = v_1 t_A = l_1 - B_2/2$ (3)

Zur Vermeidung der Kollision muß dann gelten:

$$s_2(t_A) = v_{2,0}t_A + a_2 t_A^2/2 \geqq l_2 + B_1/2 + L_2 \tag{4}$$

Setzt man t_A aus (3) in (4) ein, so folgt für den Fall A:

$$a_2 \geqq 2\left[l_2 + B_1/2 + L_2 - \frac{v_{2,0}}{v_1}(l_1 - B_2/2)\right] \Big/ \left[\frac{l_1 - B_2/2}{v_1}\right]^2 \tag{5}$$

Im Falle B ist $s_1(t_B) = v_1 t_B = l_1 + B_2/2 + L_1$ (6)

und für $s_2(t_B)$ muß gelten:

$$s_2(t_B) = v_{2,0}t_B + a_2 t_B^2/2 \leqq l_2 - B_1/2 \tag{7}$$

Mit t_B aus (6) liefert (7):

$$a_2 \leqq 2\left[l_2 - B_1/2 - \frac{v_{2,0}}{v_1}(l_1 + B_2/2 + L_1)\right] \Big/ \left[\frac{l_1 + B_2/2 + L_1}{v_1}\right]^2 \tag{8}$$

Zur Veranschaulichung des Ergebnisses - Ungleichungen (5) und (8) - setzten wir einige Zahlenwerte ein.

Fahrzeug 1: B_1 = 2,4 m, L_1 = 9 m, v_1 = 80 km/h = 22,2 m/s
Fahrzeug 2: B_2 = 1,7 m, L_2 = 4,2 m, $v_{2,0}$ = 40 km/h = 11,1 m/s
l_1 = 40 m

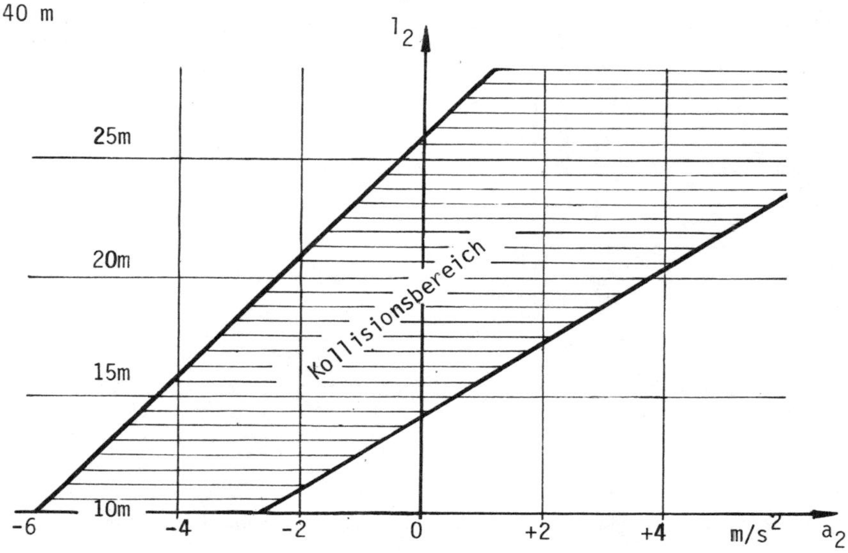

Lösung 3.1.3

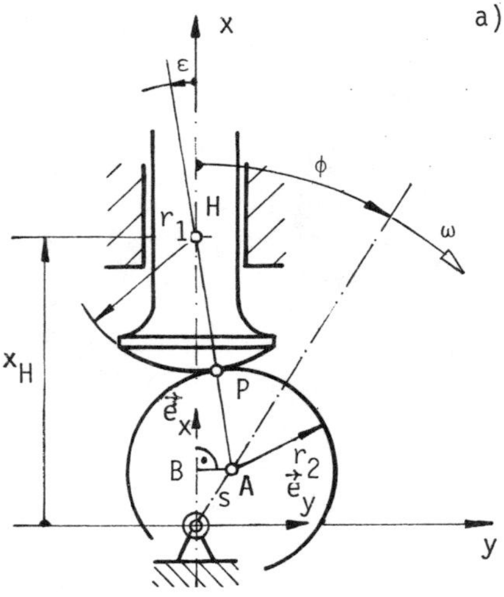

a) Aus der Anordnung entnehmen wir nach Einführung des Winkels ε die geometrischen Zusammenhänge

$$x_H = s.\cos\phi + (r_1+r_2).\cos\varepsilon \qquad (1)$$

$$\overline{AB} = s.\sin\phi = (r_1+r_2).\sin\varepsilon \qquad (2)$$

Aus der Beziehung (2) folgt mit der Abkürzung

$$k = s/(r_1+r_2) \qquad (3)$$

$$\sin\varepsilon = k.\sin\phi \qquad (4)$$

$$\cos\varepsilon = \sqrt{1-k^2\sin^2\phi} \qquad (5)$$

Mit (5) erhält man aus (1) die gesuchte Position des Punktes H des Stössels zu:

$$x_H = s.\cos\phi + (r_1+r_2)\sqrt{1-k^2\sin^2\phi} \qquad (6)$$

Die Geschwindigkeit $\dot{x}_H = dx_H/dt$ ergibt sich aus (6) mit $d\phi/dt = \omega$ und $2\sin\phi\cos\phi \equiv \sin 2\phi$ zu:

$$\dot{x}_H = -s\omega\left[\sin\phi + \frac{k}{2}.\sin 2\phi.(1-k^2\sin^2\phi)^{-1/2}\right] \tag{7}$$

Für die Beschleunigung $\ddot{x}_H$ erhält man durch Ableiten von (7) nach der Zeit unter Berücksichtigung von ω=konstant:

$$\ddot{x}_H = -s\omega^2\left[\cos\phi + k.\cos 2\phi.(1-k^2\sin^2\phi)^{-1/2} + \frac{k^3}{4}.\sin^2 2\phi.(1-k^2\sin^2\phi)^{-3/2}\right]$$

b) Die Relativgeschwindigkeit $\vec{v}_{rel}$ des Berührpunktes P der Nocke gegen den Berührpunkt des Stössels ist

$$\vec{v}_{rel} = \vec{v}_P - \dot{x}_H.\vec{e}_x \tag{8}$$

wobei $\vec{v}_P$ die momentane Geschwindigkeit des Punktes P der Nocke bedeutet. Man erhält sie zweckmäßigerweise aus (L.3):

$$\vec{v}_P = \vec{v}_A + \vec{v}_{PA} \tag{9}$$

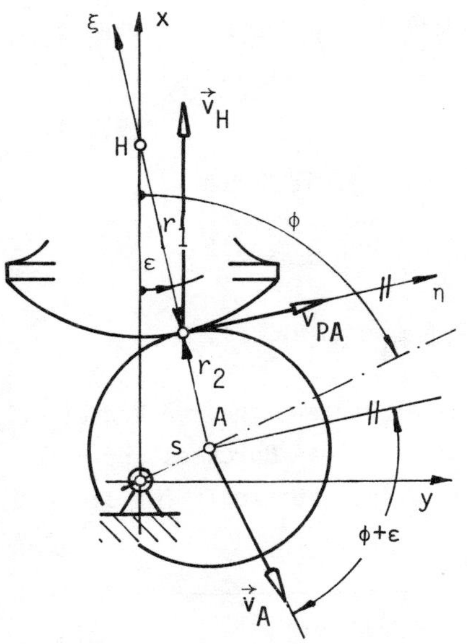

Um zu zeigen, daß die Relativgeschwindigkeit in der Berührebene liegt, zerlegen wir alle Geschwindigkeiten in die Richtungen ξ und η.

$$\vec{v}_A = s\omega\left[-\vec{e}_\xi.\sin(\phi+\varepsilon)+\vec{e}_\eta.\cos(\phi+\varepsilon)\right]$$
$$\vec{v}_{PA} = r_2\,\omega\,\vec{e}_\eta \tag{10}$$

$$\dot{x}_H\vec{e}_x = \dot{x}_H(\vec{e}_\xi\cos\varepsilon + \vec{e}_\eta.\sin\varepsilon) \tag{11}$$

Mit (9), (10) und (11) liefert (8)

$$\vec{v}_{rel} = \vec{e}_\xi\left[-s\omega.\sin(\phi+\varepsilon) - \dot{x}_H\cos\varepsilon\right] + \vec{e}_\eta\left[s\omega.\cos(\phi+\varepsilon)+r_2\omega - \dot{x}_H\sin\varepsilon\right] \tag{12}$$

Unter Verwendung von (4) und (5) läßt sich (7) in der folgenden Form schreiben:

$$\dot{x}_H = -s\omega(\sin\phi + \sin\varepsilon.\cos\phi/\cos\varepsilon) \tag{13}$$

Setzt man nun (13) in (12) ein und verwendet

$$\sin(\phi+\varepsilon) \equiv \sin\phi.\cos\varepsilon + \sin\varepsilon.\cos\phi,$$

$$\cos(\phi+\varepsilon) \equiv \cos\phi.\cos\varepsilon - \sin\phi.\sin\varepsilon$$

so verschwindet der Inhalt der Klammer bei $\vec{e}_\xi$ und es bleibt:

$$\vec{v}_{rel} = \vec{e}_\eta.s\omega\left[\cos\phi/\cos\varepsilon + r_2/s\right]$$

Lösung 3.1.4

Für die Berechnung betrachten wir die Rollen getrennt und berücksichtigen, daß die Geschwindigkeit aller Punkte des undehnbaren Seiles zwischen den Rollen jeweils gleich bleiben muß.

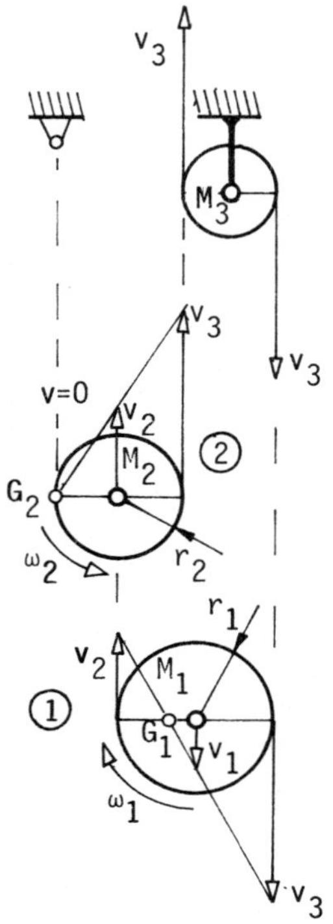

Die Gleichungen (L.3) für die ebene Bewegung eines starren Körpers liefern bei Beachtung der eingezeichneten, gewählten positiven Zählrichtungen für die Geschwindigkeiten und Winkelgeschwindigkeiten die folgenden Zusammenhänge:

Für die Rolle 1 gilt:

$$v_3 = v_1 + r_1\omega_1 \;, \qquad v_2 = -v_1 + r_1\omega_1 \qquad (1),(2)$$

Weil der Mittelpunkt M_3 der Umlenkrolle in Ruhe ist, hat das Seil auf beiden Seiten der Rolle die gleiche Geschwindigkeit v_3.

Für die Rolle 2 gilt, weil G_2 ihr Geschwindigkeitspol ist:

$$v_2 = r_2\omega_2 \;, \qquad v_3 = 2r_2\omega_2 = 2v_2 \qquad (3),(4)$$

Eliminiert man aus (1) und (2) die Größe $r_1\omega_1$ so folgt mit (4)

$$v_2 = 2v_1$$

Damit liefern (3) bzw. (2): $\quad \omega_2 = 2v_1/r_2, \quad \omega_1 = 3v_1/r_1$

Anmerkung: Man beachte die in der Skizze eingezeichneten linearen Verteilungen der Geschwindigkeiten der Punkte eines Durchmessers der Rollen. G_1 bzw. G_2 sind die Geschwindigkeitspole für die beiden Rollen.

Lösung 3.1.5

In der Skizze sind in den Punkten, in denen das Seil auf eine Rolle auf- bzw. von einer Rolle abläuft, die Geschwindigkeitskomponenten der betreffenden Seilpunkte eingezeichnet. Ihre positiven Zählrichtungen sind dabei beliebig gewählt, ebenso wie die für die Winkelgeschwindigkeiten der Rollen.

Für die Rolle 1 ist G der Geschwindigkeitspol. Ihr Mittelpunkt bewegt sich mit dem Wagen mit der Geschwindigkeit v_1 nach rechts. Mit dem Radius r_1 der Rolle folgt nach (L.3):

$$\omega_1 = v_1/r_1 \quad \text{und somit} \quad v_3 = r_1\,\omega_1 = v_1 \qquad (1)$$

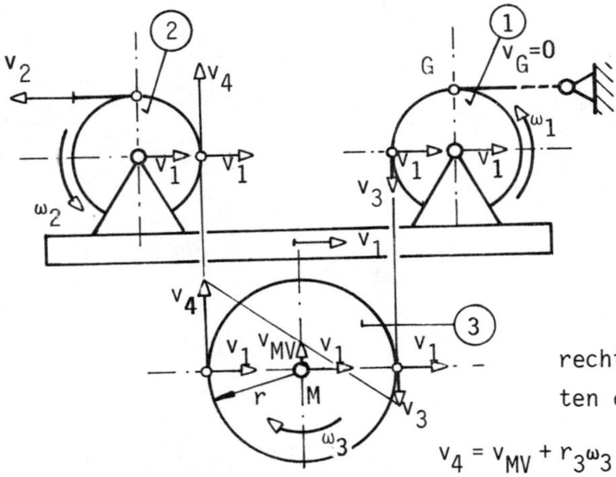

Für die Rolle 2 ergibt sich:

$$\omega_2 = (v_2 + v_1)/r_1 \quad (2)$$

Mit (2) wird

$$v_4 = r_1\,\omega_2 = v_2 + v_1 \quad (3)$$

Nun betrachten wir die Rolle 3. Sie bewegt sich mit der Geschwindigkeit v_1 nach rechts. Für die Vertikalkomponenten der Geschwindigkeiten gilt

$$v_4 = v_{MV} + r_3\omega_3, \quad v_3 = -v_{MV} + r_3\omega_3 \quad (4),(5)$$

Aus (4) und (5) folgen unter Verwendung von (1) und (3):

$$\omega_3 = (2v_1 + v_2)/(2r_3), \qquad v_{MV} = v_2/2$$

Daraus ergeben sich für die Spezialfälle :

$v_2 = 0$: $v_{MV} = 0$, $\omega_3 = v_1/r_3$: die Rolle 3 dreht sich zwar, bewegt sich aber horizontal

$v_1 = 0$: $v_{MV} = v_2/2$, $\omega_3 = v_2/(2r_3)$: die Laufkatze steht still, die Rolle 3 bewegt sich nach oben. Der rechte Teil des Seiles ist in Ruhe.

Lösung 3.1.6

a) Ohne auf die Einzelheiten eines Zahnradtriebes einzugehen, kann man sich in guter Näherung vorstellen, daß die beiden Räder 1 und 3 auf ihren Teilkreisen gleitfrei abrollen. Es muß dann die Geschwindigkeit $\vec{v}_Q = v_Q\,\vec{e}_\phi$ des Kontaktpunktes für beide Räder gleich sein.

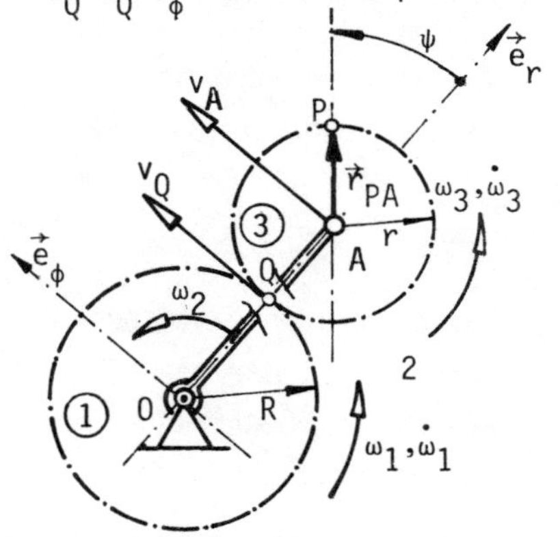

Nach (L.3) gilt somit für

Rad 1: $v_Q = \omega_1 R$ (1)

Rad 3: $v_Q = v_A - \omega_3 r = \omega_2(R+r) - \omega_3 r$ (2)

Aus (1) und (2) folgt

$$\omega_3 = \omega_2 + \frac{R}{r}(\omega_2 - \omega_1) \quad (3)$$

Für ω_2=konstant liefert (3) die Winkelbeschleunigung

$$\dot{\omega}_3 = -\frac{R}{r}\,\dot{\omega}_1 \quad (4)$$

b) Die Geschwindigkeit v_P des Punktes P erhalten wir mit (L.3) zu:

$$\vec{v}_P = \vec{v}_A + \vec{v}_{PA} = \vec{v}_A + (\vec{\omega}_3 \times \vec{r}_{PA}) \quad (5)$$

Mit $\vec{v}_A = v_A \vec{e}_\phi$, $\vec{\omega}_3 = \omega_3 \vec{e}_z$ und $\vec{r}_{PA} = \vec{e}_r . r . \cos\psi + \vec{e}_\phi . r . \sin\psi$ (6)

folgt aus (5) für die Komponenten von $\vec{v}_P$:

$$v_{P,r} = -\omega_3 r . \sin\psi$$

$$v_{P,\phi} = v_A + \omega_3 r . \cos\psi$$

Dabei ist $v_A = (R+r)\omega_2$ und ω_3 nach (3) bekannt.

Die Beschleunigung des Punktes P errechnet sich nach (L.4), (L.2) zu:

$$\vec{a}_P = \vec{a}_A + \vec{a}_{PA} = \vec{a}_A + \vec{a}_{PA,t} + \vec{a}_{PA,n} = \vec{a}_A + (\dot{\vec{\omega}}_3 \times \vec{r}_{PA}) - \omega_3^2 \vec{r}_{PA} \qquad (7)$$

Wegen $\dot{\omega}_2 = 0$ ist $\vec{a}_A = -a_{A,n}\,\vec{e}_r$. Mit $\dot{\vec{\omega}}_3 = \dot{\omega}_3 \vec{e}_z$ und $\vec{r}_{PA}$ nach (6) ergeben sich die Komponenten von $\vec{a}_P$ entweder aus (7) oder direkt aus der Zeichnung zu:

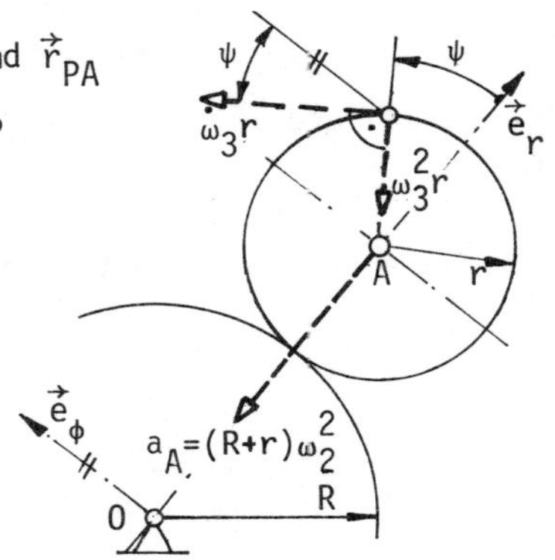

$$a_{P,r} = -a_{A,n} - \dot{\omega}_3 r . \sin\psi - \omega_3^2 r . \cos\psi$$

$$a_{P,\phi} = \dot{\omega}_3 r . \cos\psi - \omega_3^2 r . \sin\psi$$

wobei $a_{A,n} = \omega_2^2 (R+r)$ und $\dot{\omega}_3$ nach (4) bzw. ω_3 nach (3) bekannt sind.

Lösung 3.1.7

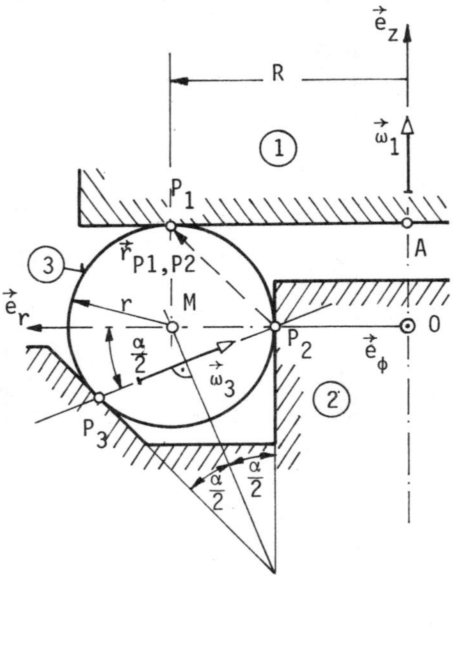

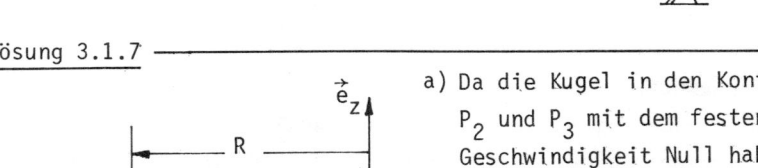

a) Da die Kugel in den Kontaktpunkten P_2 und P_3 mit dem festen Teil 2 die Geschwindigkeit Null haben muß (= keine Relativbewegung an diesen Stellen), ergibt sich daraus bereits die Lage der momentanen Drehachse der Kugel eben durch diese beiden Punkte. (Momentanschraubachse mit Längsgeschwindigkeit Null).

Wir zeichnen den Winkelgeschwindigkeitsvektor $\vec{\omega}_3$ mit der gewählten Orientierung ein. Im Koordinatensystem mit den Einheitsvektoren $\vec{e}_r, \vec{e}_\phi, \vec{e}_z$:

$$\vec{\omega}_3 = \omega_3 (\sin \tfrac{\alpha}{2} . \vec{e}_z - \cos \tfrac{\alpha}{2} . \vec{e}_r) \qquad (1)$$

Die Geschwindigkeit $\vec{v}_{P1}$ des gemeinsamen Punktes P_1 von Kugel und Teil 1 ist dieselbe für beide Kontaktpartner.

Für den Teil 1 ist

$$\vec{v}_{P1} = (\vec{\omega}_1 \times \vec{r}_{P1,A}) = (\omega_1 \vec{e}_z \times R\vec{e}_r) = R\omega_1 \vec{e}_\phi \tag{2}$$

Andererseits ergibt sich über den Punkt P_2 der Drehachse der Kugel und mit (1):

$$\vec{v}_{P1} = \vec{v}_{P2} + \vec{v}_{P1,P2} \quad \text{und mit } v_{P2} = 0:$$

$$\vec{v}_{P1} = (\vec{\omega}_3 \times \vec{r}_{P1,P2}) = \left[\omega_3(\sin\tfrac{\alpha}{2}.\vec{e}_z - \cos\tfrac{\alpha}{2}.\vec{e}_r)\right] \times \left[r\vec{e}_r + r\vec{e}_z\right]$$

$$\vec{v}_{P1} = \omega_3 r.(\sin\tfrac{\alpha}{2} + \cos\tfrac{\alpha}{2}).\vec{e}_\phi \tag{3}$$

Aus der Gleichsetzung von (2) und (3) ergibt sich:

$$\omega_3 = \frac{\omega_1 R}{r(\sin\frac{\alpha}{2} + \cos\frac{\alpha}{2})} \tag{4}$$

Gemeinsam mit (1) ist damit die gesuchte Winkelgeschwindigkeit $\vec{\omega}_3$ bestimmt.

b) Die Geschwindigkeit v_M des Kugelmittelpunktes M wird mit (1) und (4)

$$\vec{v}_M = \vec{v}_{P2} + (\vec{\omega}_3 \times \vec{r}_{M,P2}) = \vec{\omega}_3 \times (r\,\vec{e}_r) = r\omega_3 \sin\tfrac{\alpha}{2}.\vec{e}_\phi$$

$$\vec{v}_M = \frac{\omega_1 R.\sin\frac{\alpha}{2}}{(\sin\frac{\alpha}{2} + \cos\frac{\alpha}{2})} \,.\, \vec{e}_\phi \tag{5}$$

Die Umlaufzeit τ der Kugel in der Rille mit dem Laufweg $2R\pi$ für den Kugelmittelpunkt M bestimmt sich aus $\tau = 2R\pi/v_M$ mit (5) zu

$$\tau = \frac{2\pi}{\omega_1}(1 + \cot\tfrac{\alpha}{2})$$

Lösung 3.2.1

a) Zur Ermittlung der Geschwindigkeiten $\vec{v}_P$ und $\vec{v}_Q$ beginnen wir beim Punkt P und beschreiben seine Geschwindigkeit mit (L.3) von A und O aus:

$$\underset{=0}{\vec{v}_P = \vec{v}_O} + \underset{\perp \overline{PO}}{\vec{v}_{PO}} = \underset{\text{geg}}{\vec{v}_A} + \underset{\perp \overline{PA}}{\vec{v}_{PA}} \qquad (1)$$

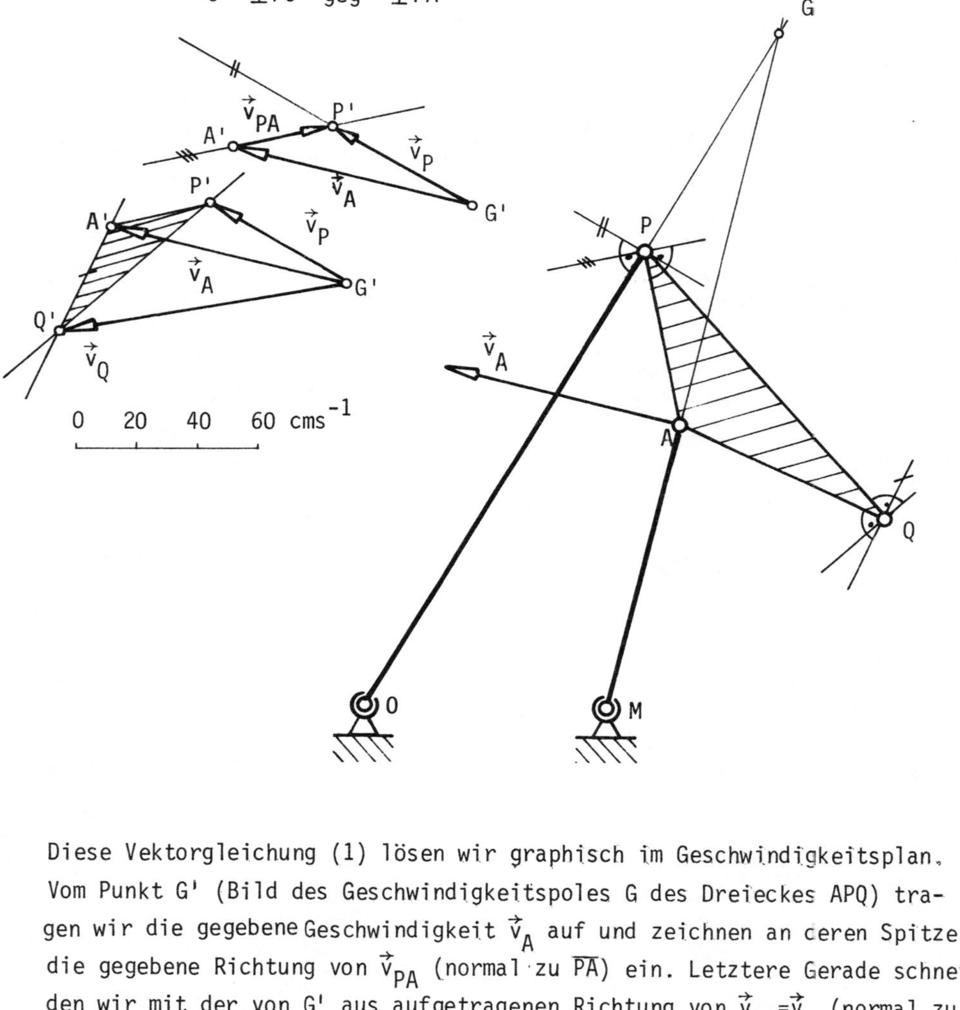

Diese Vektorgleichung (1) lösen wir graphisch im Geschwindigkeitsplan. Vom Punkt G' (Bild des Geschwindigkeitspoles G des Dreieckes APQ) tragen wir die gegebene Geschwindigkeit $\vec{v}_A$ auf und zeichnen an deren Spitze die gegebene Richtung von $\vec{v}_{PA}$ (normal zu $\overline{PA}$) ein. Letztere Gerade schneiden wir mit der von G' aus aufgetragenen Richtung von $\vec{v}_{PO}=\vec{v}_P$ (normal zu $\overline{PO}$). Damit erfüllt das eingezeichnete Vektorpolygon die Gleichung (1).

Die Geschwindigkeit $\vec{v}_Q$ kann analog ermittelt werden nach:

$$\vec{v}_Q = \underset{\text{geg}}{\vec{v}_A} + \underset{\perp \overline{QA}}{\vec{v}_{QA}} = \underset{\text{bekannt}}{\vec{v}_P} + \underset{\perp \overline{QP}}{\vec{v}_{QP}}$$

Die entsprechende Erweiterung des Geschwindigkeitsplanes ist der Übersicht halber in einem zusätzlichen Bild dargestellt. Man erkennt, daß man v_Q auch aus der geometrischen Ähnlichkeit der beiden Dreiecke APQ und A'P'Q' - durch Übertragung der entsprechenden Winkel - erhalten kann (L.5).

b) Den Geschwindigkeitspol G des Dreieckes APQ im Lageplan findet man als Schnittpunkt der Normalen auf die Geschwindigkeitsvektoren $\vec{v}_P$ und $\vec{v}_A$ in den Punkten P und A oder aus der geometrischen Ähnlichkeit zwischen Lage- und Geschwindigkeitsplan.

c)

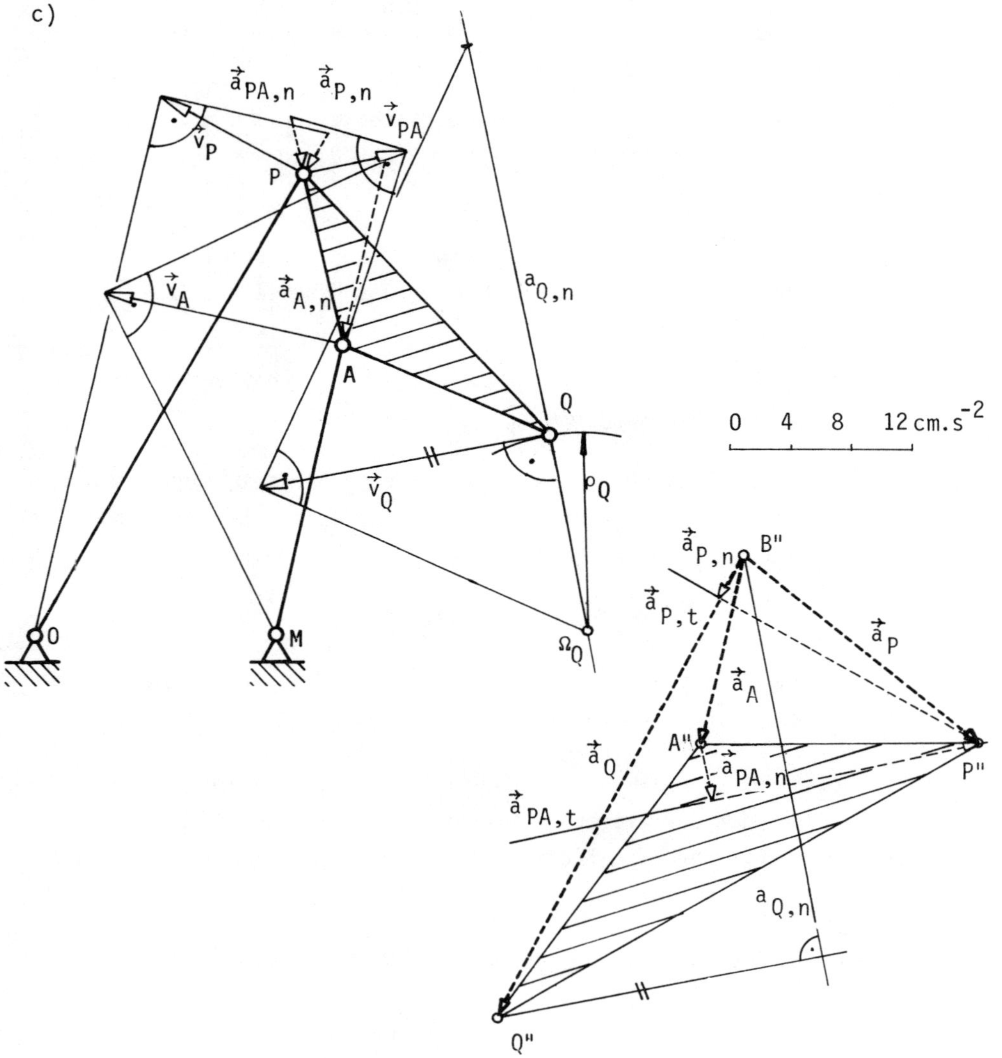

Zur Konstruktion der Beschleunigungen bedienen wir uns der Formeln (L.4) und bestimmen analog zu a) die Beschleunigung des Punktes P von den zwei Punkten O und A aus:

$$\underset{=0}{\vec{a}_P = \vec{a}_O} + \underset{\perp \overline{PO}}{\vec{a}_{PO,t}} + \underset{(L.7)}{\vec{a}_{PO,n}} = \underset{=0}{\vec{a}_{A,t}} + \underset{(L.7)}{\vec{a}_{A,n}} + \underset{\perp \overline{PA}}{\vec{a}_{PA,t}} + \underset{(L.7)}{\vec{a}_{PA,n}}$$

Die Beschleunigung des Punktes O ist Null, die Normalbeschleunigung $a_{A,n}=v_A^2/\overline{AM}$ des Punktes A kann über den Höhensatz (L.7) konstruiert werden, während die Tangentialbeschleunigung $a_{A,t}$ wegen v_A=konstant Null ist. Die Normalbeschleunigungen $\vec{a}_{PO,n}$ und $\vec{a}_{PA,n}$ werden im Lageplan entsprechend (L.7) ermittelt und in den Beschleunigungsplan übernommen.

Die Beschleunigung $\vec{a}_Q$ erhält man am einfachsten, indem man zum Dreieck APQ das geometrisch ähnliche Dreieck A"P"Q" in den Beschleunigungsplan einträgt.

d) Eingezeichnet ist weiters die Bestimmung des Krümmungsmittelpunktes Ω_Q für die Bahnkurve von Q unter Verwendung des Höhensatzes (L.7) aus $a_{Q,n}=v_Q^2/\rho_Q$.
Die Geschwindigkeit $\vec{v}_Q$ ist aus a) bekannt, $\vec{a}_{Q,n}$ erhalten wir nach Zerlegung von $\vec{a}_Q$ in Richtung von $\vec{v}_Q$ und normal dazu.

e) Um aus dem Beschleunigungsplan die Beträge der Beschleunigungen ablesen zu können, muß der Beschleunigungsmaßstab μ_a bestimmt werden.
Auf Grund des verwendeten Höhensatzes folgt aus

$$a_n = v^2/\rho \quad \text{die Beziehung} \quad \mu_a = (\mu_V)^2/\mu_L$$

Für die gegebenen Maßstäbe wird $\mu_a = (20\,\text{cm.s}^{-1}/\text{cm})^2/(100\ \text{cm/cm}) = 4\ \frac{\text{cm.s}^{-2}}{\text{cm}}$
Damit entnimmt man aus der Zeichnung $a_Q = 35{,}2\,\text{cm.s}^{-2}$

Lösung 3.2.2

a) Da die Räder der Lok gleitfrei rollen - Geschwindigkeitspole G, G_1 - hat jeder Punkt der Koppelstange $\overline{PP_1}$ die gleiche Geschwindigkeit und die gleiche Beschleunigung.

Die Richtung der Geschwindigkeit $\vec{v}_P$ des Punktes P ist durch den Geschwindigkeitspol bestimmt.

$\vec{v}_P$ läßt sich damit unter Verwendung der Geschwindigkeit $\vec{v}_M = \vec{v}_L$ aus folgender Gleichung graphisch ermitteln:

$$\underset{\perp \overline{PG}}{\vec{v}_P} = \underset{\text{geg}}{\vec{v}_M} + \underset{\perp \overline{PM}}{\vec{v}_{PM}} \tag{1}$$

Mit der so konstruierten Geschwindigkeit $\vec{v}_P = \vec{v}_{P_1}$ lassen sich über

$$\underset{\text{Richtung}\,\overline{AS}}{\vec{v}_A} = \underset{\text{geg}}{\vec{v}_{P_1}} + \underset{\perp \overline{AP_1}}{\vec{v}_{AP_1}} \tag{2}$$

die Geschwindigkeit $\vec{v}_A$ und $\vec{v}_{rel} = \vec{v}_A - \vec{v}_L$ bestimmen. Dies erfolgt direkt im Geschwindigkeitsplan.

Mit dem Geschwindigkeitsmaßstab $\mu_v = 1\,km.h^{-1}/cm = 0{,}278\,m.s^{-1}/cm$ liefert die Zeichnung die Beträge

$$v_A = 5{,}85\,km.h^{-1} = 1{,}63\,m.s^{-1}, \qquad v_{rel} = 0{,}38\,m.s^{-1}$$

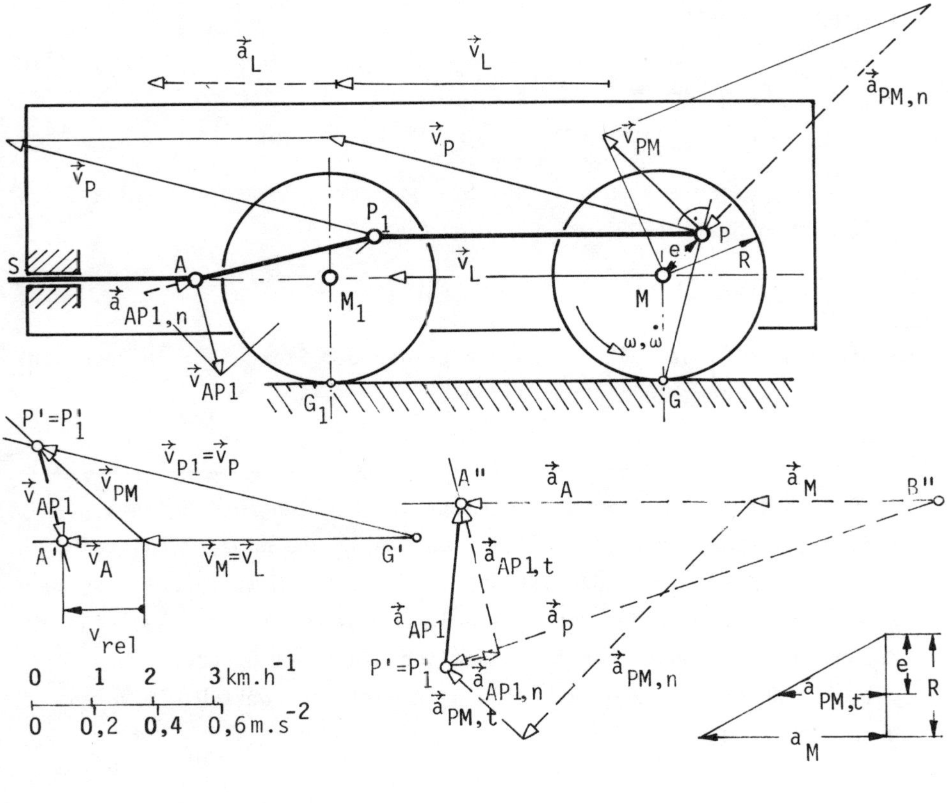

b) Da die Normalbeschleunigungen über den Höhensatz (L.7) konstruiert werden, also unter Verwendung der Zeichenmaßstäbe μ_L und μ_V, ist damit der Beschleunigungsmaßstab für die graphische Darstellung festgelegt:

$$\mu_a = (\mu_V)^2/\mu_L = (0{,}278\,\mathrm{m.s^{-1}/cm})^2/(0{,}4\,\mathrm{m/cm}) = 0{,}193\,\mathrm{m.s^{-2}/cm} \quad (3)$$

Für die Ermittlung der Beschleunigung $\vec{a}_P$ geht man zweckmäßigerweise von der Rollbedingung $\dot{\omega} = a_L/R$ aus: die Beschleunigungskomponente $a_{PM,t} = e\dot{\omega}$ läßt sich über ähnliche Dreiecke aus der Relation $a_{PM,t}/a_L = e/R$ konstruieren (Nebenskizze).

Damit kann das folgende Vektorpolygon unter Verwendung von (L.7) - siehe Lageplan - gezeichnet werden:

$$\vec{a}_P = \underbrace{\vec{a}_M}_{\text{geg}} + \underbrace{\vec{a}_{PM,t}}_{\text{konstruiert}} + \underbrace{\vec{a}_{PM,n}}_{(L.7)} \quad (4)$$

Mit $\vec{a}_P = \vec{a}_{P_1}$ liefert

$$\underbrace{\vec{a}_A}_{\text{Richtung}\,\overline{AS}} = \underbrace{\vec{a}_{P1}}_{\text{geg}} + \underbrace{\vec{a}_{AP1,n}}_{(L.7)} + \underbrace{\vec{a}_{AP1,t}}_{\perp \overline{AP}_1} \quad (5)$$

die gesuchte Beschleunigung $\vec{a}_A$ der Stange, deren Betrag mit (3) aus der Zeichnung bestimmt wird:

$$\vec{a}_A = 1{,}52\,\mathrm{m.s^{-2}}$$

Die Strecken $\overline{A'P_1'}$ bzw. $\overline{A''P_1''}$ sind die Bilder der Stange $\overline{AP}_1$ im Geschwindigkeits- bzw. Beschleunigungsplan.

Lösung 3.2.3

Wenn sich der Punkt D in der betrachteten Stellung des Systems geradlinig vertikal bewegen soll, so müssen $\vec{v}_D$ und $\vec{a}_D$ vertikal sein. Für die gegebene Anordnung ist dadurch auch die Momentanbewegung des Punktes E bestimmt. Der gesuchte Anlenkpunkt F ist der zugehörige Krümmungsmittelpunkt. Führt man nämlich den Punkt E durch die so ermittelte Kurbelschwinge, muß sich umgekehrt der Punkt D wie vorausgesetzt bewegen.

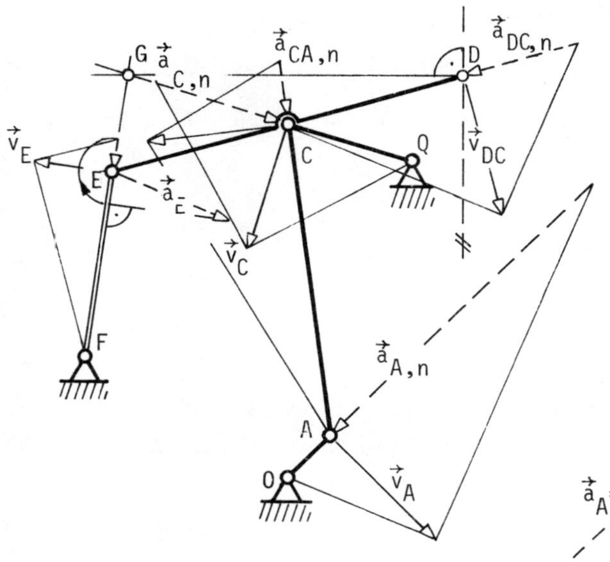

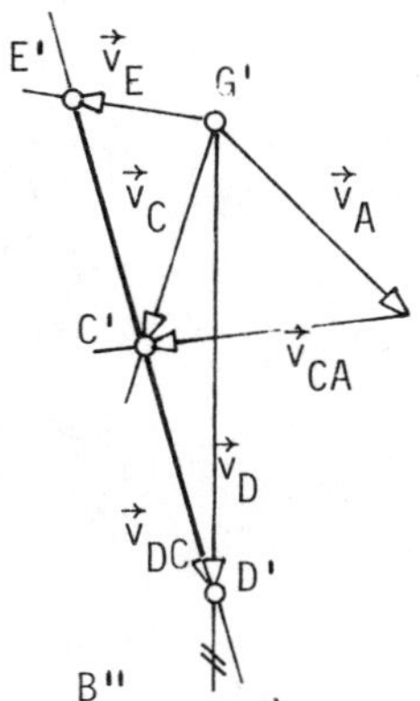

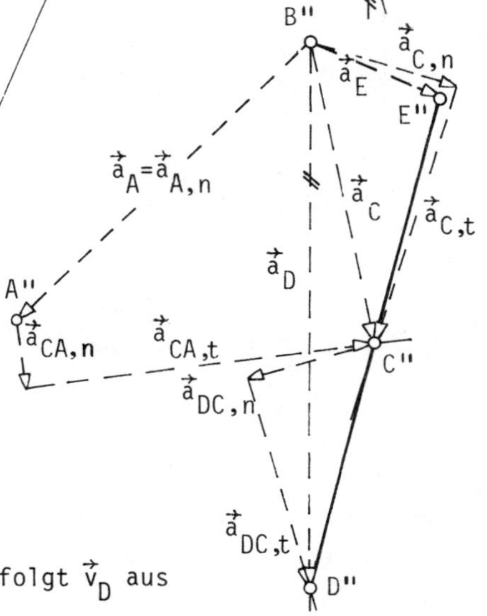

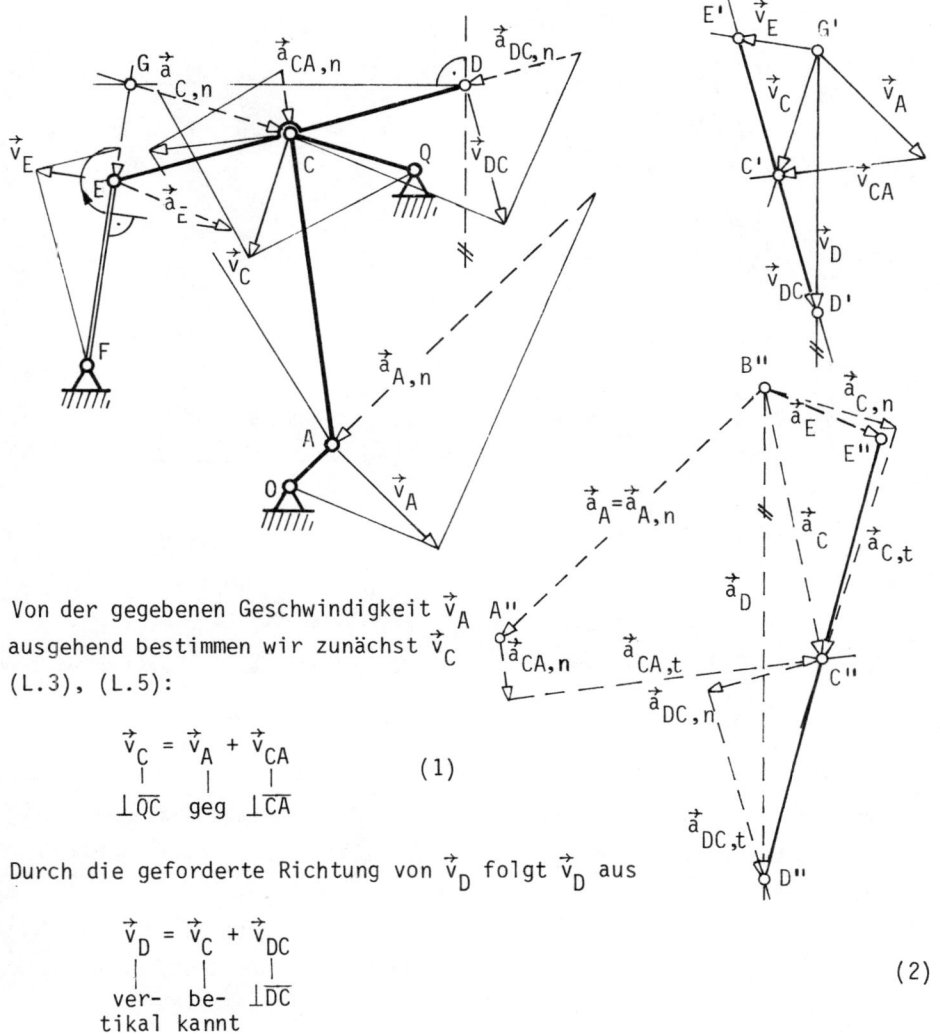

Von der gegebenen Geschwindigkeit $\vec{v}_A$ ausgehend bestimmen wir zunächst $\vec{v}_C$ (L.3), (L.5):

$$\underset{\perp \overline{QC}}{\vec{v}_C} = \underset{\text{geg}}{\vec{v}_A} + \underset{\perp \overline{CA}}{\vec{v}_{CA}} \qquad (1)$$

Durch die geforderte Richtung von $\vec{v}_D$ folgt $\vec{v}_D$ aus

$$\underset{\text{vertikal}}{\vec{v}_D} = \underset{\text{bekannt}}{\vec{v}_C} + \underset{\perp \overline{DC}}{\vec{v}_{DC}} \qquad (2)$$

Der Geschwindigkeitspol G der Stange $\overline{ED}$ ist der Schnittpunkt der Normalen auf $\vec{v}_D$ im Punkt D mit der Verlängerung von $\overline{QC}$. (Normale auf $\vec{v}_C$ im Punkt C).

Die gesuchte Geschwindigkeit $\vec{v}_E$ erhält man nun aus dem Geschwindigkeitsplan mit $\vec{v}_E$ normal $\overline{EG}$. Da die Längen $\overline{EC}$ und $\overline{CD}$ gleich sind, muß auch $\overline{E'C'} = \overline{C'D'}$ gelten, was ebenfalls zur Ermittlung von $\vec{v}_E$ dienen kann.

In analoger Weise ermitteln wir nun $\vec{a}_E$ mit (L.4), (L.5), (L.7) über $\vec{a}_C$ und $\vec{a}_D$:

$$\vec{a}_C = \vec{a}_A + \vec{a}_{CA}$$

$$\begin{array}{ccccccccccc}\vec{a}_{C,n} & + & \vec{a}_{C,t} & = & \vec{a}_{A,n} & + & \vec{a}_{A,t} & + & \vec{a}_{CA,n} & + & \vec{a}_{CA,t}\\ | & & | & & | & & | & & | & & |\\ (L.7) & & \perp\overline{CQ} & & (L.7) & & =0 & & (L.7) & & \perp\overline{CA}\end{array}$$

Wegen ω=konstant ist $\vec{a}_{A,t}=0$; die Normalbeschleunigungen werden im Lageplan nach (L.7) konstruiert.

Die Beschleunigung $\vec{a}_D$ folgt aus:

$$\begin{array}{ccccccc}\vec{a}_D & = & \vec{a}_C & + & \vec{a}_{DC,n} & + & \vec{a}_{DC,t}\\ | & & | & & | & & |\\ \text{ver-} & & \text{be-} & & (L.7) & & \perp\overline{DC}\\ \text{tikal} & & \text{kannt} & & & & \end{array}$$

Da sich das Bild der Strecke $\overline{DCE}$ im Beschleunigungsplan als Strecke $\overline{D''C''E''}$ abbilden muß (mit $\overline{C''E''}=\overline{D''C''}$), läßt sich $\vec{a}_E$ im Beschleunigungsplan leicht ermitteln.

Der gesuchte Krümmungsmittelpunkt F ergibt sich nun mit der Konstruktion $\overline{EF}=v_E^2/a_{E,n}$ nach (L.7). Dabei findet man $a_{E,n}$ als Komponente von $\vec{a}_E$ normal zu $\vec{v}_E$.

Bemerkung: die Lage von F ist unabhängig von v_A, da das System nur einen Freiheitsgrad besitzt.

Lösung 3.2.4

Zum besseren Verständnis verwenden wir das abgebildete, kinematisch äquivalente System. Im Sinne der Kinematik der Relativbewegung (M.1) bis (M.3) ist dabei K das feste System, die mit ω rotierende Stange K' das Führungssystem und P die Spitze des Schiebers S. Der Punkt F ist jener Punkt der Stange K', der sich im betrachteten Augenblick mit P deckt. Seine Geschwindigkeit $\vec{v}_F$ (Führungsgeschwindigkeit) ist

$$\vec{v}_F = \vec{\omega}\times\vec{r}_{FM}$$

Mit $r_{FM} = 3{,}9$ cm laut Zeichnung und dem gegebenen ω folgt:

$$v_F = \omega r_{FM} = 10.3{,}9 = 39\,\text{cm.s}^{-1}$$

Die zugehörige Zeichengröße folgt aus dem gegebenen Geschwindigkeitsmaßstab.

Die Vektorgleichung (M.1) läßt sich nun graphisch lösen

$$\begin{array}{ccccc}\vec{v}_P & = & \vec{v}_F & + & \vec{v}_{rel}\\ | & & | & & |\\ \perp\overline{PO} & & \perp\overline{MF} & & \text{Richtung}\\ & & \text{geg} & & \overline{PM}\end{array}$$

Aus der Zeichnung entnimmt man v_P zu $0{,}42\,m.s^{-1}$.

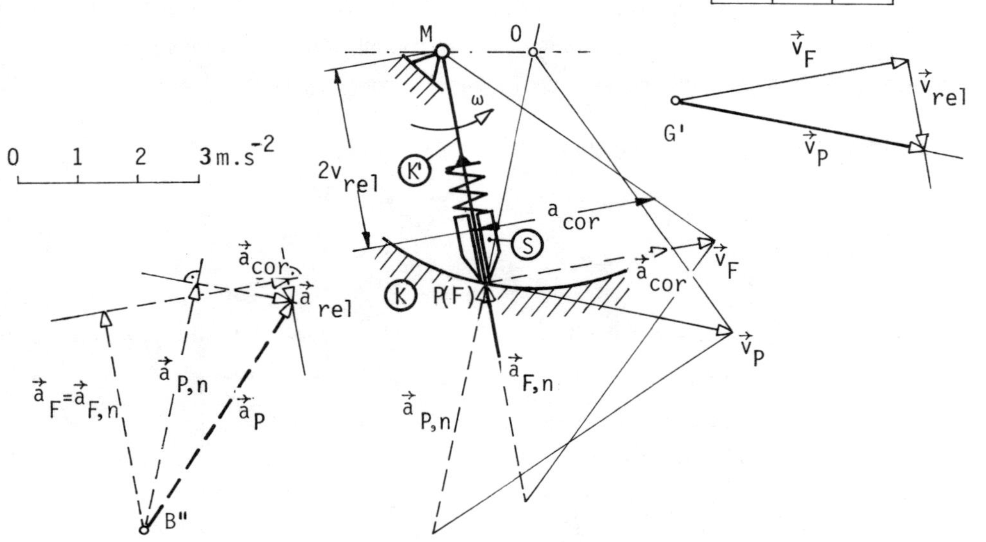

Die Beschleunigung des Punktes P läßt sich mit (M.2) in der folgenden Form darstellen:

$$\vec{a}_P = \vec{a}_F + \vec{a}_{rel} + \vec{a}_{cor}$$

$$\underset{(L.7)}{\vec{a}_{P,n}} + \underset{\perp\overline{PO}}{\vec{a}_{P,t}} = \underset{(L.7)}{\vec{a}_{F,n}} + \underset{=0}{\vec{a}_{F,t}} + \underset{\text{Richtung } \overline{PM}}{\vec{a}_{rel}} + \underset{(2\vec{\omega}\times\vec{v}_{rel})}{\vec{a}_{cor}}$$

Dabei ist $a_{F,t} = 0$ wegen ω = konstant, $\vec{a}_{cor}$ wird im Lageplan nach (M.3) konstruiert und ihre Richtung und Orientierung durch das Exprodukt $2\vec{\omega}\times\vec{v}_{rel}$ bestimmt.

Aus den gegebenen Maßstäben für Längen und Geschwindigkeiten ergibt sich wegen der Verwendung von (L.7) der Beschleunigungsmaßstab μ_a zu

$$\mu_a = \mu_V^2/\mu_L = (10\ cm.s^{-1}/cm)^2/(1\ cm/cm) = 100\ cm.s^{-2}/cm = 1\,m.s^{-2}/cm$$

Damit entnimmt man dem Beschleunigungsplan

$$a_P = 4{,}6\,m.s^{-2}$$

Lösung 3.2.5

Da das System zwei Freiheitsgrade besitzt, müssen wir für die Bestimmung von $\vec{v}_P$ bzw. $\vec{a}_P$ je zwei Gleichungen heranziehen, in die einerseits die Bewegung von A und andererseits die des Führungssystems OD eingehen.

a) Für $\vec{v}_P$ sind dies die beiden Gleichungen (L.3), (M.1):

$$\underset{}{\vec{v}_P} = \underset{\text{geg}}{\underset{|}{\vec{v}_A}} + \underset{\perp\overline{PA}}{\underset{|}{\vec{v}_{PA}}}\,, \qquad \vec{v}_P = \underset{\perp\overline{OF}}{\underset{|}{\vec{v}_F}} + \underset{\perp\overline{MF}}{\underset{|}{\vec{v}_{rel}}}$$

Die Führungsgeschwindigkeit $\vec{v}_F$ muß allerdings vorerst aus $\vec{v}_F = \vec{v}_D + \vec{v}_{FD}$ bestimmt werden.

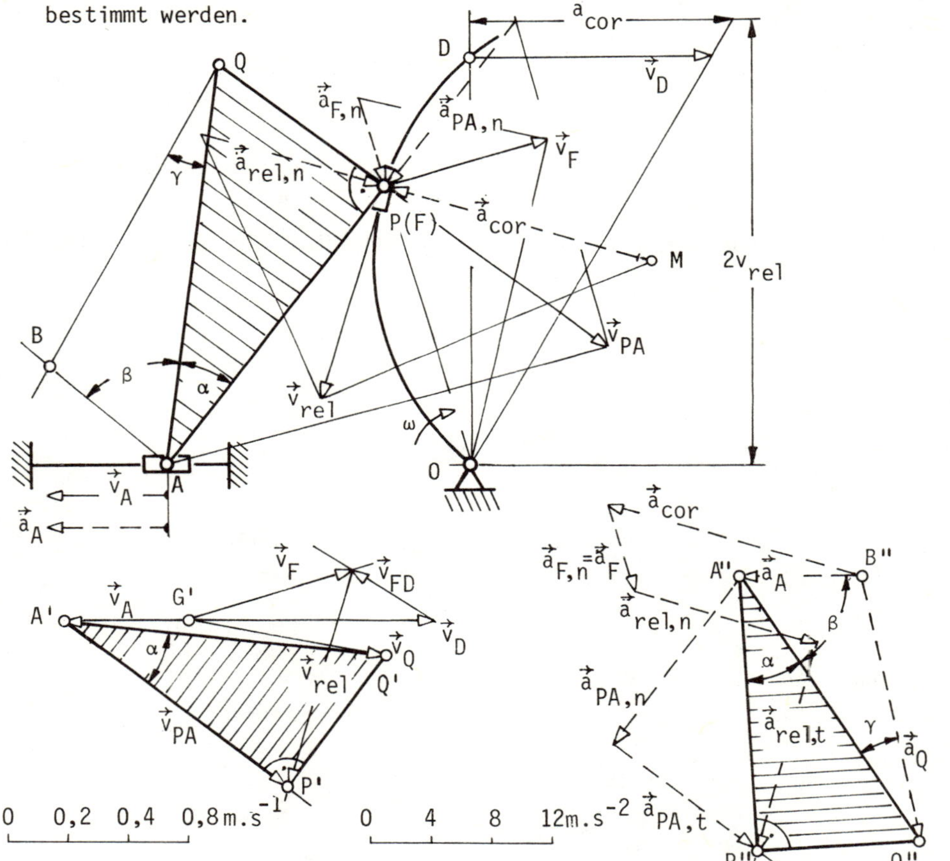

Aus $\vec{v}_A$ und $\vec{v}_P$ bzw. den Punkten A' und P' bestimmt sich $\vec{v}_Q$ im Geschwindigkeitsplan, in dem man das Dreieck A'P'Q' geometrisch ähnlich dem Dreieck APQ einzeichnet. Mit dem gegebenen Geschwindigkeitsmaßstab μ_V erhält man aus der Zeichnung $v_Q = 66\,\mathrm{cm.s^{-1}}$.

b) Die beiden Gleichungen zur Bestimmung von $\vec{a}_P$ sind (L.4) und (M.2):

$$\vec{a}_P = \underset{\text{geg}}{\vec{a}_A} + \underset{(L.7)}{\vec{a}_{PA,n}} + \underset{\perp\overline{PA}}{\vec{a}_{PA,t}}$$

$$\vec{a}_P = (\underset{(L.7)}{\vec{a}_{F,n}} + \underset{=0}{\vec{a}_{F,t}}) + (\underset{(L.7)}{\vec{a}_{rel,n}} + \underset{\perp\overline{MF}}{\vec{a}_{rel,t}}) + \underset{(M.3),\ \perp\vec{v}_{rel}}{\vec{a}_{cor}}$$

Wegen v_D = konstant ist $\vec{a}_{F,t} = 0$; die Normalbeschleunigungen werden mit (L.7) im Lageplan konstruiert; die Coriolisbeschleunigung $\vec{a}_{cor}$ erhält man ihrem Betrag nach gemäß (M.3) im Lageplan, ihre Richtung und Orientierung ist durch $\vec{a}_{cor} = (2\vec{\omega} \times \vec{v}_{rel})$ bestimmt.

Die Beschleunigung $\vec{a}_Q$ ergibt sich im Beschleunigungsplan mit Hilfe der geometrischen Ähnlichkeit der Dreiecke A"P"Q" und APQ. Mit dem Beschleunigungsmaßstab

$$\mu_a = \mu_V^2/\mu_L = (200\,\text{cm.s}^{-1}/\text{cm})^2/(1\ \text{cm/cm}) = 4\,\text{m.s}^{-2}/\text{cm}$$

entnimmt man der Zeichnung $a_Q = 18\,\text{m.s}^{-2}$.

c) Die Lage des Beschleunigungspoles B im Lageplan folgt wieder aus der geometrischen Ähnlichkeit durch Übertragung der Winkel β und γ.

Lösung 4.1.1

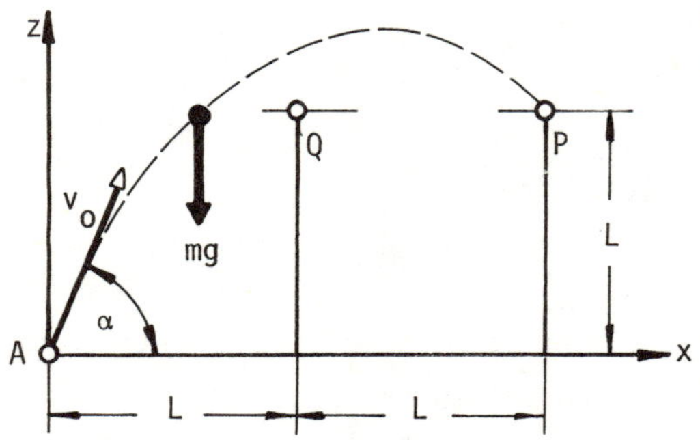

a) Die Bahn der Punktmasse m erhält man aus der dynamischen Grundgleichung (N.2):

$$m\ddot{x} = 0$$
$$\dot{x} = C_1$$
$$x = C_1 t + C_3 \qquad (1)$$
$$m\ddot{z} = -mg$$
$$\dot{z} = -gt + C_2$$
$$z = -gt^2/2 + C_2 t + C_4 \qquad (2)$$

Die Anfangsbedingungen für t=0: $\dot{x}=v_o.\cos\alpha$, $\dot{z}=v_o.\sin\alpha$, $x=z=0$ liefern: $C_1=v_o.\cos\alpha$, $C_2=v_o.\sin\alpha$, $C_3=C_4=0$.

Eliminiert man aus (2) mit Hilfe von (1) die Zeit t, so erhält man die Wurfparabel:

$$z = x.\tan\alpha - \frac{g}{2} \cdot \frac{x^2}{v_o^2.\cos^2\alpha} \qquad (3)$$

Diese muß durch den Punkt P mit den Koordinaten x=2L, z= L gehen und liefert damit den folgenden Zusammenhang zwischen v_o und α:

$$v_o^2 = \frac{2L.g}{\cos^2\alpha.(2\tan\alpha-1)} \;; \quad \text{für } \alpha > \alpha_m \qquad (4)$$

b) Der kleinstmögliche Wert α_m, der den Gültigkeitsbereich der Beziehung (4) beschränkt, bestimmt sich durch die erste Mauer. Die Wurfparabel darf im Grenzfall höchstens durch den Punkt Q mit den Koordinaten x=L, z= L gehen, dann wird $\alpha=\alpha_m$ und $v_o=v_1$. Aus (3) ergibt sich somit:

$$v_1^2 = \frac{gL}{2\cos^2\alpha_m.(\tan\alpha_m-1)} \qquad (5)$$

Da v_1 und α_m überdies die Bedingung (4) - Treffen des Punktes P - erfüllen müssen, folgt aus (4) und (5):

$$\frac{2Lg}{\cos^2\alpha_m.(2\tan\alpha_m-1)} = \frac{Lg}{2\cos^2\alpha_m.(\tan\alpha_m-1)}$$

$$\tan\alpha_m = 3/2 \qquad (6)$$

Mit $\cos^2\alpha \equiv 1/(1+\tan^2\alpha)$ folgt aus (5) und (6): $v_1^2 = 13\,Lg/4$

Lösung 4.1.2

Zur Beschreibung der Bewegung der Punktmasse führen wir die Koordinate s von der gesuchten Ausgangslage A aus ein, bei der die Punktmasse zur Zeit $\tau=0$ $(t=t_A)$ mit $\dot{s}=0$ losgelassen wird.

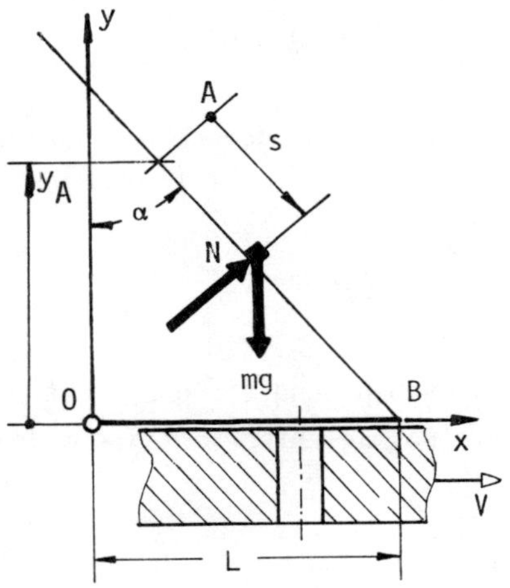

Die Bewegungsgleichung nach (N.2) liefert mit diesen Anfangsbedingungen:

$$\not{m}\ddot{s} = \not{m}g.\cos\alpha$$

$$\dot{s} = g.\tau.\cos\alpha \qquad (1)$$

$$s = \frac{g}{2}.\tau^2.\cos\alpha \qquad (2)$$

Nennt man die Zeit, die die Masse von A bis B benötigt

$$\tau_B = t_B - t_A \qquad (3)$$

so ist nach (1) ihre Geschwindigkeit $\dot{s}_B$ im Punkt B:

$$\dot{s}_B = g.\tau_B.\cos\alpha = g.(t_B - t_A).\cos\alpha \qquad (4)$$

Die Horizontalkomponente dieser Geschwindigkeit bleibt bei der anschließenden Wurfparabel konstant und muß mit der Geschwindigkeit V des Brettes übereinstimmen, damit die Masse längs der Achse der Bohrung fällt:

$$g(t_B - t_A).\cos\alpha \,.\, \sin\alpha = V \qquad (5)$$

Außerdem muß die Achse der Bohrung zum Zeitpunkt t_B an der Stelle B sein. Dies liefert die Bedingung

$$(t_B - t_0).V = L \qquad (6)$$

Durch Elimination von t_B aus (5) und (6) folgt

$$t_A = t_0 + \frac{L}{V} - \frac{V}{g.\sin\alpha.\cos\alpha}$$

Mit τ_B aus (3) und (5) liefert (2) zunächst s_B. Daraus erhält man

$$y_A = s_B.\cos\alpha = \frac{V^2}{2g.\sin^2\alpha}$$

Lösung 4.1.3

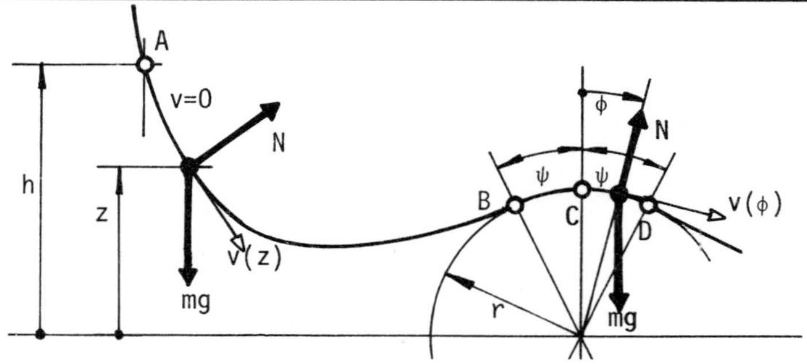

Der Energiesatz für die Bewegung der Punktmasse m längs der reibungsfreien Führung lautet (S.3),(S.1),(R.2):

$$mv^2/2 + mgz = mgh$$

somit $$v^2(z) = 2g(h - z) \qquad (1)$$

Die Geschwindigkeit ist nur von der durchlaufenen Höhendifferenz, nicht aber von der Form der Bahnkurve abhängig. Ihr Betrag entspricht jenem des freien Falles über dieselbe Höhendifferenz.

Im Bahnbereich $\widehat{BD}$ ist $z = r.\cos\phi$ und damit nach (1)

$$v^2(\phi) = 2g(h - r.\cos\phi) \qquad -\psi \leq \phi \leq \psi \qquad (2)$$

Soll die Masse m über den Punkt C hinwegkommen, so muß $v_C = v|_{\phi=0} > 0$ sein. Aus (2) ergibt sich somit die Bedingung

$$h > r \qquad (3)$$

Damit die Masse im Bereich $\widehat{BD}$ nicht abhebt, muß in diesem Bereich für die von der Führung auf sie wirkende Normalkraft N gelten: $N \geq 0$.

Mit der Normalbeschleunigung $a_n = v^2/r$ liefert der Schwerpunktsatz

$$mv^2/r = mg.\cos\phi - N \qquad (4)$$

Unter Verwendung von (2) erhält man aus (4)

$$N(\phi) = mg(3\cos\phi - 2h/r) \qquad -\psi \leq \phi \leq \psi \qquad (5)$$

Die Bedingung $N \geq 0$ liefert aus (5) eine weitere Grenze für h:

$$h < (3r/2).\cos\psi \qquad (6)$$

Nach (3) und (6) ist der mögliche Bereich für die Anfangshöhe h:

$$r < h < (3r/2).\cos\psi .$$

Damit ein solcher Bereich überhaupt existiert muß $r < (3r/2).\cos\psi$, also $\cos\psi > 2/3$ bzw. $\psi < 48{,}2^{0}$ sein.

Lösung 4.1.4

Um die Grenzlagen r_1 bzw. r_2 zu finden, müssen wir die beiden Grenzfälle betrachten, in denen die maximal mögliche Haftkraft $R = \mu_h N$ längs der Kegelwand nach oben bzw. nach unten auf die Masse m wirkt.

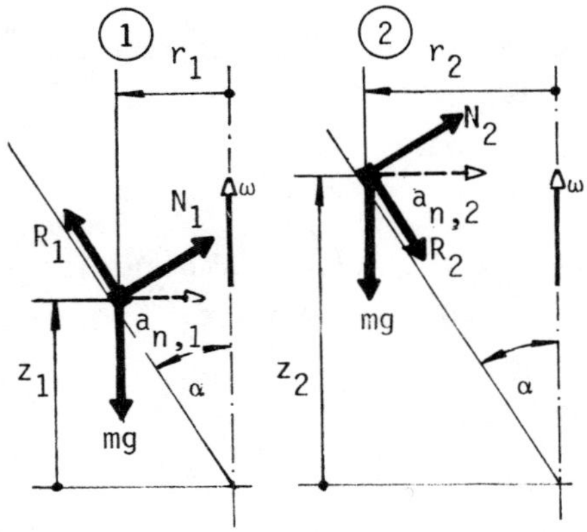

Die an der Wand haftende Masse beschreibt eine Kreisbahn mit konstanter Geschwindigkeit $v = r\omega$. Mit der Normalbeschleunigung $a_n = v^2/r = r\omega^2$ liefert die dynamische Grundgleichung (N.2)

für den Fall 1:

$$m r_1 \omega^2 = N_1.\cos\alpha - R_1.\sin\alpha \tag{1}$$
$$0 = N_1.\sin\alpha + R_1.\cos\alpha - mg \tag{2}$$

Setzt man die Grenze $R_1 = \mu_h N_1$ in (1) und (2) ein, so liefert (2):

$$N_1 = mg/(\sin\alpha + \mu_h\cos\alpha) \tag{3}$$

und damit die Gleichung (1):

$$r_1 = \frac{g}{\omega^2} \cdot \frac{\cos\alpha - \mu_h\sin\alpha}{\sin\alpha + \mu_h\cos\alpha} \tag{4}$$

Die entsprechenden Beziehungen für den Fall 2 ergeben sich, indem man formal N_1 durch N_2, r_1 durch r_2 und R_1 durch $-R_2$ (bzw. μ_h durch $-\mu_h$) ersetzt:

$$N_2 = mg/(\sin\alpha - \mu_h \cos\alpha) \tag{5}$$

$$r_2 = \frac{g}{\omega^2} \cdot \frac{\cos\alpha + \mu_h \sin\alpha}{\sin\alpha - \mu_h \cos\alpha} \tag{6}$$

Zur Bestimmung der Grenzen r_i und r_a des gesuchten Bereiches betrachten wir zunächst den Fall $\alpha=\pi/2$:

Gleichung (6) liefert die Grenze $r_2 = r_a = g.\mu_h/\omega^2$. Aus (4) würde $r_1 < 0$ folgen, somit gilt $r_i = 0$.

Setzt man nun in (4) $r_1 = 0$, so ergibt sich bei gegebenem μ_h der Grenzwinkel α_1 aus

$$\tan\alpha_1 = 1/\mu_h \tag{7}$$

Aus (6) erkennt man andererseits, daß r_2 nur dann eine obere Grenze r_a liefert, wenn der Nenner des Ausdruckes positiv ist, also $\tan\alpha_2 > \mu_h$ gilt.

Es sind somit 3 Fälle möglich:

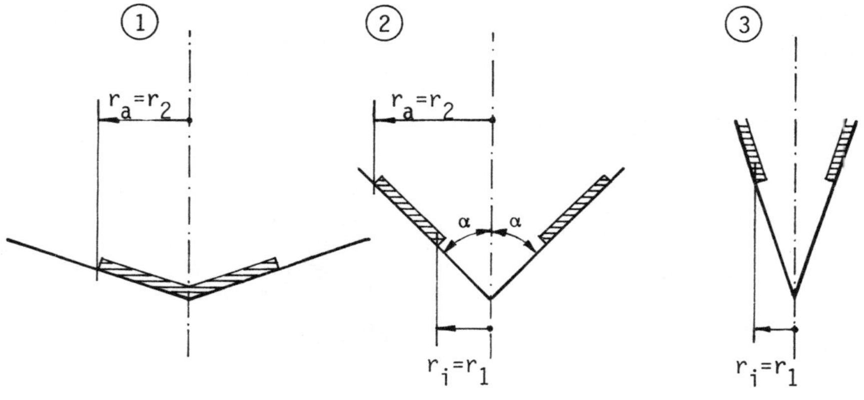

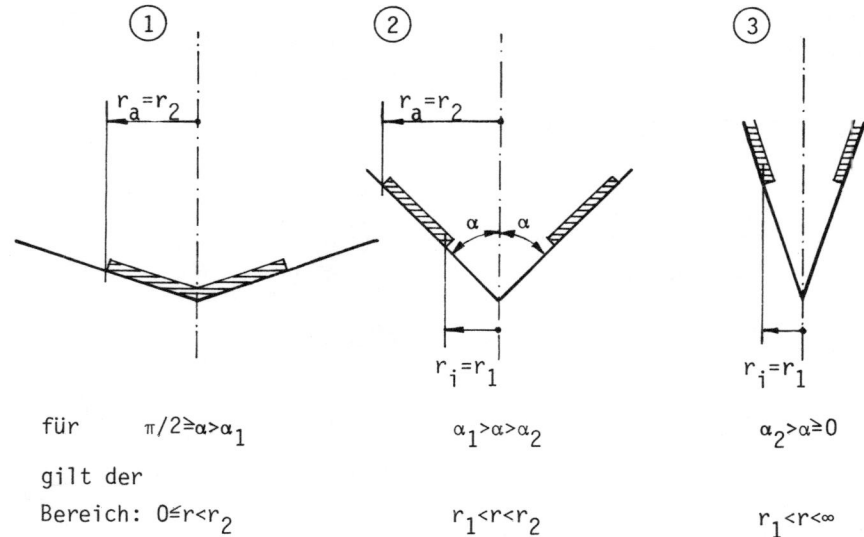

	①	②	③
für	$\pi/2 \geq \alpha > \alpha_1$	$\alpha_1 > \alpha > \alpha_2$	$\alpha_2 > \alpha \geq 0$
gilt der Bereich:	$0 \leq r < r_2$	$r_1 < r < r_2$	$r_1 < r < \infty$

Lösung 4.1.5

a) Für den Schwerpunktsatz (N.2) benötigen wir die Beschleunigung a_P der Punktmasse m im Inertialsystem. Da sich der Aufhängepunkt A des stets gespannten Seiles mit der Beschleunigung $\vec{a}_A = \vec{a}_L$ bewegt, gilt wie für einen starren Körper (L.4):

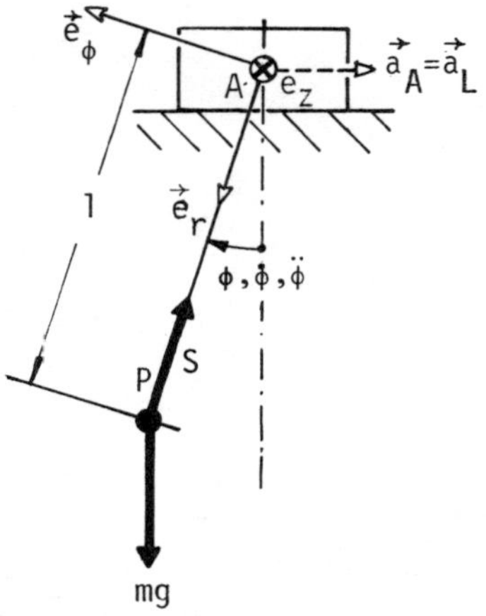

$$\vec{a}_P = \vec{a}_L + \vec{a}_{PA} \qquad (1)$$

Die Beschleunigung $\vec{a}_{PA}$ erhält man zum Beispiel mit Hilfe der eingezeichneten Polarkoordinaten und r=l=konstant (K.6) zu:

$$\vec{a}_{PA} = -l\dot\phi^2\,\vec{e}_r + l\ddot\phi\,\vec{e}_\phi \qquad (2)$$

Mit (1) und (2) liefert der Schwerpunktsatz die beiden Gleichungen:

Richtung $\vec{e}_r$: $m(-a_L\sin\phi - l\dot\phi^2) = mg.\cos\phi - S$ (3)

Richtung $\vec{e}_\phi$: $m(-a_L\cos\phi + l\ddot\phi) = -mg.\sin\phi$ (4)

Die Bewegungsgleichung (4) kann zeitfrei integriert werden:

mit $\ddot\phi = \frac{d\dot\phi}{dt} = \frac{d\dot\phi}{d\phi}\frac{d\phi}{dt} = \frac{d\dot\phi}{d\phi}\dot\phi$ ergibt sich:

$$\dot\phi.d\dot\phi = \frac{g}{l}.(\frac{a_L}{g}.\cos\phi - \sin\phi)\,d_\phi$$

$$\frac{\dot\phi^2}{2} = \frac{g}{l}.(\frac{a_L}{g}.\sin\phi + \cos\phi) + C \qquad (5)$$

Die Anfangsbedingung $\dot\phi=0$ für $\phi=0$ liefert C=-g/l. Damit gibt (5) den gesuchten Zusammenhang zwischen $\dot\phi$ und ϕ:

$$\dot\phi^2(\phi) = \frac{2g}{l}.(\frac{a_L}{g}.\sin\phi - 1 + \cos\phi) \qquad (6)$$

Die Gleichung (6) stellt eine Schwingung dar um die Mittellage $\phi^* = \arctan(a_L/g)$ mit der Winkelamplitude ϕ^*. Die Punktmasse m schwingt also in Bezug zur Laufkatze wie ein Fadenpendel in einem Schwerefeld mit der "Fallbeschleunigung" $\vec{g}^* = \vec{g} + (-\vec{a}_L)$

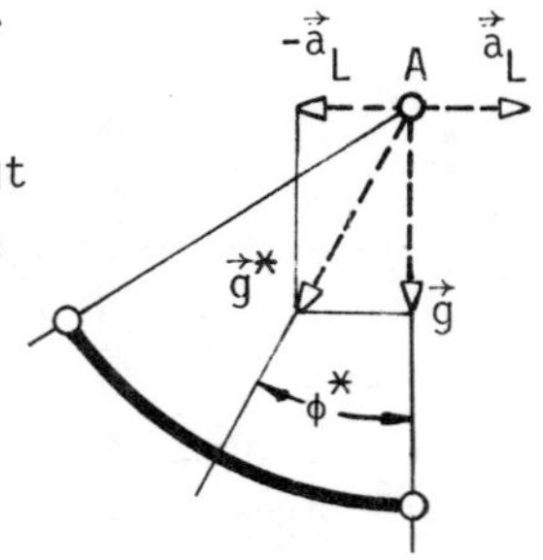

b) Die Seilkraft $S(\phi)$ folgt aus (3) mit (6):

$$S = mg(3\cos\phi - 2 + \frac{3a_L}{g}.\sin\phi) \qquad (7)$$

Den Winkel ϕ_m, bei dem die Seilkraft ihren Maximalwert S_{max} annimmt, erhalten wir mit (7) aus

$$\frac{dS}{d\phi} = 0 = mg\cdot(-3.\sin\phi_m + \frac{3a_L}{g}.\cos\phi_m)$$

zu $\quad \tan\phi_m = a_L/g$

Somit ist $\phi_m = \phi^*$.

Damit wird

$$S_{max} = mg.(3\sqrt{1 + (a_L/g)^2} - 2)$$

Lösung 4.1.6

Für den Schwerpunktsatz benötigt man die Beschleunigung a_P des Punktes P. Wir bestimmen diese mit Hilfe der Kinematik der Relativbewegung (M.1),(M.2):

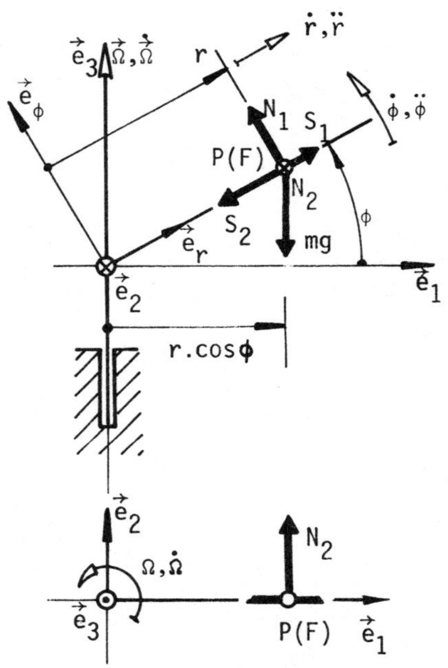

$$\vec{a}_P = \vec{a}_F + \vec{a}_{rel} + \vec{a}_{cor} \qquad (1)$$

Als Führungssystem wählen wir das mit der Drehsäule mitrotierende Koordinatensystem $\vec{e}_1$, $\vec{e}_2$, $\vec{e}_3$, das sich mit

$$\vec{\Omega} = \Omega\vec{e}_3, \quad \dot{\vec{\Omega}} = \dot{\Omega}\vec{e}_3 \qquad (2),(3)$$

dreht.

Die Führungsgeschwindigkeit $\vec{v}_F$ und die Führungsbeschleunigung $\vec{a}_F$ errechnen sich aus der Bewegung des Punktes F auf einer Kreisbahn mit dem Abstand $r.\cos\phi$ von der Drehachse $\vec{e}_3$ zu:

$$\vec{v}_F = \vec{e}_2\ \Omega r.\cos\phi \qquad (4)$$

$$\vec{a}_F = -\vec{e}_1\ \Omega^2 r.\cos\phi + \vec{e}_2\dot{\Omega}r.\cos\phi \qquad (5)$$

Die Relativbewegung der Masse m im Führungssystem erfolgt in der Ebene $\vec{e}_1$, $\vec{e}_3$ und läßt sich am einfachsten in Polarkoordinaten r,ϕ beschreiben (K.6):

$$\vec{v}_{rel} = \dot{r}\vec{e}_r + r\dot{\phi}\vec{e}_\phi \tag{6}$$

$$\vec{a}_{rel} = \vec{e}_r(\ddot{r} - r\dot{\phi}^2) + \vec{e}_\phi(r\ddot{\phi} + 2\dot{r}\dot{\phi}) \tag{7}$$

Die Coriolisbeschleunigung lautet: $\vec{a}_{cor} = 2\vec{\Omega}x\vec{v}_{rel}$. Bei Verwendung von $\vec{e}_3 x\vec{e}_r = \vec{e}_2\cos\phi$, $\vec{e}_3 x\vec{e}_\phi = -\vec{e}_2\sin\phi$ ergibt sich mit (2) und (6)

$$\vec{a}_{cor} = \vec{e}_2.2\Omega(\dot{r}\cos\phi - r\dot{\phi}\sin\phi) \tag{8}$$

Für eine Darstellung der Beschleunigung $\vec{a}_P$ im System $\vec{e}_r$, $\vec{e}_2$, $\vec{e}_\phi$ muß noch in (5) $\vec{e}_1$ ersetzt werden durch $\vec{e}_1 = \vec{e}_r\cos\phi - \vec{e}_\phi\sin\phi$. Nach (1) erhält man sodann $\vec{a}_P$ mit (7) und (8):

$$\begin{aligned}\vec{a}_P = {} & \vec{e}_r(-\Omega^2 r.\cos^2\phi + \ddot{r} - r\dot{\phi}^2) + \\ & \vec{e}_2\left[\dot{\Omega}r.\cos\phi + 2\Omega(\dot{r}.\cos\phi - r\dot{\phi}\sin\phi)\right] + \\ & \vec{e}_\phi(\Omega^2 r.\sin\phi\cos\phi + r\ddot{\phi} + 2\dot{r}\dot{\phi})\end{aligned} \tag{9}$$

Damit gibt der Schwerpunktsatz (N.2):

$$\text{Richtung } \vec{e}_r\text{: } m(-\Omega^2 r.\cos^2\phi + \ddot{r} - r\dot{\phi}^2) = (S_1 - S_2) - mg.\sin\phi \tag{10}$$

$$\text{Richtung } \vec{e}_2\text{: } m\left[\dot{\Omega}r.\cos\phi + 2\Omega(\dot{r}.\cos\phi - r\dot{\phi}.\sin\phi)\right] = N_2 \tag{11}$$

$$\text{Richtung } \vec{e}_\phi\text{: } m(\Omega^2 r.\sin\phi.\cos\phi + r\ddot{\phi} + 2\dot{r}\dot{\phi}) = N_1 - mg.\cos\phi \tag{12}$$

Diese drei Gleichungen liefern unmittelbar die gesuchten Kräfte $(S_1 - S_2)$, N_1 und N_2.

Bemerkung: Mit (9) hat man die Darstellung der Beschleunigungskomponenten in Kugelkoordinaten r,ψ,ϕ gewonnen, wobei $\dot{\psi} = \Omega$.
Die Geschwindigkeit in diesen Kugelkoordinaten erhält man über $\vec{v}_P = \vec{v}_F + \vec{v}_{rel}$ aus (4) und (6) zu
$\vec{v}_P = \vec{e}_r.\dot{r} + \vec{e}_2.\Omega r.\cos\phi + \vec{e}_\phi.r\dot{\phi}$

Lösung 4.2.1

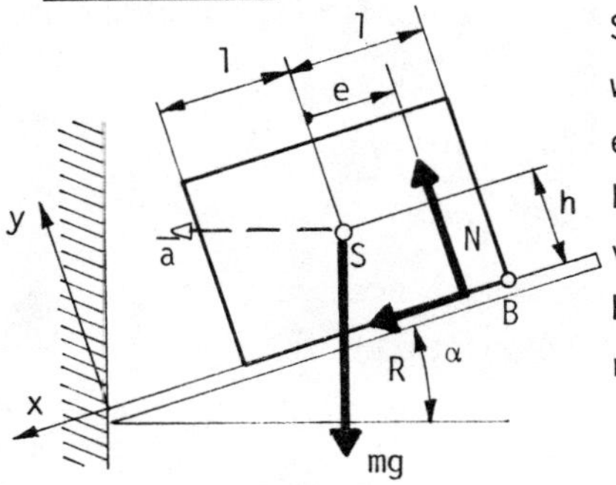

Solange die Kiste auf der Ablage steht, bewegt sie sich beim Abbremsen des Fahrzeuges ebenfalls mit der Bremsverzögerung $\bar{a}$. Die Kräfte N und R sind die Resultierenden des von der Unterlage auf die Kiste wirkenden Kraftsystems. Der Abstand e ist dabei zunächst ebenfalls unbekannt.

Solange die Kiste auf der Unterlage haftet, ist R eine Bedingungskraft und kann mit beliebiger Orientierung eingezeichnet werden. Bei unbeschleunigter Fahrt wird sie gegen die x-Achse zeigen, mit zunehmender Bremsverzögerung wird sie über den Wert Null ihre Orientierung umkehren.

Das Koordinatensystem xy ist in der Skizze so gewählt, daß sich für N und R Einzelgleichungen ergeben.

Der Schwerpunktsatz (N.2) liefert:

$$\text{x-Richtung:} \quad m\bar{a}.\cos\alpha = mg.\sin\alpha + R \qquad (1)$$

$$\text{y-Richtung:} \quad m\bar{a}.\sin\alpha = -mg.\cos\alpha + N \qquad (2)$$

Der Drallsatz um den Schwerpunkt S entartet wegen $\dot{\omega} = 0$ (translatorische Bewegung) zu:

$$0 = Ne - Rh \qquad (3)$$

Wenn die Kiste nicht gleiten soll, muß die Haftbedingung erfüllt sein (D.1):

$$|R| \leq \mu_h\, N \qquad (4)$$

Damit sie nicht kippt, muß N innerhalb der Aufstandsfläche bleiben. Es muß also gelten

$$|e| < l \qquad (5)$$

Der Abstand e errechnet sich dabei aus den Gleichungen (1), (2) und (3) zu:

$$e = \frac{(\bar{a}.\cos\alpha - g.\sin\alpha)h}{\bar{a}.\sin\alpha + g.\cos\alpha} \qquad (6)$$

Aus (4) erhält man mit R und N aus (1) und (2) bzw. aus (5) mit e nach (6) die beiden Bedingungen:

$$|\bar{a}.\cos\alpha - g.\sin\alpha| \leq (\bar{a}.\sin\alpha + g.\cos\alpha)\, \mu_h ,$$

$$\left|\frac{h(\bar{a}.\cos\alpha - g.\sin\alpha)}{\bar{a}.\sin\alpha + g.\cos\alpha}\right| < l$$

Für Werte $\bar{a} > 0$ und unter der gegebenen Voraussetzung, daß die Kiste bei $\bar{a} = 0$ weder gleitet noch kippt, sind die Ausdrücke zwischen den Betragsstrichen für den Grenzfall positiv (R und e sind dann positiv). Für die Verzögerung $\bar{a}$ ergeben sich damit die beiden Begrenzungen

$$\bar{a} \leq g.\frac{(\mu_h\cos\alpha + \sin\alpha)}{\cos\alpha - \mu_h\sin\alpha} , \quad \bar{a} < g.\frac{(\frac{l}{h}.\cos\alpha + \sin\alpha)}{\cos\alpha - \frac{l}{h}.\sin\alpha} \qquad (7),(8)$$

Ist $\mu_h < l/h$, so bestimmt sich die maximal zulässige Bremsverzögerung $\bar{b}_{max}$ aus (7) (Haftgrenze), bei $\mu_h > l/h$ aus (8) (Kippgrenze).

Lösung 4.2.2

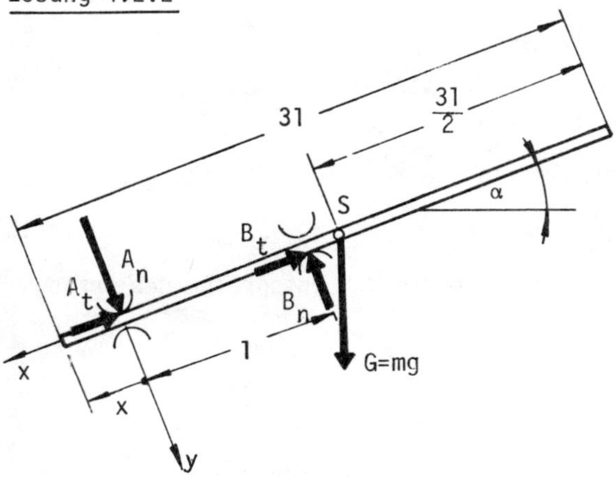

Wir bezeichnen die von der Führung normal auf die Stange wirkenden Kräfte mit A_n und B_n. Die zugehörigen Reibungskräfte A_t, B_t wirken entgegen der Bewegungsrichtung der Stange.

Der Schwerpunktsatz liefert

in x-Richtung:

$$m\ddot{x} = G.\sin\alpha - A_t - B_t \quad (1)$$

in y-Richtung:

$$0 = G.\cos\alpha + A_n - B_n \quad (2)$$

Der bezüglich des Stangenschwerpunktes angesetzte Drallsatz lautet hier wegen der reinen Translation:

$$0 = B_n(l/2 - x) - A_n(3l/2 - x) \quad (3)$$

Aus (2) und (3) folgen für $0 \leq x \leq 2l$

$$A_n = (\tfrac{1}{2} - \tfrac{x}{l})G.\cos\alpha \quad , \qquad B_n = (\tfrac{3}{2} - \tfrac{x}{l})G.\cos\alpha \quad (4), (5)$$

Da, wie aus (4) und (5) ersichtlich ist, die Kräfte A_n und B_n im betrachteten Bereich von x ihre Vorzeichen wechseln, müssen wir für die Reibungskräfte (D.2) schreiben:

$$A_t = \mu_g\,|A_n| \quad , \qquad B_t = \mu_g\,|B_n| \quad (6), (7)$$

Die für (1) benötigte Summe $(A_t + B_t)$ hat nach (4) bis (7) den dargestellten Verlauf in Abhängigkeit von x/l:

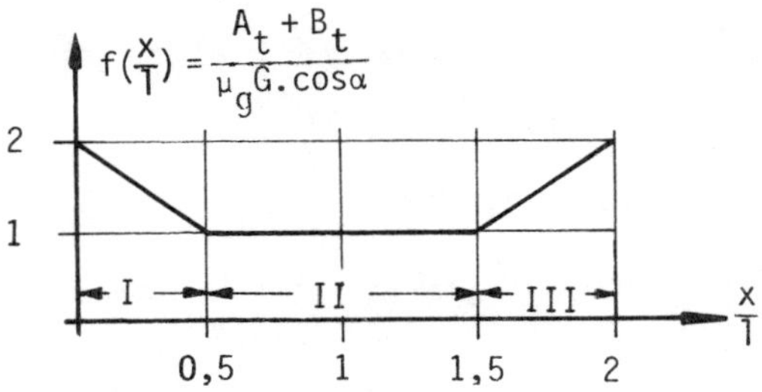

$$f(\tfrac{x}{l}) = |\tfrac{1}{2} - \tfrac{x}{l}| + |\tfrac{3}{2} - \tfrac{x}{l}| = \begin{cases} 2(1 - \frac{x}{l}) & \text{für } 0 \leq \frac{x}{l} \leq \frac{1}{2} \\ 1 & \text{für } \frac{1}{2} \leq \frac{x}{l} \leq \frac{3}{2} \\ 2(\frac{x}{l} - 1) & \text{für } \frac{3}{2} \leq \frac{x}{l} \leq 2 \end{cases} \quad (8)$$

Damit liefert (1) die Bewegungsgleichung

$$m\ddot{x} = mg.\sin\alpha - \mu_g mg.f(\tfrac{x}{l}).\cos\alpha \tag{9}$$

Man erkennt aus (9) mit (8), daß sich der Stab für x=0, v=0 nur dann in Bewegung setzt ($\ddot{x} > 0$) , wenn $\tan\alpha > 2\mu_g$ ist !

Setzt man in (9) $\ddot{x} = v\frac{dv}{dx}$, so erhält man die zeitfreie Gleichung:

$$vdv = g.(\sin\alpha - \mu_g.f(\tfrac{x}{l}).\cos\alpha)dx \tag{10}$$

Diese muß nun abschnittsweise unter Beachtung der entsprechenden Anfangsbedingungen integriert werden.

Für den Abschnitt I gilt:

$$vdv = g[\sin\alpha - \mu_g.2(1-\tfrac{x}{l})\cos\alpha]dx$$

Mit der Anfangsbedingung $x=0$, $v=0$ folgt durch Integration

$$\frac{v_I^2}{2} = g[x.\sin\alpha - (2x-\frac{x^2}{l})\mu_g.\cos\alpha] + C_1 \tag{11}$$

Für den Abschnitt II gilt

$$vdv = g(\sin\alpha - \mu_g.\cos\alpha)dx,$$

$$\frac{v_{II}^2}{2} = xg(\sin\alpha - \mu_g.\cos\alpha) + C_2 \tag{12}$$

Die Integrationskonstante C_2 muß nun so bestimmt werden, daß $v_{II} = v_I$ für $x/l = 1/2$. Aus (11) bzw. (12) ergibt sich für C_2 die Gleichung:

$$\frac{gl}{2}.(\sin\alpha - \mu_g.\cos\alpha) + C_2 = \frac{gl}{2}.(\sin\alpha - \frac{3}{2}\mu_g.\cos\alpha)$$

Mit C_2 folgt aus (12) für die Geschwindigkeit im Abschnitt II:

$$\frac{v_{II}^2}{2} = g[x.\sin\alpha - (x+\frac{l}{4})\mu_g.\cos\alpha] \tag{13}$$

Für den Abschnitt III gilt:

$$vdv = g[\sin\alpha - \mu_g.2(\tfrac{x}{l}-1)\cos\alpha]dx$$

Mit der Bedingung $v_{III} = v_{II}$ für $x/l = 3/2$ ergibt sich in analoger Weise:

$$\frac{v_{III}^2}{2} = g[x.\sin\alpha - (\frac{x^2}{l} - 2x + \frac{5l}{2})\mu_g.\cos\alpha] \tag{14}$$

Die Gleichungen (11), (13), (14) stellen den gesuchten Verlauf der Geschwindigkeit v(x) dar.

Lösung 4.2.3

Für alle Fragestellungen bleibt die Position des Stabes auf der rotierenden Scheibe stets dieselbe.
Für diese Stellung sind die auf den Stab in der Horizontalebene wirkenden Kräfte eingezeichnet: die Kontaktkraft $K \geq 0$, die Lagerkraftkomponenten A_t, A_n und die Federkraft F:

$$F = c.\Delta l \tag{1}$$

Der Schwerpunkt S des Stabes beschreibt eine Kreisbahn mit dem Radius l_3 um 0.
Der Schwerpunktsatz liefert:

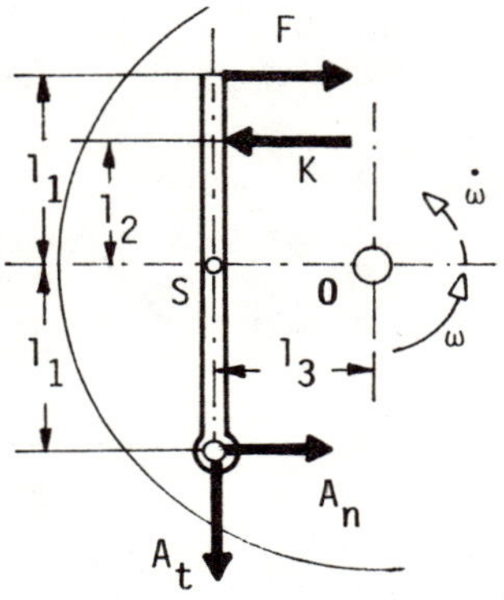

$$m l_3 \omega^2 = F - K + A_n \tag{2}$$

$$m l_3 \dot{\omega} = A_t \tag{3}$$

Der Drallsatz (P.3) für den Stab bezüglich des Stabschwerpunktes S lautet mit $I_s = m i_s^2$:

$$m i_s^2 \dot{\omega} = A_n l_1 + K.l_2 - F.l_1 \tag{4}$$

Eliminiert man A_n aus (2) und (4) erhält man:

$$K = (2Fl_1 + m i_s^2 \dot{\omega} - m l_1 l_3 \omega^2)/(l_1 + l_2) \tag{5}$$

Aus Gleichung (3) kann A_t bestimmt werden.

a) Für $\dot{\omega} = 0$ soll $K = 0$ sein, wenn $\omega = \omega_o$ ist. Für diesen Fall gibt (5) mit (1):

$$F = m l_3 \omega_o^2/2 = c.\Delta l$$

Daraus folgt die nötige Vorspannlänge:

$$\Delta l = m l_3 \omega_o^2/(2c) \tag{6}$$

b) Mit (6) und (1) gibt (5):

$$K(\omega,\dot{\omega}) = \frac{m}{l_1 + l_2}\left[l_1 l_3(\omega_o^2 - \omega^2) + i^2 \dot{\omega} \right] \tag{7}$$

c) Gleichung (7) zeigt:

$$K = 0 \quad \text{für} \quad l_1 l_3(\omega_o^2 - \omega^2) + i_s^2 \dot{\omega} = 0$$

Daraus ergibt sich für die durch $\dot{\omega}$ verfälschte Schaltdrehzahl ω_1:

$$\omega_1^2 = \omega_o^2 + i_s^2 \dot{\omega}/(l_1 l_3)$$

d) Zum Einsetzen der Zahlen ist es hier zweckmäßig, als Einheiten Gramm, Millimeter und Sekunden zu verwenden.

In diesem Sinne schreiben wir

$$1N = 1kgm/s^2 = 10^6 g.mm/s^2 \quad c = 0{,}2N/mm = 0{,}2.10^6\ g/s^2$$

$$\omega_o = \frac{n_o\pi}{30} = \frac{1200\pi}{30} = 40\pi\ s^{-1}$$

Damit liefert Gleichung (6):

$$\Delta l = \frac{10.30.(40\pi)^2}{2.0{,}2.10^6} \cong 12\ mm.$$

Bemerkung: Man könnte den Drallsatz für den Stab auch bezüglich der raum- und körperfesten Achse 0 ansetzen:

$$I_o\dot{\omega} = A_n l_1 + K.l_2 - F.l_1 + A_t l_3$$

Mit $I_o = I_S + ml_3^2$ und A_t nach (3) folgt wieder (4):

$$mi_S^2\dot{\omega} + \cancel{ml_3^2\dot{\omega}} = A_n l_1 + K.l_2 - F.l_1 + \cancel{ml_3^2\dot{\omega}}$$

Lösung 4.2.4

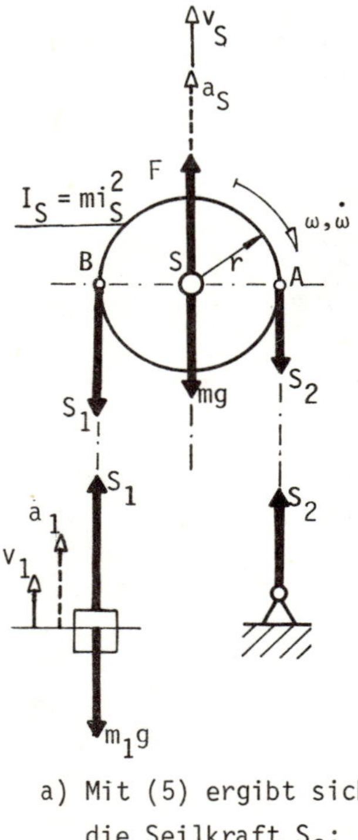

Mit den beiden Seilkräften S_1 und S_2 liefern Schwerpunkt- und Drallsatz für die Rolle die Gleichungen:

$$ma_S = F - mg - S_1 - S_2 \tag{1}$$

$$mi_S^2\dot{\omega} = rS_2 - rS_1 \tag{2}$$

Wir bezeichnen mit v_1 und a_1 die Geschwindigkeit und Beschleunigung der Last. Der Schwerpunktsatz für die Last lautet:

$$m_1 a_1 = S_1 - m_1 g \tag{3}$$

Unter der Voraussetzung, daß das Seil auf der Rolle nicht gleitet, ist A der Geschwindigkeitspol der Rolle. Damit gelten die kinematischen Beziehungen:

$$\omega = \frac{v_S}{r} = \frac{v_1}{2r}$$

$$\dot{\omega} = \frac{a_S}{r}\ ; \quad a_1 = 2a_S \qquad (4),\ (5)$$

a) Mit (5) ergibt sich aus (3) die Seilkraft S_1 und damit aus (2) mit (4) die Seilkraft S_2:

$$S_1 = 2m_1 a_S + m_1 g \tag{6}$$

$$S_2 = 2m_1 a_S + m_1 g + ma_S(i_S/r)^2 \tag{7}$$

Jetzt folgt die Kraft F aus (1) zu

$$F = \left[m(1+(i_S/r)^2) + 4m_1\right]a_S + (m+2m_1)g$$

b) Damit das Seil auf der Rolle nicht gleitet, muß $S_2 \leq S_1 . e^{\mu\pi}$ sein (D.3). Die maximal mögliche Beschleunigung $a_{S,max}$ ergibt sich daraus mit (6) und (7):

$$a_{S,max}\left[2m_1 + m(i_S/r)^2\right] + m_1 g = (2m_1 a_{S,max} + m_1 g)e^{\mu\pi}$$

$$a_{S,max} = \frac{m_1 g(e^{\mu\pi} - 1)}{2m_1(1 - e^{\mu\pi}) + m(i_S/r)^2}$$

Lösung 4.2.5

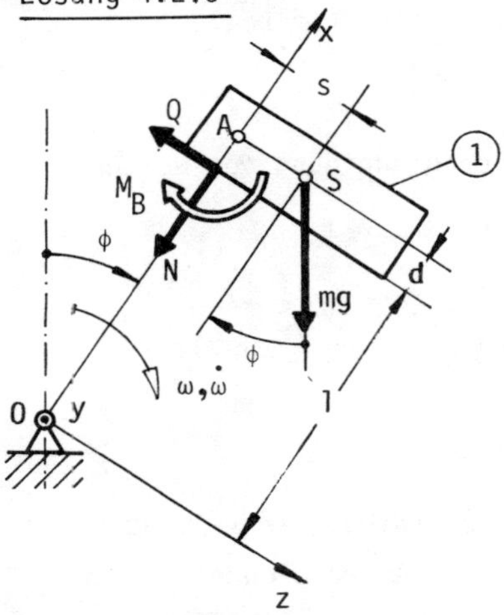

Die gesuchten Schnittgrößen im Stabquerschnitt bei C zeichnen wir entsprechend dem mit der Stange verbundenen Koordinatensystem x,y,z ein, und zwar auf den Teil 1 wirkend (E.2), da sie durch dessen Bewegung bestimmt sind.

Die Beschleunigung des Schwerpunktes S, dargestellt im x,y,z-System, lautet mit $\vec{a}_S = \vec{a}_A + \vec{a}_{SA}$ (L.4):

$$a_{S,x} = -(l+d)\omega^2 - s\dot{\omega} \qquad (1)$$
$$a_{S,z} = -s\omega^2 + (l+d)\dot{\omega}$$

Mit den Beschleunigungskomponenten nach (1) liefert der Schwerpunktsatz

in x-Richtung: $\quad -m[s\dot{\omega} + (l+d)\omega^2] = -N - mg.\cos\phi \qquad (2)$

in z-Richtung: $\quad m[-s\omega^2 + (l+d)\dot{\omega}] = -Q + mg.\sin\phi \qquad (3)$

Der Drallsatz um die zur y-Achse parallele Achse durch den Schwerpunkt S lautet (P.4):

$$I_S . \dot{\omega} = M_B + d.Q - s.N \qquad (4)$$

Für die vorgegebenen Augenblickswerte von ϕ, ω, $\dot{\omega}$ liefern die Gleichungen (2) und (3) unmittelbar die Normalkraft N und die Querkraft Q. Durch Einsetzen in (4) erhält man das Biegemoment mit $I_S = mi_S^2$:

$$M_B = -mg(s.\cos\phi + d.\sin\phi) + m\omega^2 sl + m\dot{\omega}[i_S^2 + s^2 + (l+d)d]$$

Lösung 4.2.6

a) Setzt man die Walze aus der Ruhe auf das laufende Band auf, muß zunächst Gleiten auftreten. Die auf die Rolle wirkende Gleitreibung R wirkt in der Bewegungsrichtung des Bandes (D.2).

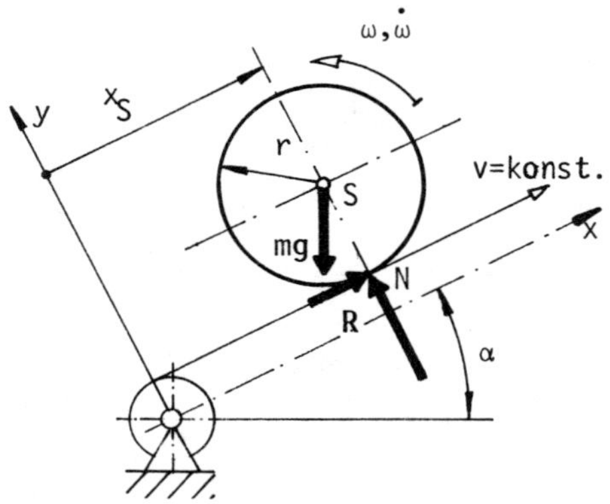

Im festen Koordinatensystem x,y,z geben Schwerpunktsatz und Drallsatz für die Rolle die 3 Gleichungen

$$m\ddot{x}_S = R - mg.\sin\alpha \tag{1}$$

$$m\ddot{y}_S = 0 = N - mg.\cos\alpha \tag{2}$$

$$mi_S^2\dot{\omega} = R.r \tag{3}$$

Solange Gleiten auftritt, gilt:

$$R = \mu_g N \tag{4}$$

Aus (1), (2) und (4) ergibt sich für die Beschleunigung des Walzenschwerpunktes S:

$$\ddot{x}_S = g.(\mu_g\cos\alpha - \sin\alpha) \tag{5}$$

Soll sich die Walze nach aufwärts in Bewegung setzen ($\ddot{x}_S > 0$), muß nach (5) gelten:

$$\mu_g > \tan\alpha \tag{6}$$

b) Gilt (6), so wird also die Walze von der Gleitreibung in x-Richtung beschleunigt bewegt und beginnt sich dabei in der gezeichneten Richtung zu drehen. Die auftretende Winkelbeschleunigung $\dot{\omega}$ erhält man aus (3) mit (2) und (4):

$$\dot{\omega} = \mu_g g(r/i_S^2)\cos\alpha > 0 \tag{7}$$

Um den Zeitpunkt τ zu ermitteln, ab dem gleitfreies Rollen eintritt, betrachten wir die Rollbedingung:

$$\dot{x}_S = v - r\omega \tag{8}$$

Durch Integration von (5) und (7) nach der Zeit t erhält man mit den gegebenen Anfangsbedingungen bei t=0: $\dot{x}_S = 0$, $\omega = 0$.

$$\dot{x}_S = t.g(\mu_g\cos\alpha - \sin\alpha)\ , \qquad \omega = t.\mu_g g(r/i_S^2)\cos\alpha \qquad (9),\ (10)$$

Damit gibt (8) den Zeitpunkt τ:

$$\tau = \frac{v}{g}.\frac{1}{\mu_g\left[1 + (r/i_S)^2\right]\cos\alpha - \sin\alpha}$$

Man erkennt, daß sicher $\tau > 0$ gilt, wenn (6) erfüllt ist.

c) Für $t = \tau$ rollt die Walze gleitfrei auf dem Band, wenn die Haftbedingung erfüllt ist:

$$|R| \leq \mu_h N \tag{11}$$

Aus (1), (3) und der nach der Zeit differenzierten Rollbedingung (8) $\ddot{x} = -r\dot{\omega}$ folgt:

$$R = \frac{mg.\sin\alpha}{1 + (r/i_S)^2} \tag{12}$$

und damit aus (11) mit (2) die Bedingung: $\mu_h \geq \dfrac{\tan\alpha}{1 + (r/i_S)^2}$

Diese ist erfüllt, wenn (6) gilt und $\mu_h \geq \mu_g$ ist.

Dann liefert (12) mit (1)

$$\ddot{x}_S = -\frac{g.\sin\alpha}{1 + (i_S/r)^2} \tag{13}$$

Dies bedeutet, daß die Walze ab dem Zeitpunkt $t = \tau$ in der Aufwärtsbewegung verzögert wird, umkehrt und letztlich auf dem bewegten Band nach unten beschleunigt abwärts rollt.

Lösung 4.2.7

a) Die Orientierung der eingeprägten Reibungskraft R, die im Punkt A auf die Stange wirkt, muß entgegen der Geschwindigkeit des Stangenpunktes A sein (D.2). Ihr Betrag ist:

$$R = \mu_g A \tag{1}$$

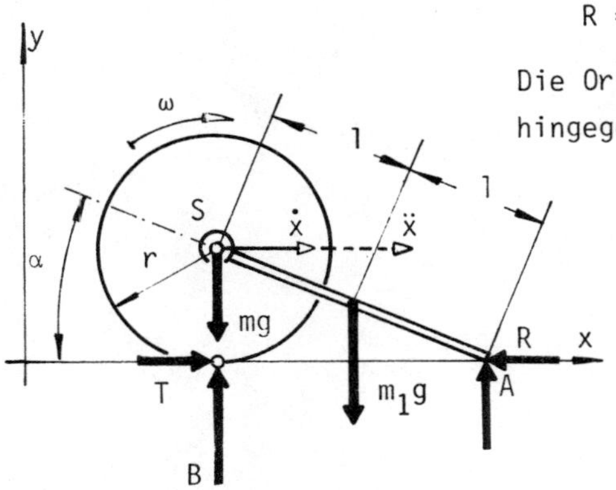

Die Orientierung der Bedingungskraft T kann hingegen frei gewählt werden.

Der Schwerpunktsatz für das System Walze und Stange, die beide die gleiche Schwerpunktsbeschleunigung $\ddot{x}$ haben, lautet:

$$(m + m_1)\ddot{x} = T - R \tag{2}$$

$$0 = -(m + m_1)g + A + B \tag{3}$$

Da die Stange in S reibungsfrei gelagert ist und daher kein Moment auf die Walze überträgt, liefert der Drallsatz für die Walze unter Berücksichtigung der Rollbedingung $r\omega = \dot{x}$ die Gleichung (P.4):

$$I_S \frac{\ddot{x}}{r} = -T r \tag{4}$$

Wir haben jetzt die 3 Gleichungen (1), (2) und (4) für die 4 Unbekannten A, T, R, $\ddot{x}$ - Gleichung (3) ist eine Bestimmungsgleichung für B.

Weitere Gleichungen erhalten wir aus dem Schwerpunkt- und Drallsatz für die Stange allein.

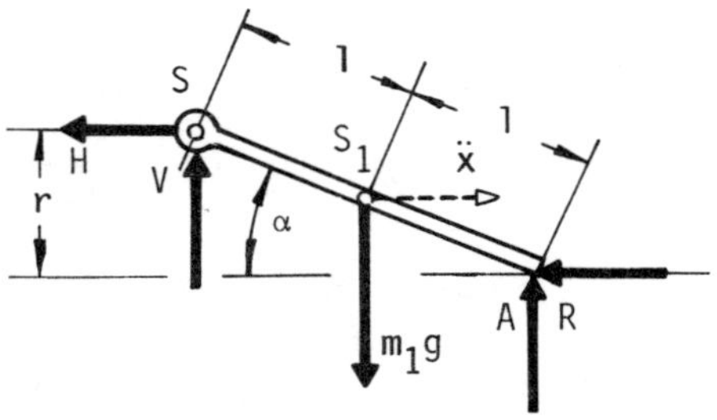

Der Schwerpunktsatz für die Stange liefert

$$m_1\ddot{x} = -R - H, \quad 0 = A + V - m_1 g \quad (5)$$

Wegen der translatorischen Bewegung der Stange folgt aus dem Drallsatz um den Stangenschwerpunkt S_1:

$$0 = (H - R)\frac{r}{2} + (A - V)l.\cos\alpha \quad (6)$$

Setzt man in Gleichung (6) für H und V aus (5) ein, so erhält man die gesuchte vierte Gleichung:

$$0 = -R.r - m_1\ddot{x}.r/2 - m_1 g.l.\cos\alpha + A.2l.\cos\alpha \quad (7)$$

Mit $r/(2l.\cos\alpha) = \tan\alpha$ und (1) folgt aus (7)

$$R = \frac{m_1 g + m_1\ddot{x}.\tan\alpha}{2(1/\mu_g - \tan\alpha)} \quad (8)$$

Für ein Gleiten der Stange muß demnach $\tan\alpha < 1/\mu_g$ sein, da R die gezeichnete Richtung haben muß (d.h. positiv sein muß). Setzt man aus (8) und (4) in (2) ein, so ergibt sich:

$$\ddot{x}\left[m_1\left(1 + \frac{\tan\alpha}{2(1/\mu_g - \tan\alpha)}\right) + m + I_S/r^2\right] = -\frac{m_1 g}{2(1/\mu_g - \tan\alpha)} \quad (9)$$

Integriert man diese Gleichung zeitfrei (K.4), so wird unter Berücksichtigung der Anfangsbedingungen $x = 0$, $\dot{x} = v_o$

$$\dot{x}^2 = v_o^2 - \frac{gx}{(1/\mu_g - \tan\alpha).K} \quad (10)$$

mit $K = 1 + \frac{\tan\alpha}{2(1/\mu_g - \tan\alpha)} + m/m_1 + I_S/(m_1 r^2)$

b)

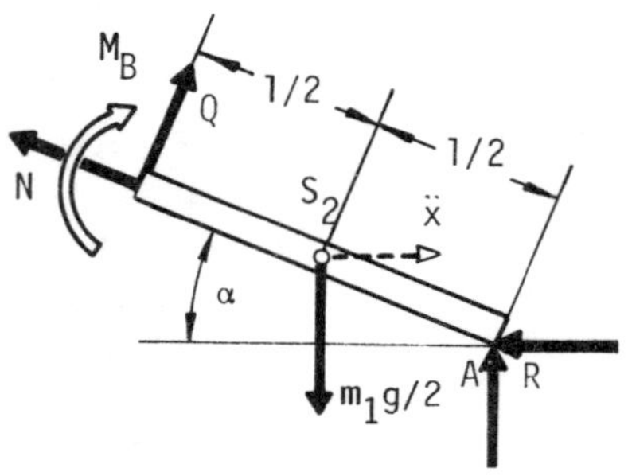

Zur Bestimmung des Biegemomentes M_B in Stangenmitte schneiden wir die Stange an dieser Stelle und bringen die Schnittgrößen an (E.2).

Der Schwerpunktsatz für den unteren Stangenteil liefert für die Richtung normal zum Stab:

$$\frac{m_1}{2}\ddot{x}.\sin\alpha = Q + A.\cos\alpha - R.\sin\alpha - \frac{m_1 g}{2}\cos\alpha \quad (11)$$

Der Drallsatz bezüglich S_2 lautet analog zu (6)

$$0 = A.(l/2).\cos\alpha - R.(l/2).\sin\alpha - Q.(l/2) - M_B \qquad (12)$$

Aus den Gleichungen (11) und (12) folgt mit (1):

$$M_B = Rl.(1/\mu_g - \tan\alpha)\cos\alpha - (l/4).(m_1\ddot{x}.\sin\alpha + m_1 g.\cos\alpha) \qquad (13)$$

Dabei sind die Beschleunigung $\ddot{x}$ und die Reibkraft R nach (8) bzw. (9) bereits bekannt.

Bemerkung: Bei Verwendung des Drallsatzes in seiner Form $\frac{d\vec{L}_P}{dt} + (\vec{r}_{SP} x m\vec{a}_P) = \Sigma\vec{M}_P$ für einen beliebig bewegten Bezugspunkt P wären im vorliegenden Fall die Gleichungen (7) und (13) unmittelbar anzuschreiben, wenn man für P jeweils den obersten Stabpunkt nimmt.

Lösung 4.2.8

Durch die zeitlich periodische Lageänderung des Schwerpunktes in bezug auf die Bewegungsrichtung wird eine Stangenkraft mit der gleichen Periode auftreten müssen, damit das Rad mit konstanter Geschwindigkeit bewegt werden kann.

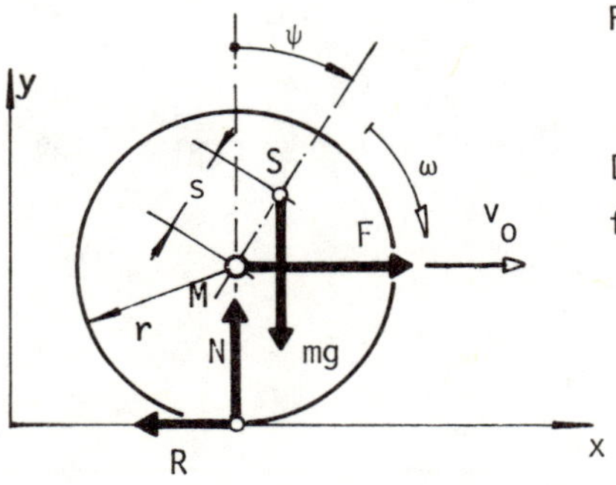

Für gleitfreies Rollen gilt:

$$\omega = \dot{\psi} = v_o/r = \text{konstant} \qquad (1)$$

Die Geschwindigkeit des Schwerpunktes folgt aus $\vec{v}_S = \vec{v}_M + \vec{v}_{SM}$ (L.3) zu:

$$v_{Sx} = v_o + s\omega.\cos\psi \qquad (2)$$

$$v_{Sy} = -s\omega.\sin\psi \qquad (3)$$

Die Stangenkraft F kann entweder mit Hilfe des Schwerpunkt- und Drallsatzes oder mit Hilfe des Arbeitssatzes in seiner differentiellen Form ermittelt werden.

Verwenden wir den Schwerpunktsatz, so muß man, um die Beschleunigung des Schwerpunktes zu bestimmen,(2)u.(3) nach der Zeit differenzieren. Mit $\dot{\omega} = 0$ erhält man:

$$a_{Sx} = \dot{v}_{Sx} = -s\omega^2.\sin\psi , \qquad a_{Sy} = \dot{v}_{Sy} = -s\omega^2.\cos\psi$$

Der Schwerpunktsatz für die Walze liefert dann in x- und y-Richtung

$$-m.s\omega^2.\sin\psi = F - R , \qquad -m.s\omega^2.\cos\psi = N - mg \qquad (4), (5)$$

Der Drallsatz entartet zu:

$$I_S.\dot{\omega} = 0 = R.(r+s.\cos\psi) + N.s.\sin\psi - F.s.\cos\psi \qquad (6)$$

Setzt man in (6) die Normalkraft N aus (5) ein, so kann mit (4) R eliminiert werden und es folgt mit (1):

$$F = -mg\left[\frac{s}{g}\left(\frac{v_o}{r}\right)^2 + \frac{s}{r}\right]\sin\psi \qquad (7)$$

Die Amplitude A der periodischen Kraft F ist somit

$$A = mg\left[\frac{s}{g}\left(\frac{v_o}{r}\right)^2 + \frac{s}{r}\right]$$

Wenn wir andererseits verwenden: die zeitliche Änderung der kinetischen Energie des Systems ist gleich der Summe der Leistung aller Kräfte des Systems, so scheinen die leistungslosen Kräfte N und R in der Rechnung nicht auf. Für die kinetische Energie der Walze (R.2):

$$E_{kin} = \frac{m}{2}\left[v_{Sx}^2 + v_{Sy}^2\right] + \frac{I_S}{2}\omega^2$$

folgt mit (2), (3) und (1):

$$E_{kin} = \frac{mv_o^2}{2}\left[1 + \frac{2s}{r}\cos\psi + \frac{s^2}{r^2}\right] + \frac{I_S}{2}\left(\frac{v_o}{r}\right)^2 \qquad (8)$$

Damit ergibt sich wegen v_o = konstant mit (8) und (3) aus $\frac{dE_{kin}}{dt} = -mg\, v_{Sy} + Fv_o$ die Beziehung:

$$-mv_o^2\,\frac{s}{r}\,\frac{v_o}{r}.\sin\psi = mg\, s\,\frac{v_o}{r}.\sin\psi + F\, v_o$$

Diese liefert wieder F nach (7).

Lösung 4.2.9

Solange die Walze an der Kante nicht gleitet, stellt diese die Drehachse 0 dar.

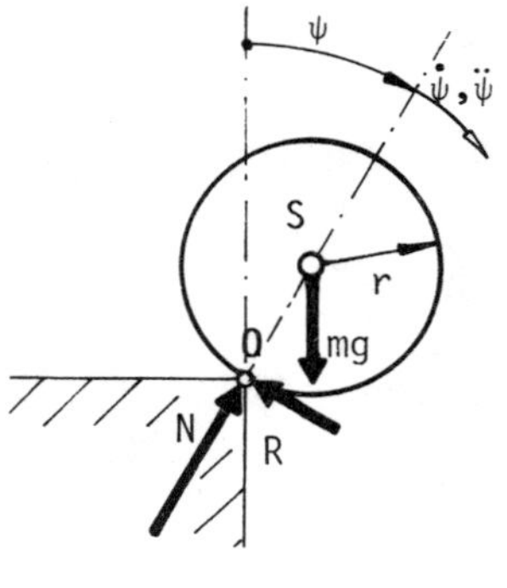

Der Schwerpunktsatz liefert:

$$mr\ddot{\psi} = mg.\sin\psi - R \qquad (1)$$

$$mr\dot{\psi}^2 = mg.\cos\psi - N \qquad (2)$$

Dies sind Gleichungen für die Normalkraft N und die für diese Bewegung notwendige Haftreibung R, wenn der Bewegungsablauf bekannt ist. Dieser kann aus dem Drallsatz bestimmt werden. Mit dem Trägheitsmoment $I_o = mi_o^2$ um die Drehachse durch 0 gilt:

$$\not{m}i_o^2\ddot{\psi} = \not{m}gr.\sin\psi \qquad (3)$$

Mit $\ddot{\psi} = \frac{d\dot{\psi}}{d\psi}\dot{\psi}$ läßt sich (3) zeitfrei integrieren und liefert wegen der Anfangsbedingung $\dot{\psi}\big|_{\psi=\psi_o} = 0$ den Zusammenhang:

$$\dot{\psi}^2 = \frac{2gr}{i_o^2}(\cos\psi_o - \cos\psi) \tag{4}$$

Setzt man $\ddot{\psi}$ aus (3) in (1) und $\dot{\psi}^2$ aus (4) in (2) ein, so erhält man:

$$R = mg\left[1 - \left(\frac{r}{i_o}\right)^2\right]\sin\psi \tag{5}$$

$$N = mg\left[\left(1 + 2\left(\frac{r}{i_o}\right)^2\right)\cos\psi - 2\left(\frac{r}{i_o}\right)^2\cos\psi_o\right] \tag{6}$$

Da nach dem STEINERschen Satz (F.5) $i_o^2 = i_S^2 + r^2$ ist, muß wegen $i_S^2 > 0$ stets $(r/i_o)^2 < 1$ sein. Die nötige Haftreibung R nach (5) ist somit für $0 < \psi < \pi$ stets größer als Null.

Die Scheibe kann nur solange haften, solange für die nach (5) erforderliche Haftreibung gilt:

$$|R| \leq \mu_h N \tag{7}$$

Bevor also ein Abheben ($N = 0$) eintreten kann, wird (7) nicht mehr erfüllt sein und in 0 Gleiten eintreten.

Für den Winkel ψ_1, bei dem das Gleiten einsetzt, erhält man aus (7) mit (5) und (6):

$$\left(1 - \left(\frac{r}{i_o}\right)^2\right)\sin\psi_1 = \mu_h\left[\left(1 + 2\left(\frac{r}{i_o}\right)^2\right)\cos\psi_1 - 2\left(\frac{r}{i_o}\right)^2\cos\psi_o\right] \tag{8}$$

Für die homogene Scheibe ist $I_S = \frac{mr^2}{2}$, somit $I_o = m\left(\frac{r^2}{2} + r^2\right) = \frac{3mr^2}{2} = mi_o^2$, also $(r/i_o)^2 = 2/3$.

Damit gibt (8) den gesuchten Zusammenhang

$$\sin\psi_1 = \mu_h(7\cos\psi_1 - 4\cos\psi_o)$$

Speziell für den Grenzfall $\psi_o = 0$ ist der Zusammenhang zwischen ψ_1 und μ_h dargestellt.

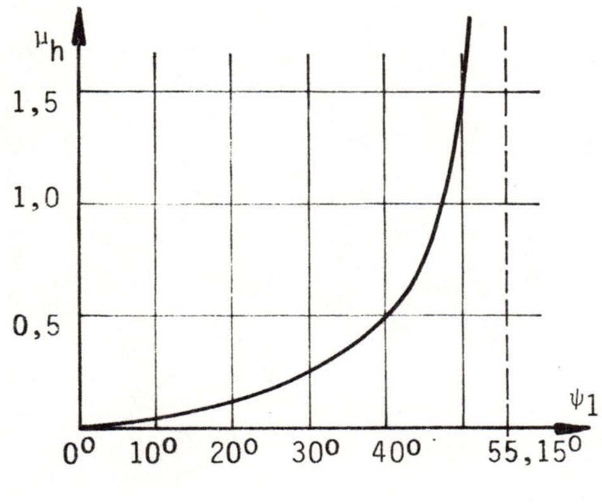

Lösung 4.2.10

Für das Gesamtfahrzeug sind die zwischen den Bremsbacken und Bremsscheiben auftretenden Kräfte innere Kräfte.

Um sie in die Rechnung aufzunehmen, müssen wir die Räder einzeln betrachten:

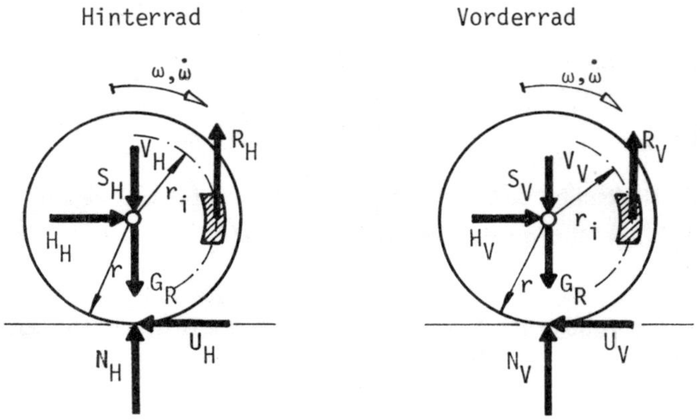

Die Drallsätze für die Räder geben:

Vorderrad: $I_R\dot{\omega} = U_V r - R_V r_i$ (1)

Hinterrad: $I_R\dot{\omega} = U_H r - R_H r_i$ (2)

Man könnte jetzt die Schwerpunktsätze für die Räder sowie Schwerpunkt- und Drallsatz für den Wagenaufbau allein formulieren und dann aus diesem Gleichungssystem die für das Gesamtfahrzeug inneren Kräfte V_H, H_H, V_V, H_V eliminieren.

Einfacher ist es jedoch, den Schwerpunkt- und Drallsatz für das gesamte Fahrzeug zu verwenden, in denen diese Kräfte nicht aufscheinen:

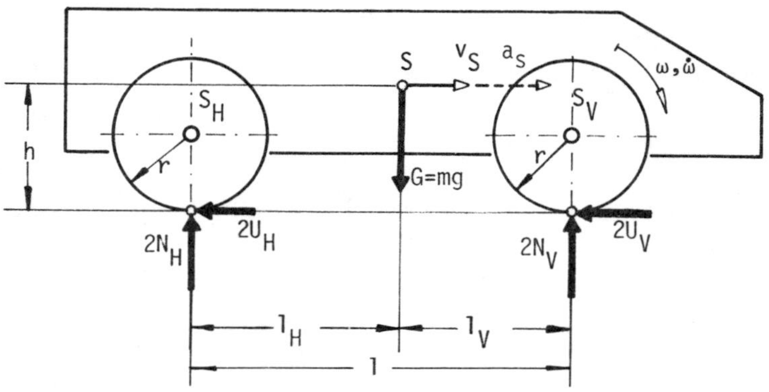

Der Schwerpunktsatz für das Gesamtfahrzeug liefert:

$$ma_S = -(2U_V + 2U_H) \quad (3)$$

$$0 = 2N_V + 2N_H - G \quad (4)$$

Um den Drallsatz für das Fahrzeug (im Sinne eines Systems von starren Körpern) anzuwenden, bestimmen wir zunächst den Drall des gesamten Fahrzeugs bezüglich seines Schwerpunktes S. Nach (P.1) ist

$$\vec{L}_S = \sum_i [\vec{L}_{Si} + (\vec{r}_{Si,S} \times m_R \vec{v}_{Si,S})]$$

Darin bedeuten S_i die Schwerpunkte der 4 Räder. Da die Geschwindigkeiten $V_{Si,S}$ der Radschwerpunkte gegen den Gesamtschwerpunkt S bei Geradeausfahrt Null sind, bleibt nur

$$\vec{L}_S = \sum_i \vec{L}_{Si} = 4I_R\vec{\omega} \quad (5)$$

Damit liefert der Drallsatz bezüglich S (P.2) bzw. (P.4):

$$4I_R\dot{\omega} = (2U_V + 2U_H)h - 2N_V.l_V + 2N_H.l_H \quad (6)$$

Für gleitfreies Rollen (ohne Schlupf) gelten die kinematischen Beziehungen

$$v_S = r\omega\,, \qquad a_S = r\dot{\omega} \quad (7), (8)$$

a) Mit U_V aus (1) und U_H aus (2) folgt unter Verwendung von (8) aus (3):

$$a_S = -\frac{2(R_V + R_H)}{m + 4I_R/r^2}\frac{r_i}{r} \quad (9)$$

Dies gilt unter der getroffenen Voraussetzung, daß die Räder gleitfrei rollen. Dafür müssen die Bedingungen:

$$|U_V| \leq \mu_h N_V\,, \qquad |U_H| \leq \mu_h N_H \quad (10), (11)$$

erfüllt sein.

b) Für die Bestimmung der Aufstandskräfte setzen wir zunächst (3) in (6) ein und erhalten mit (8)

$$2N_V l_V - 2N_H l_H = -(mh + 4I_R/r)\,a_S \quad (12)$$

Die Gleichungen (12) und (4) liefern nun

$$N_V = \frac{l_H}{2l}G - \frac{h}{2l}\left(m + \frac{4I_R}{rh}\right)a_S \quad (13)$$

$$N_H = \frac{l_V}{2l}G + \frac{h}{2l}\left(m + \frac{4I_R}{rh}\right)a_S \quad (14)$$

Man sieht, daß beim Abbremsen ($a_S < 0$) die Vorderräder belastet und die Hinterräder entlastet werden.

c) Die maximal mögliche Bremsverzögerung $(-a_S)_{max} = \beta_{max}$ erhalten wir, wenn wir in (10) und (11) den Grenzfall nehmen:

$$U_V = \mu_h N_V \,, \qquad U_H = \mu_h N_H \tag{15}$$

Damit liefert (3) mit (4)

$$\beta_{max} = \mu_h g \tag{16}$$

Die dazugehörigen Bremskräfte erhalten wir nun aus (1) und (2) mit (15), (13) und (14) und der nach (16) bekannten Verzögerung β_{max}:

$$R_V = \mu_h G . \frac{r}{r_i} \left[\frac{1}{2}\left(\frac{l_H}{l} + \frac{\mu_h h}{l}\right) + \left(1 + \mu_h \frac{2r}{l}\right)\frac{I_R}{mr^2} \right]$$

$$R_H = \mu_h G . \frac{r}{r_i} \left[\frac{1}{2}\left(\frac{l_V}{l} - \frac{\mu_h h}{l}\right) + \left(1 - \mu_h \frac{2r}{l}\right)\frac{I_R}{mr^2} \right]$$

$$2(R_V + R_H) = \mu_h G \frac{r}{r_i}\left(1 + \frac{4I_R}{mr^2}\right)$$

Betrachtet man speziell den Fall $l_V = l_H = l/2$, so erkennt man, daß zur Erzielung der maximal möglichen Bremsverzögerung β_{max}/g die Vorderräder entsprechend stärker gebremst werden müssen als die Hinterräder $(R_V > R_H)$. Die übrigen im Diagramm verwendeten Zahlenwerte sind:

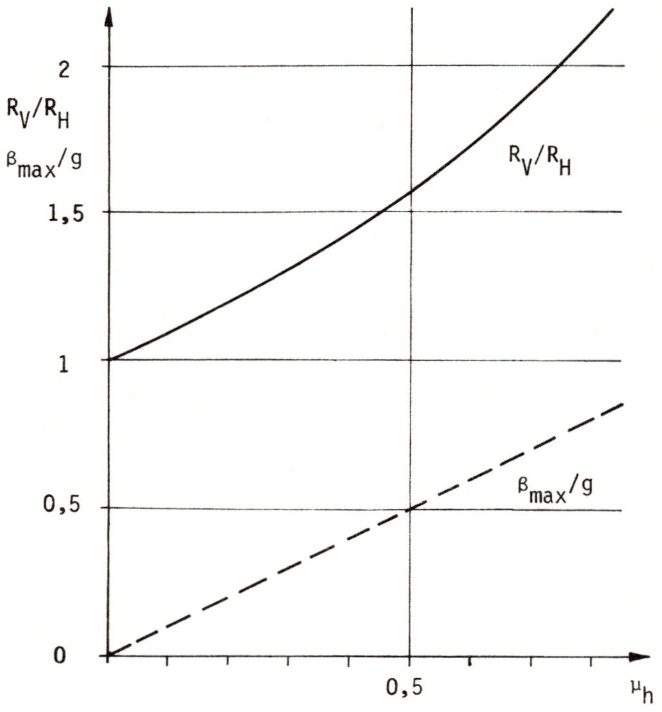

$I_R/(mr^2) = 0{,}0135$

$r/r_i = 2$

$2r/l = 0{,}25$

$h/l = 0{,}23$

Lösung 4.2.11

Wir zerlegen das System in 2 Teile:

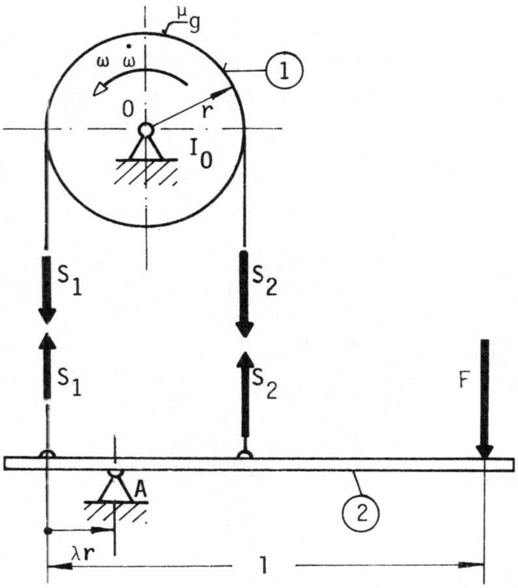

Der Drallsatz bezüglich 0 liefert für den Teil 1 die Gleichung:

$$I_0\dot{\omega} = -r(S_2 - S_1) \qquad (1)$$

Da das Seil auf der Scheibe gleitet - die Reibungskräfte von der Scheibe auf das Seil wirken in Richtung der Umfangsgeschwindigkeit der Scheibe - besteht durch die Seilreibungsgleichung (D.3) ein definierter Zusammenhang zwischen den Seilkräften:

$$S_2 = S_1 . e^{\mu_g \pi} \qquad (2)$$

Das Momentengleichgewicht für den Balken (Teil 2) bezüglich A ergibt die Gleichung

$$F.(l - \lambda r) + S_1 . \lambda r - S_2 . r(2 - \lambda) = 0 \qquad (3)$$

Mit (2) folgt aus (3)

$$S_1 = F . \frac{(l/r - \lambda)}{\left[(2-\lambda).e^{\mu_g \pi} - \lambda\right]} \qquad (4)$$

a) Da die Seilkraft S_1 stets positiv sein muß, ergibt sich wegen $l > 2r$ eine obere Schranke für λ aus dem Nenner von (4):

$$\lambda < \frac{2}{\left[1 + e^{-\mu_g \pi}\right]} = \lambda_1 \qquad (5)$$

Aus konstruktiven Gründen läßt sich jedoch ein Wert $\lambda > 1$ mit der gegebenen Anordnung nicht funktionsgerecht realisieren: um das zunächst lockere Seil an die Scheibe anlegen zu können, muß der Drehpunkt A des Balkens "links" vom Scheibenauflager sein. Es muß also gelten

$$\lambda < 1 \qquad (6)$$

Da, wie aus (5) ersichtlich, für λ_1 gilt: $\lambda_1 = 1$, ist die Obergrenze von λ durch (6) gegeben und nicht durch (5). Alle übrigen Werte von λ bis $-\infty$ sind möglich. Somit ergibt sich für λ der Bereich:

$$-\infty < \lambda < 1 \qquad (7)$$

b) Mit (4) und (2) folgt aus (1):

$$\dot{\omega} = - \frac{F.(1 - r\lambda)}{I_0} \cdot \frac{(e^{\mu_g \pi} - 1)}{\left[(2 - \lambda)e^{\mu_g \pi} - \lambda\right]} \tag{8}$$

Da die rechte Seite dieser Gleichung konstant ist, kann sie sofort integriert werden und liefert mit den Anfangsbedingungen $t=0$, $\omega=\omega_o$:

$$\omega = \omega_o - \frac{F.(1 - \lambda r)}{I_0} \cdot \frac{e^{\mu_g \pi} - 1}{\left[(2 - \lambda)e^{\mu_g \pi} - \lambda\right]} \cdot t \tag{9}$$

Die Zeit T bis zum Stillstand der Scheibe bestimmt sich aus (9) mit $\omega=0$ zu

$$T = \frac{I_0 \omega_o}{F.(1 - \lambda r)} \frac{\left[(2-\lambda)e^{\mu_g \pi} - \lambda\right]}{\left[e^{\mu_g \pi} - 1\right]}, \quad \left[\frac{kgm^2.s^{-1}}{(kgm.s^{-2})m}\right] = [\,s\,] \tag{10}$$

Lösung 4.3.1

Wir zeichnen die auf den Körper wirkenden äußeren Kräfte ein:

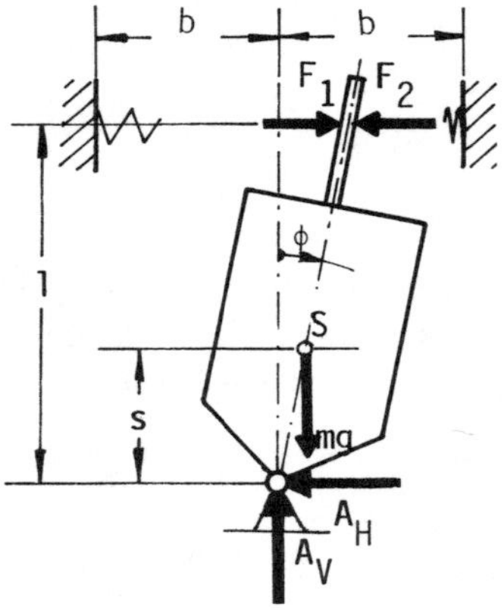

Bedeutet l_o die Länge der ungedehnten Feder, so sind die Federkräfte

$$F_1 = c[l_o - (b + l\phi)] \tag{1}$$

$$F_2 = c[l_o - (b - l\phi)] \tag{2}$$

Den Drallsatz setzen wir um die inertialfeste Achse durch A an, da so die Lagerkräfte in der Gleichung nicht vorkommen:

$$mi_A^2\ddot{\phi} = mgs\phi + (F_1 - F_2)l$$

Mit (1) und (2) folgt:

$$mi_A^2\ddot{\phi} = mgs\phi - 2cl^2\phi \tag{3}$$

Die Vorspannkräfte $c(l_o - b)$ der Federn scheinen hier nicht mehr auf!

Wir bringen nun die Differentialgleichung (3) in die einer ungedämpften Schwingung entsprechende Form (Q.1):

$$\ddot{\phi} + K\phi = 0 \qquad \text{mit} \quad K = \frac{2cl^2 - mgs}{mi_A^2} \tag{4}$$

a) Die Gleichung (4) ist nur dann die Differentialgleichung einer harmonischen Schwingung, wenn die Konstante K positiv ist. Für die Federkonstante c bedeutet das eine untere Schranke (die Federn dürfen also nicht zu weich sein):

$$c > mgs/(2l^2) \tag{5}$$

b) Unter der Voraussetzung (5) gilt für die Kreisfrequenz ω der Schwingung $\omega^2 = K$. Daher ist die Schwingungsdauer τ:

$$\tau = \frac{2\pi}{\omega} = 2\pi\sqrt{\frac{mi_A^2}{2cl^2 - mgs}}$$

Bemerkung: Die Anwendung des Schwerpunktsatzes liefert Bestimmungsgleichungen für die Aufstandskräfte.

Lösung 4.3.2

Zunächst betrachten wir die Bewegung der Walze, um die Federkraft F und die Bedingungskräfte R und N - diese wirken jeweils in umgekehrter Orientierung auf das Fundament - bestimmen zu können.

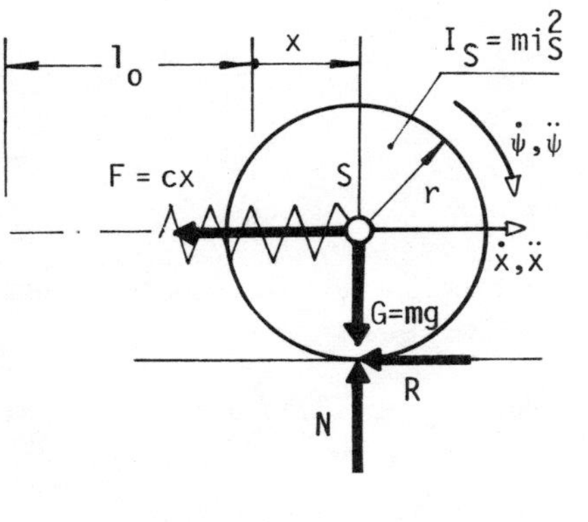

Da die Walze ohne zu gleiten rollt, gilt die kinematische Beziehung:

$$\dot{x} = r.\dot{\psi} \quad \text{bzw.} \quad \ddot{x} = r.\ddot{\psi} \tag{1}$$

Der Schwerpunktsatz für die Walze liefert

$$0 = G - N \tag{2}$$

$$m\ddot{x} = -cx - R \tag{3}$$

Der Drallsatz bezüglich der Achse durch den Schwerpunkt S lautet (P.4):

$$mi_S^2\ddot{\psi} = rR \tag{4}$$

Aus (3) und (4) folgt mit $\ddot{\psi}$ aus (1) die Schwingungsgleichung (Q.1)

$$\ddot{x} + \omega^2 x = 0 \quad \text{mit} \quad \omega^2 = \frac{c}{m}\frac{1}{1+(i_S/r)^2} \qquad (5), (6)$$

Für diese ungedämpfte Schwingung können wir den Zeitpunkt t=0 beliebig wählen. Hat die Walze für t=0 die maximale Auslenkung $x_{max} = A$, so lautet die Lösung von (5)

$$x(t) = A.\cos\omega t \qquad (7)$$

Setzen wir in (3) nach (5) die Beschleunigung $\ddot{x} = -\omega^2 x$ ein, so stellt sich R als Funktion von x dar. In der Stellung x der Walze sind somit die Kräfte

$$F = cx, \qquad R = (m\omega^2 - c)x, \qquad N = G \qquad (8)$$

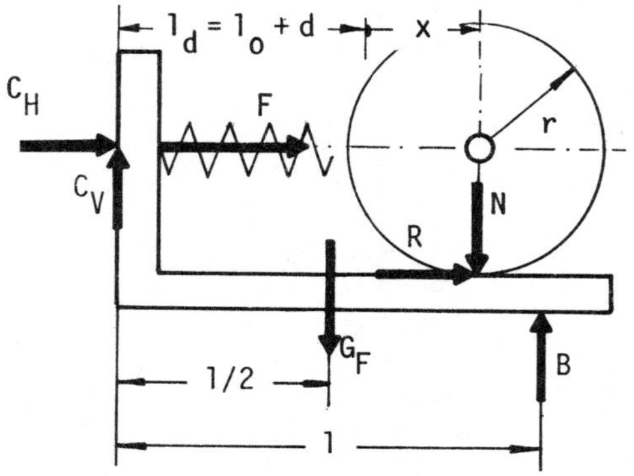

Die Gleichgewichtsbedingungen für das Fundament liefern:

$$C_H + F + R = 0 \qquad (9)$$

$$C_V + B - N - G_F = 0 \qquad (10)$$

$$Bl - N(l_d + x) + Rr - G_F l/2 = 0 \qquad (11)$$

Aus diesen Gleichungen erhält man mit (8) und ω^2 nach (6) für den Bereich $-A \leq x \leq A$:

$$C_H = \frac{-c}{1+(i_S/r)^2}.x$$

$$C_V = \frac{G_F}{2} + G\frac{l - l_d}{l} - \frac{x}{l}\left[\frac{rc}{1+(r/i_S)^2} + G\right]$$

$$B = \frac{G_F}{2} + G\frac{l_d}{l} + \frac{x}{l}\left[\frac{rc}{1+(r/i_S)^2} + G\right]$$

Der Maximalbetrag von B tritt für $x = +A$ auf, also für die rechte Umkehrlage der Walze.

Der Extremwert von C_V ist bei $x = -A$, der von $|C_H|$ bei $\pm A$. Da die Maximalwerte der Komponenten bei -A zusammenfallen, ist der Maximalwert von $C = \sqrt{C_V^2 + C_H^2}$ bei $x = -A$, also in der linken Umkehrlage der Walze.

Lösung 4.3.3

Da auf das System Gehäuse 1 samt Masse 2 keine äußeren Momente in Richtung der Drehachse wirken, muß der Gesamtdrall des Systems für jeden Zeitpunkt den gleichen Wert haben. Mit den Anfangsbedingungen $\omega_1 = \nu$ und $\omega_{21} = \delta$ folgt:

$$I_1 \cdot \omega_1(t) + I_2[\omega_1(t) + \omega_{21}(t)] = I_1\nu + I_2(\nu + \delta) \qquad (1)$$

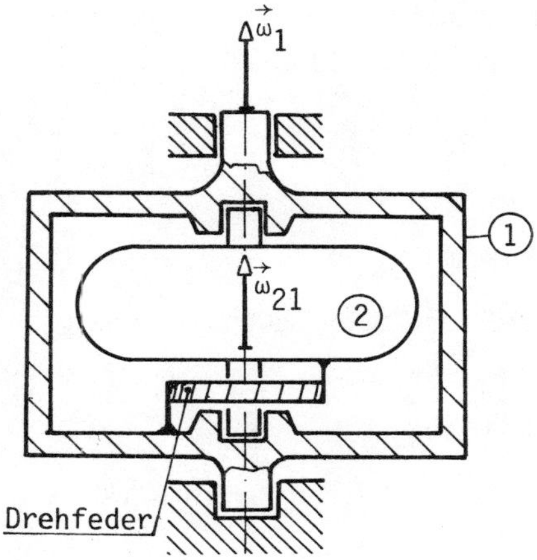

Man beachte dabei, daß der Drall mit absoluten Winkelgeschwindigkeiten gebildet werden muß! Betrachtet man nun die Masse 2 allein, so liefert der Drallsatz (P.5) bezüglich der Drehachse mit dem Moment der linearen Drehfeder (J.3):

$$I_2(\dot{\omega}_1 + \dot{\omega}_{21}) = -c_T \cdot \psi_{21} \qquad (2)$$

Der Winkel ψ_{21} ist der relative Verdrehwinkel der Masse 2 gegen das Gehäuse 1 . Es ist also

$$\dot{\psi}_{21} = \omega_{21} \,, \qquad \ddot{\psi}_{21} = \dot{\omega}_{21} \qquad (3)$$

Differenziert man die Gleichung (1) nach der Zeit, so ergibt sich der Zusammenhang:

$$\dot{\omega}_1 = -\frac{I_2\,\dot{\omega}_{21}}{I_1 + I_2} \qquad (4)$$

Setzt man (4) und (3) in (2) ein, folgt für die Bewegung der Masse 2 die Differentialgleichung einer freien, harmonischen Schwingung (Q.1):

$$\ddot{\psi}_{21} + \Omega^2\,\psi_{21} = 0 \,, \qquad \text{mit} \quad \Omega^2 = \frac{I_1 + I_2}{I_1 I_2} \cdot c_T \qquad (5)$$

Der Lösungsansatz

$$\psi_{21} = A.\sin\Omega t + B.\cos\Omega t$$

liefert mit den Anfangsbedingungen t=0: $\psi_{21} = 0$, $\dot{\psi}_{21} = \delta$ die Integrationskonstanten zu B=0, $A=\delta/\Omega$. Damit ergibt sich

$$\dot{\psi}_{21} = \omega_{21} = \delta.\cos\Omega t \qquad (6)$$

Aus (1) folgt wegen (6) die Winkelgeschwindigkeit des Gehäuses mit der Kreisfrequenz Ω nach (5) zu:

$$\omega_1 = \nu + \frac{I_2 . \delta}{I_1 + I_2} . (1 - \cos\Omega t)$$

Lösung 4.3.4

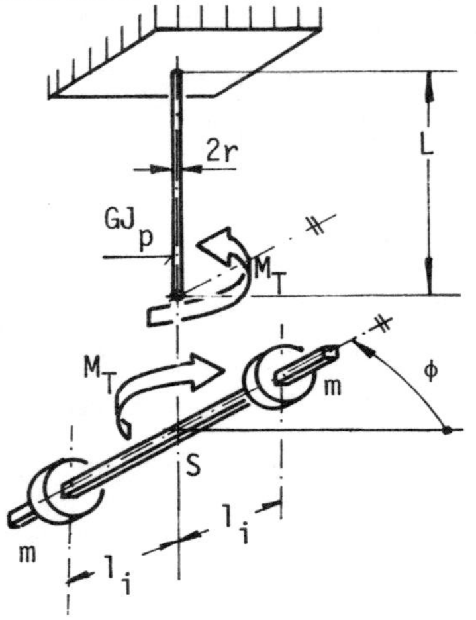

Wir trennen Draht und Querbalken, um das Torsionsmoment M_T zu bestimmen. Mit dem Verdrehwinkel ϕ des unteren Drahtendes gegen das obere, eingespannte Ende gilt für das Torsionsmoment (J.2):

$$M_T = \phi GJ_p/L \tag{1}$$

Der Drallsatz um die vertikale Schwerachse des Querbalkens lautet:

$$I_{Si}\ddot{\phi} = -M_T \tag{2}$$

Das Trägheitsmoment I_{Si} ist:

$$I_{Si} = I_o + 2ml_i^2 \qquad i = 1,2 \tag{3}$$

Mit (1) und (3) liefert nun der Drallsatz (2) die Schwingungsgleichung

$$\ddot{\phi} + \omega_i^2\phi = 0 \qquad \text{mit} \qquad \omega_i^2 = \frac{GJ_p}{L(I_o + 2ml_i^2)} \tag{4}$$

Für die Schwingungsdauern $\tau_i = 2\pi/\omega_i$ in den beiden Versuchen folgt daher

$$\tau_1^2 = \frac{4\pi^2 L}{GJ_p}(I_o + 2ml_1^2) \;, \qquad \tau_2^2 = \frac{4\pi^2 L}{GJ_p}(I_o + 2ml_2^2) \qquad (5),\ (6)$$

Durch Subtraktion von (5) und (6) eliminiert man nun das unbekannte Trägheitsmoment I_o. Mit dem polaren Flächenträgheitsmoment $J_p = r^4\pi/2$ des Drahtquerschnittes erhält man den Schubmodul

$$G = \frac{16\pi mL(l_2^2 - l_1^2)}{r^4(\tau_2^2 - \tau_1^2)} \qquad \left[\frac{kg.m.m^2}{m^4.s^2}\right] = \left[(kgm.s^{-2})m^{-2}\right] = \left[Nm^{-2}\right]$$

Lösung 4.3.5

a) In einer allgemeinen Lage des Brettes zeichnen wir die auf dieses wirkenden Kräfte ein. Unter der gegebenen Voraussetzung, daß das Brett stets auf den entsprechend schnell rotierenden Walzen gleitet, haben die Gleitreibungskräfte R_A und R_B die Orientierung der Umfangsgeschwindigkeiten der Walzen in A und B. Sie sind (D.2):

$$R_A = \mu_g N_A \;, \qquad R_B = \mu_g N_B \qquad (1),\ (2)$$

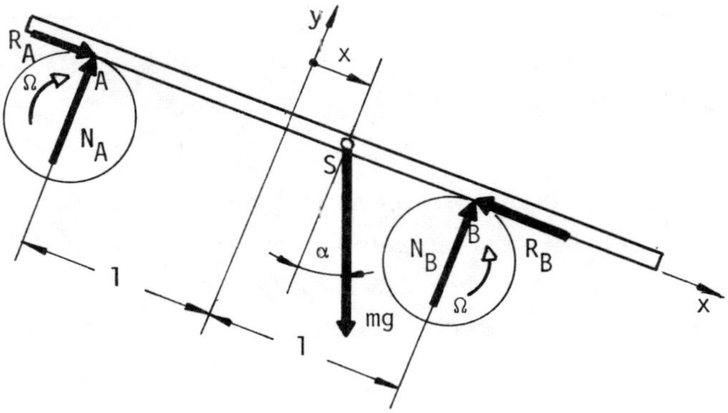

Der Schwerpunkt- und Drallsatz für das dünne Brett liefern:

$$m\ddot{x} = R_A - R_B + mg.\sin\alpha \qquad (3)$$
$$0 = N_A + N_B - mg.\cos\alpha \qquad (4)$$
$$0 = N_A(l + x) - N_B(l - x) \qquad (5)$$

Aus (4) und (5) folgen:

$$N_A = \frac{l - x}{2l}.mg.\cos\alpha\ , \qquad N_B = \frac{l + x}{2l}.mg.\cos\alpha \qquad (6), (7)$$

Mit (1), (2), (6) und (7) ergibt (3) die Schwingungsgleichung:

$$\ddot{x} + \omega^2 x = g.\sin\alpha \quad \text{mit} \quad \omega^2 = \frac{\mu_g \cdot g}{l}.\cos\alpha \qquad (8), (9)$$

Mit dem Lösungsansatz (Q.1), (Q.3)

$$x = C_1 \sin\omega t + C_2 \cos\omega t + C_3$$

und den Anfangsbedingungen für t=0: $x=0$, $\dot{x}=0$ bestimmen sich die Integrationskonstanten zu:

$$C_1 = 0\ , \qquad C_2 = -\frac{g \cdot \sin\alpha}{\omega^2}\ , \qquad C_3 = \frac{g \cdot \sin\alpha}{\omega^2}$$

Damit und mit (9) lautet die Bewegungsgleichung für das Brett:

$$x(t) = \frac{l.\tan\alpha}{\mu_g}(1 - \cos\omega t) \qquad (10)$$

b) Diese Schwingung kann sich jedoch nur einstellen, wenn der Schwerpunkt S zwischen den beiden Auflagepunkten bleibt, wenn also gilt $|x| \leq l$. Aus (10) ersieht man

$$x_{max} = \frac{2l.\tan\alpha}{\mu_g}\ , \qquad x_{min} = 0$$

Die obige Bedingung liefert somit

$$\tan\alpha \leq \mu_g/2$$

Lösung 4.3.6

a) Die Aufgabenstellung unter Punkt a) kann über Punkt b) als spezielle Lösung der Differentialgleichung der Systemschwingung mit $\dot{x} \equiv 0$ bestimmt werden.

Unabhängig davon liefern die Gleichgewichtsbedingungen für die Rolle 2 [wenn man beachtet, daß sich bei der Verschiebung des Punktes M um ξ_{st} jeder Punkt des Seiles zwischen dem Berührpunkt mit der Rolle 2 und der oberen Feder um $2\xi_{st}$ verschiebt (analog zum rollenden Rad)]

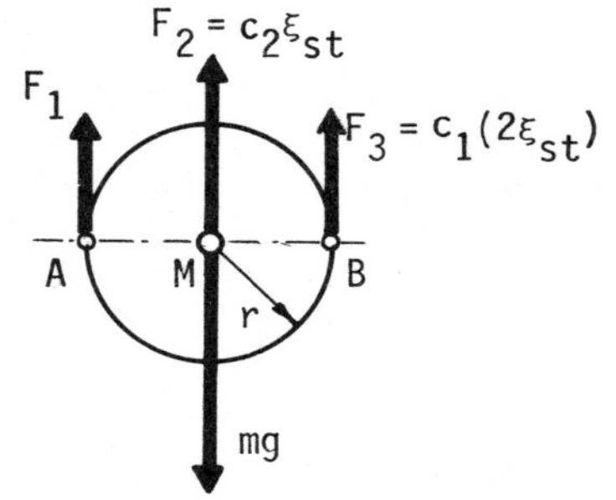

die beiden Gleichungen:

$$F_1 = F_3 \tag{1}$$

$$F_2 = -F_1 - F_3 + mg \tag{2}$$

Mit den Federkräften $F_2 = c_2\xi_{st}$ und $F_3 = c_1 \cdot (2\xi_{st})$ erhält man aus (1) und (2)

$$\xi_{st} = \frac{mg}{c_2 + 4c_1} \tag{3}$$

b)

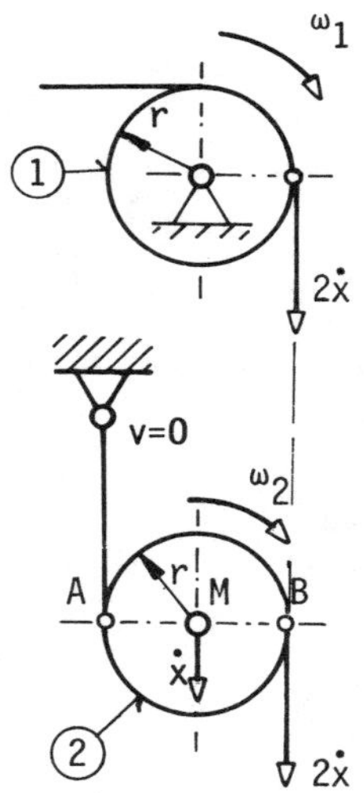

Die kinematischen Beziehungen liefern einen Zusammenhang zwischen den Lagekoordinaten bzw. Geschwindigkeiten, Winkelgeschwindigkeiten und Beschleunigungen der beiden Scheiben:

Der Punkt A ist im betrachteten Augenblick der Geschwindigkeitspol der Scheibe 2. Analog zum rollenden Rad ergibt sich somit:

$$r\omega_2 = \dot{x} \qquad \text{bzw.} \qquad r\dot{\omega}_2 = \ddot{x} \tag{4}$$

Der Punkt B und der rechte Teil des Seiles hat die Geschwindigkeit $2\dot{x}$; für die Scheibe 1 folgt damit:

$$r\omega_1 = 2\dot{x} \qquad \text{bzw.} \qquad r\dot{\omega}_1 = 2\ddot{x} \tag{5}$$

Die Schwingungsgleichung des Systems soll auf zwei verschiedene Arten hergeleitet werden:

I) Man zerlegt das System in Teile und wendet Schwerpunkt- und Drallsatz an.

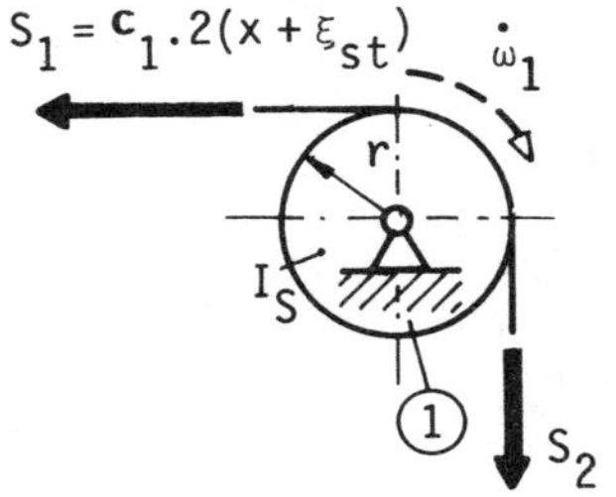

Für Scheibe 1 gilt: $I_S\,\dot{\omega}_1 = S_2 r - S_1 r$ mit (5)

$$I_S \cdot \frac{2\ddot{x}}{r^2} = S_2 - c_1 \cdot 2(x + \xi_{st}) \tag{6}$$

Für Scheibe 2 gilt:

$$m\ddot{x} = mg - S_3 - S_2 - c_2(x + \xi_{st}) \tag{7}$$

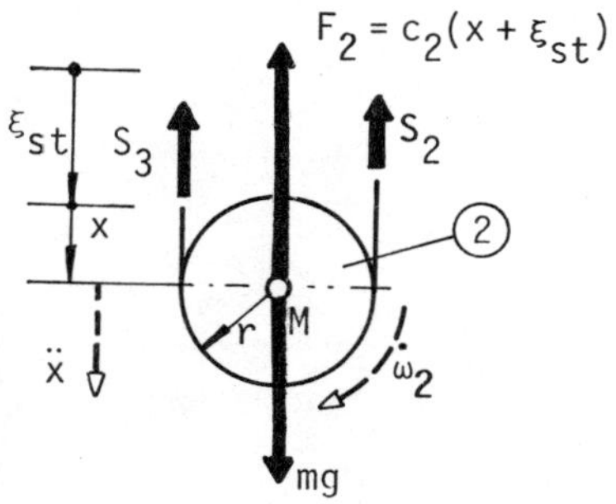

$I_S\dot{\omega}_2 = S_3 r - S_2 r$ mit (4)

$$I_S \frac{\ddot{x}}{r^2} = S_3 - S_2 \tag{8}$$

Aus (6), (7) und (8) folgt nach Elimination von S_2 und S_3:

$$\left[m + \frac{I_S}{r^2} + \frac{4I_S}{r^2}\right]\ddot{x} + \left[c_2 + 4c_1\right] x =$$

$$= mg - \xi_{st}\, c_2 - 4\xi_{st}\, c_1 = 0 \tag{9}$$

Der Ausdruck auf der rechten Seite von (9) ist Null, wie man aus (3) erkennt. Die in (3) angegebene Gleichgewichtslage hätte man auch jetzt mit $\ddot{x}=0$ und $x=0$ aus (9) erhalten.

II) Da das System nur einen Freiheitsgrad und keine dissipativen Kräfte hat, kann die Schwingungsgleichung auch über den Energiesatz gewonnen werden: Die kinetische Energie E_{kin} des Systems ist (R.2):

$$E_{kin} = \left(\frac{m\dot{x}^2}{2} + I_S \frac{\omega_2^2}{2}\right) + I_S \frac{\omega_1^2}{2} \tag{10}$$

Die potentielle Energie $E_{pot,F}$ der beiden Federn ist (S.2):

$$E_{pot,F} = \frac{c_1}{2}\left[2(\xi_{st} + x)\right]^2 + \frac{c_2}{2}\left[\xi_{st} + x\right]^2 \tag{11}$$

Für die potentielle Energie $E_{pot,G}$ der Rolle 2 setzen wir (mit $E_{pot,G} = 0$ für $\xi = 0$):

$$E_{pot,G} = -mg(\xi_{st} + x) \tag{12}$$

Damit liefert der Energiesatz $E_{kin} + (E_{pot,F} + E_{pot,G}) =$ konstant bei Beachtung der kinematischen Beziehungen (4) und (5) die Gleichung:

$$\frac{\dot{x}^2}{2}\left[m + (I_S + 4I_S)/r^2\right] + (4c_1 + c_2)(\xi_{st} + x)^2/2 - mg(\xi_{st} + x) = \text{konstant} \tag{13}$$

Aus dieser Gleichung erhält man durch Ableiten nach der Zeit t und Kürzen durch $\dot{x}$ wieder die Schwingungsgleichung (9).

c) Schreibt man die Gleichung (9) in der Form (Q.1):

$$\ddot{x} + \Omega^2 x = 0 \qquad \text{mit} \qquad \Omega^2 = \frac{4c_1 + c_2}{m + 5I_S/r^2}$$

so erhält man unmittelbar die Schwingungsdauer $\tau = \frac{2\pi}{\Omega}$

Mit dem Lösungsansatz $x = a.\cos\Omega t + b.\sin\Omega t$ und der Anfangsbedingung $x=0$ für $t=0$ folgt zunächst $a=0$.

Aus $\dot{x} = b\Omega.\cos\Omega t$ gibt die Anfangsbedingung $\dot{x} = v_o$ für $t=0$ die Amplitude der Schwingung $b = v_o/\Omega$.

Lösung 4.3.7

Im Schwerpunktsatz für die Masse m muß deren Beschleunigung gegen ein Inertialsystem verwendet werden. Er lautet damit:

$$m(\ddot{x} + \ddot{\xi}) = -c.(\xi - l_o) - k\dot{\xi} \tag{1}$$

Darin bedeutet l_o die Länge der ungespannten Feder. Mit der Fundamentschwingung $x(t) = x_o + A.\cos\Omega t$ liefert (1) für $\xi(t)$ die Schwingungsgleichung

$$\ddot{\xi} + \frac{k}{m}\dot{\xi} + \frac{c}{m}\xi = \frac{cl_o}{m} + A\Omega^2\cos\Omega t \tag{2}$$

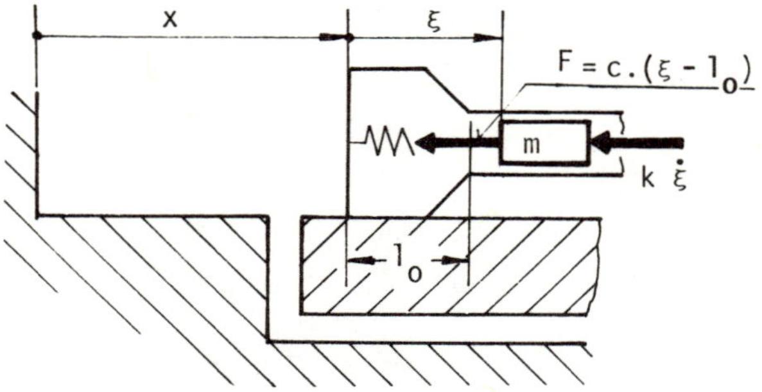

Diese erhält die Form nach (Q.3), wenn wir die folgenden Abkürzungen verwenden:

$$2\lambda = \frac{k}{m}, \qquad \omega^2 = \frac{c}{m}, \qquad S_o = \frac{cl_o}{m}, \qquad S_1 = A\Omega^2,$$

Für den eingeschwungenen Zustand (partikuläre Lösung von (2)) erhalten wir aus dem Ansatz $\xi_p(t) = K_o + K_1\cos\Omega t + K_2\sin\Omega t$ nach Einsetzen in (2) durch Koeffizientenvergleich - siehe (Q.3):

$$K_o = l_o\ ; \quad K_1 = \frac{A\Omega^2(\omega^2 - \Omega^2)}{(\omega^2 - \Omega^2)^2 + 4\lambda^2\Omega^2}\ ; \quad K_2 = \frac{2\lambda\Omega^3 A}{(\omega^2 - \Omega^2)^2 + 4\lambda^2\Omega^2} \tag{3}$$

Aus der durch Messung bekannten Amplitude A_{rel} erhält man die gesuchte Amplitude A der Fundamentschwingung mittels

$$A_{rel} = \sqrt{K_1^2 + K_2^2}$$

durch Einsetzen von (3).

Es ergibt sich schließlich:

$$A = \frac{A_{rel}}{\Omega^2}\sqrt{(\omega^2 - \Omega^2)^2 + 4\lambda^2\Omega^2} \tag{4}$$

Lösung 4.3.8

Wir bringen die gegebene Schwingungsgleichung in die Form (Q.2)

$$\ddot{x} + 2\lambda\dot{x} + \omega^2 x = 0 \tag{1}$$

mit $2\lambda = \frac{k}{m}$, $\omega^2 = \frac{c}{m}$ (2), (3)

Die Lösung für die gedämpfte Schwingung ist (Q.2):

$$x = A.e^{-\lambda t}\cos(\mu t - \varepsilon) \tag{4}$$

mit der Kreisfrequenz $\mu = \sqrt{\omega^2 - \lambda^2}$ (5)

und der Schwingungsdauer $\tau = 2\pi/\mu$ (6)

Wir betrachten nun das Verhältnis der beiden Maximalausschläge x_i bzw. x_{i+5}, die in einem zeitlichen Abstand von 5 Schwingungsdauern τ gemessen wurden:

$$\frac{x_i}{x_{i+5}} = \frac{A.e^{-\lambda t_i}\cos(\mu t_i - \varepsilon)}{A.e^{-\lambda(t_i + 5\tau)}\cos[\mu(t_i + 5\tau) - \varepsilon]} \tag{7}$$

Wegen $\mu\tau = 2\pi$ ist $\cos[\mu t_i + 5\tau\mu - \varepsilon] = \cos[\mu t_i + 10\pi - \varepsilon] = \cos[\mu t_i - \varepsilon]$ und es folgt damit aus (7):

$$\frac{x_i}{x_{i+5}} = e^{5\tau\lambda}\ , \text{ somit } \lambda = \frac{l_n(x_i/x_{i+5})}{5\tau} \tag{8}$$

Für die gegebenen Zahlenwerte erhält man aus (8)

$$\lambda = \frac{\ln(5/2)}{5.2} = 0{,}09163\ s^{-1} \tag{9}$$

Mit $m = 10$ kg folgt aus (2) die Dämpferkonstante k

$$k = 2\lambda m = 2.0{,}09163.10 = 1{,}8326\,kg.s^{-1} = 1{,}8326\ N.(m/s)^{-1}$$

Die Kreisfrequenz μ der gedämpften Schwingung ergibt sich direkt aus (6)

$$\mu = 2\pi/\tau = 2\pi/2 = \pi\ s^{-1} \tag{10}$$

Die Kreisfrequenz ω der ungedämpften Schwingung erhält man aus (5):

$$\omega = \sqrt{\mu^2 + \lambda^2} = \sqrt{\pi^2 + 0{,}09163^2} = 3{,}1429\ s^{-1} \tag{11}$$

Die Federkonstante c ist nach (3)

$$c = m\omega^2 = 10.(3{,}1429)^2 = 98{,}78\,kg.s^{-2} = 98{,}78\,N/m$$

Lösung 4.3.9

Die Schwingung des Systems ist dadurch bedingt, daß der Schwerpunkt des Rotors nicht auf dessen Drehachse liegt.

Wir formulieren daher zunächst den Schwerpunkt- und Drallsatz für den Rotor, um dessen Lagerreaktion V, H und das erforderliche Drehmoment zu bestimmen:

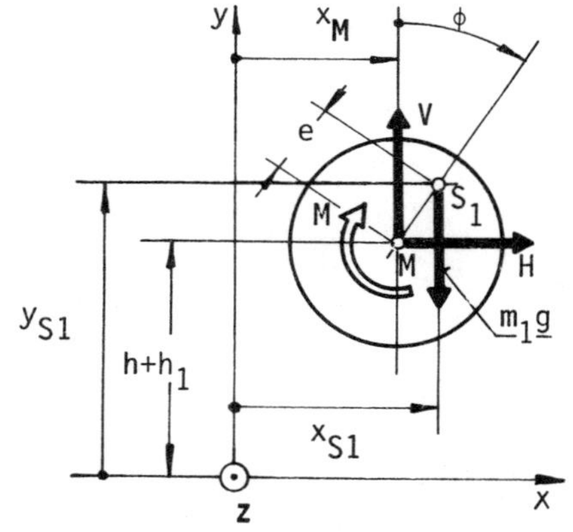

$$m_1\ddot{x}_{S1} = H \tag{1}$$

$$m_1\ddot{y}_{S1} = V - m_1g \tag{2}$$

$$0 = -M - V.e.\sin\phi + H.e.\cos\phi \tag{3}$$

Der Drallsatz (3) ist um die zur z-Achse parallele Achse durch den Schwerpunkt S_1 des Rotors angesetzt, wobei laut Angabe $\ddot{\phi} = 0$ ist.

Aus den geometrischen Beziehungen

$$x_{S1} = x_M + e.\sin\phi \tag{4}$$

$$y_{S1} = (h + h_1) + e.\cos\phi \tag{5}$$

erhalten wir durch Ableitung nach der Zeit mit $\ddot{\phi} = 0$ die kinematischen Zusammenhänge:

$$\ddot{x}_{S1} = \ddot{x}_M - e.\dot{\phi}^2.\sin\phi \;; \qquad \ddot{y}_{S1} = -e.\dot{\phi}^2.\cos\phi \qquad (6),\ (7)$$

Mit den in ihren Orientierungen umgekehrten Kräften V, H und dem Moment M setzen wir nun Schwerpunkt- und Drallsatz um S für das Fundament an ($x_M = x_S$):

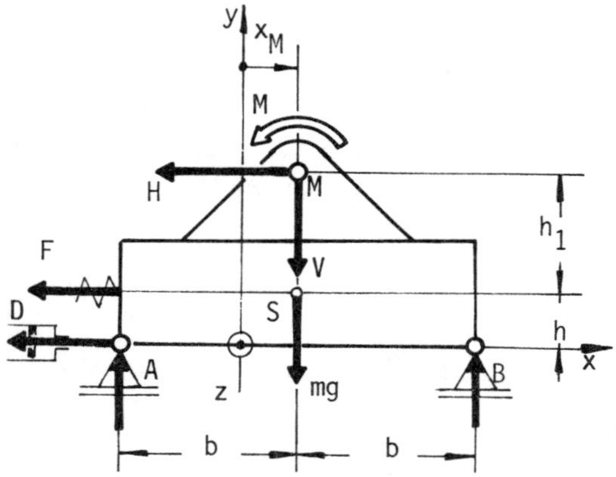

$$m\ddot{x}_M = -H - F - D \tag{8}$$

$$0 = A + B - V - mg \tag{9}$$

$$0 = M + (B - A)b + H\ h_1 - D\ h \tag{10}$$

Dabei sind die Federkraft und die Dämpferkraft D:

$$F = cx_M\ , \qquad D = k\dot{x}_M \qquad (11),\ (12)$$

Setzt man H aus (1) mit $\ddot{x}_{S1}$ nach (6) in (8) ein und berücksichtigt (11) und (12), so erhält man die Bewegungsgleichung für das Fundament:

$$(m + m_1)\ddot{x}_M + k\dot{x}_M + cx_M = m_1 e\dot{\phi}^2\sin\phi \tag{13}$$

Dies ist wegen $\phi = \dot{\phi}.t$ die Differentialgleichung einer erzwungenen Schwingung mit harmonischer Erregung; wir schreiben sie in der Form (Q.3):

$$\ddot{x}_M + 2\lambda\dot{x}_M + \omega^2 x_M = S_2\sin\Omega t$$

$$\text{mit } \Omega = \dot{\phi} \ , \quad 2\lambda = \frac{k}{m+m_1} \ , \quad \omega^2 = \frac{c}{m+m_1} \ , \quad S_2 = \frac{m_1 e \dot{\phi}^2}{m+m_1} \ . \tag{14}$$

Da wir nur die sich einstellende stationäre Schwingung suchen, brauchen wir auf die Lösung der homogenen Differentialgleichung nicht einzugehen, da diese zufolge der Dämpfung mit der Zeit abklingt.

Die Lösung für die stationäre Schwingung erhält man mit dem Lösungsansatz (Q.3):

$$x_{M,p}(t) = K_1 \cos\Omega t + K_2 \sin\Omega t \tag{15}$$

Durch Einsetzen von (15) in (14) und Koeffizientenvergleich nach $\cos\Omega t$ und $\sin\Omega t$ erhalten wir, wie auch in(Q.3) angeführt:

$$K_1 = \frac{-2\lambda\Omega S_2}{(\omega^2-\Omega^2)^2 + (2\lambda\Omega)^2} \ , \quad K_2 = \frac{(\omega^2-\Omega^2) S_2}{(\omega^2-\Omega^2)^2 + (2\lambda\Omega)^2} \tag{16}$$

Die Amplitude $a = \sqrt{K_1^2 + K_2^2}$ dieser Schwingung erhalten wir aus (16) mit den Abkürzungen nach (14) zu

$$a = \frac{S_2}{\sqrt{(\omega^2-\Omega^2)^2 + (2\lambda\Omega)^2}}$$

$$a = \frac{m_1 e \, \dot{\phi}^2}{\sqrt{(c-(m+m_1)\dot{\phi}^2)^2 + (k\dot{\phi})^2}} \left[\frac{\text{kgms}^{-2}}{(\text{Nm}^{-1} = \text{kg.s}^{-2} = \text{Nm}^{-1}\text{s.s}^{-1})} \right] = \left[\text{m} \right]$$

Zur Bestimmung der Auflagerkräfte A und B hat man nun die beiden Gleichungen (9) und (10), da die darin aufscheinenden Größen V, H, M und D mit $x_M(t)$ nach (15), (16) bestimmt werden können.

Bemerkung: Will man nur $x_M(t)$ bestimmen, ohne auf die inneren Kräfte des Systems und Auflagerkräfte einzugehen, so ist dies einfacher mit Hilfe des Schwerpunktsatzes in x-Richtung für das Gesamtsystem möglich:

Die Koordinate x_G des Gesamtschwerpunktes ist

$$x_G = \frac{m x_M + m_1 x_{S1}}{m+m_1}$$

Mit (4) folgt

$$x_G = x_M + \frac{m_1}{m+m_1} e.\sin\phi$$

Der Schwerpunktsatz lautet damit

$$(m+m_1)\ddot{x}_G = -D - F$$

$$(m+m_1)\ddot{x}_M - m_1 e \dot{\phi}^2 \sin\phi = -k\dot{x}_M - c x_M$$

Diese Gleichung stimmt mit (13) überein.

Lösung 4.4.1

a) Für den Drall des Rotors brauchen wir dessen Winkelgeschwindigkeit gegen das als Inertialsystem angesehene feste System. Da die xyz-Achsen gleichzeitig Trägheitshauptachsen sind, ist der Drall $\vec{L}$ des Rotors bezüglich S (P.3):

$$\vec{L} = I_x \cdot \omega_R \cdot \vec{e}_x + I \cdot \Omega \cdot \vec{e}_z \qquad (1)$$

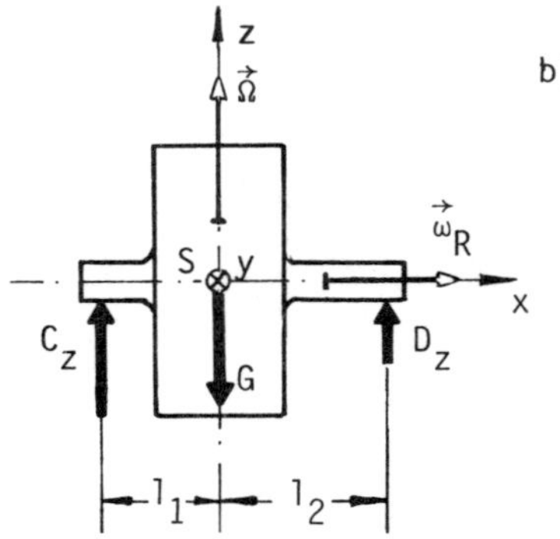

b) Im Drallsatz bezüglich S, dargestellt im mit $\vec{\Omega} = \Omega \cdot \vec{e}_z$ rotierenden Führungssystem, brauchen wir den Ausdruck $d\vec{L}_S/dt$.

Diese Ableitung kann direkt aus (1) gewonnen werden. Da die Winkelgeschwindigkeiten ω_R, Ω und die Trägheitsmomente bezüglich der xyz-Achsen konstant sind, folgt:

$$\dot{\vec{L}}_S = I_x \cdot \omega_R \cdot \dot{\vec{e}}_x + I \cdot \Omega \cdot \dot{\vec{e}}_z \qquad (2)$$

Da $\vec{e}_x$ mit der Winkelgeschwindigkeit $\vec{\Omega}$ gedreht wird, ist $\dot{\vec{e}}_x = \vec{\Omega} \times \vec{e}_x = \Omega \vec{e}_y$, $\dot{\vec{e}}_z = 0$ (siehe (K.6)).
Damit gibt (2):

$$\dot{\vec{L}}_S = I_x \cdot \omega_R \cdot \Omega \cdot \vec{e}_y \qquad (3)$$

Zu $\dot{\vec{L}}_S$ kann man auch über die Gleichung (P.6) gelangen:

$$\dot{\vec{L}}_S = \frac{d'\vec{L}_S}{dt} + (\vec{\Omega} \times \vec{L}_S) \qquad (4)$$

Die Dralländerung $d'\vec{L}_S/dt$ bezüglich des mit $\vec{\Omega}$ rotierenden Führungssystems xyz ist unter den gegebenen Voraussetzungen Null. Mit dem Drall nach (1) und $\vec{\Omega} = \Omega \vec{e}_z$ folgt aus (4) wieder die Gleichung (3).
Der Drallsatz $\dot{\vec{L}}_S = \vec{M}_S$ liefert wegen (3) nur eine relevante Gleichung:

$$I_x \Omega \cdot \omega_R = C_z l_1 - D_z l_2 \qquad (5)$$

Mit dem Kräftegleichgewicht in z-Richtung:

$$0 = C_z + D_z - G \qquad (6)$$

folgen aus (5) und (6)

$$C_z = \frac{(I_x \Omega \, \omega_R + l_2 G)}{l_1 + l_2}, \qquad D_z = \frac{(-I_x \Omega \, \omega_R + l_1 G)}{l_1 + l_2}$$

In x- und y-Richtung treten keine Auflagerkräfte auf.

c) Zur Bestimmung der Lagerkräfte in A und B kann entweder die als masselos betrachtete Gabel unter den entsprechend umorientierten Kräften C_z und D_z ins Gleichgewicht gesetzt, oder wie hier das Gesamtsystem Kreisel plus Gabel betrachtet werden.

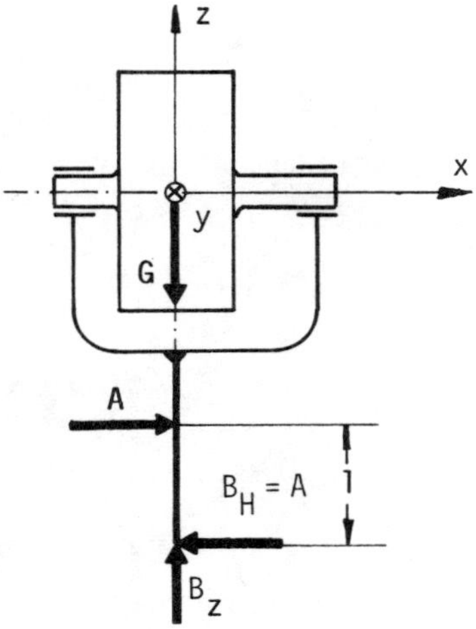

Aus dem Kräftegleichgewicht in z- und x-Richtung folgt unmittelbar $B_z = G$, $A = B_H$.

Analog zur Gleichung (5) erhält man mit dem äußeren Kräftepaar A, B_H eine Einzelgleichung für A:

$$I_x\Omega\,\omega_R = A.l \tag{7}$$

Die gesuchten Auflagerkräfte auf die Gabel sind also:

$$A = B_H = I_x\Omega\,\omega_R/l, \qquad B_z = G$$

Lösung 4.4.2

Da sich der Rotor bezüglich des rahmenfesten xyz-Systems dreht, verwenden wir zweckmäßigerweise den Drallsatz in der Form (P.6) und nicht die Gleichungen (P.7), die körperfest mitrotierende Achsen voraussetzen.

Da die Achsen x,y,z Trägheitshauptachsen des Rotors sind, ist sein Drall bezüglich seines Schwerpunktes (P.3):

$$\vec{L}_S = I_x\omega_x\vec{e}_x + I_y\omega_y\vec{e}_y + I_z\omega_z\vec{e}_z \tag{1}$$

Die Komponenten der Winkelgeschwindigkeit des Rotors sind dabei:

$$\omega_x = \omega_R + \Omega\sin\alpha\,, \qquad \omega_y = 0\,, \qquad \omega_z = \Omega\cos\alpha \tag{2}$$

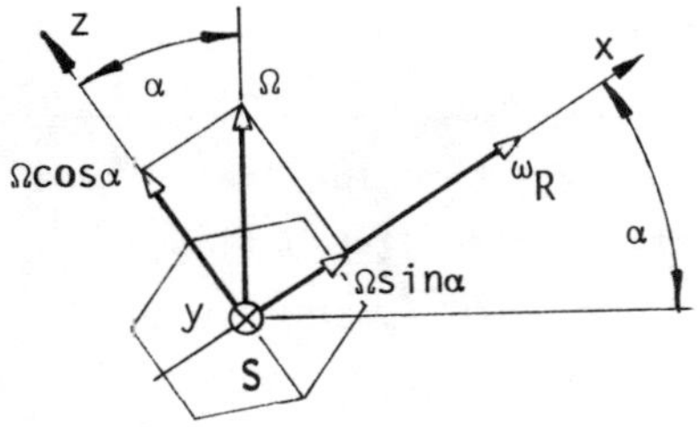

Damit ergibt sich der Drall aus (1) und (2) zu

$$\vec{L}_S = I_x(\omega_R + \Omega\sin\alpha)\vec{e}_x + I_z\Omega\cos\alpha.\vec{e}_z \tag{3}$$

Die Winkelgeschwindigkeit des Führungssystems ist

$$\vec{\Omega} = \Omega\sin\alpha.\vec{e}_x + \Omega\cos\alpha.\vec{e}_z \tag{4}$$

Wir bilden nun $d\vec{L}_S/dt = d'\vec{L}_S/dt + (\vec{\Omega}\times\vec{L}_S)$ nach (P.6). Die zeitliche Änderung $d'\vec{L}_S/dt$ im Führungssystem x,y,z ist, weil α konstant ist, nach (3):

$$\frac{d'\vec{L}_S}{dt} = I_x(\dot{\omega}_R + \dot{\Omega}\sin\alpha)\vec{e}_x + I_z\dot{\Omega}\cos\alpha\vec{e}_z \tag{5}$$

Mit (3) und (4) ist

$$\vec{\Omega}\times\vec{L}_S = [I_x(\omega_R + \Omega\sin\alpha)\Omega\cos\alpha - I_z\Omega^2\sin\alpha\cos\alpha]\vec{e}_y \tag{6}$$

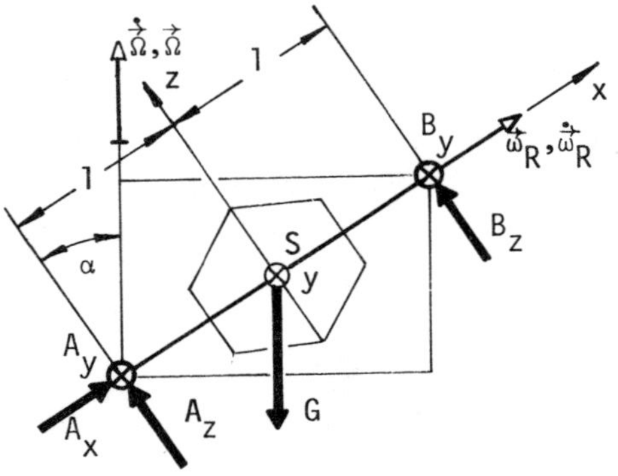

Für den Drallsatz $\dot{\vec{L}}_S = \vec{M}_S$ folgt aus (5) und (6) mit den auf den Rotor wirkenden Kräften:

x-Richtung: $I_x(\dot{\omega}_R + \dot{\Omega}\sin\alpha) = 0$ (7)

y-Richtung:

$I_x(\omega_R + \Omega\sin\alpha)\Omega\cos\alpha - I_z\Omega^2\sin\alpha\cos\alpha =$
$= (A_z - B_z)l$ (8)

z-Richtung: $I_z\dot{\Omega}\cos\alpha = (B_y - A_y)l$ (9)

Der Schwerpunkt S des Rotors beschreibt einen horizontalen Kreis mit dem Radius $r_S = l.\cos\alpha$, der Winkelgeschwindigkeit Ω und der Winkelbeschleunigung $\dot{\Omega}$. Der Schwerpunktsatz lautet daher:

x-Richtung: $-(m\,\Omega^2 l.\cos\alpha)\cos\alpha = A_x - G\sin\alpha$ (10)

y-Richtung: $m\,\dot{\Omega} l.\cos\alpha = A_y + B_y$ (11)

z-Richtung: $(m\,\Omega^2 l.\cos\alpha)\sin\alpha = A_z + B_z - G\cos\alpha$ (12)

Die Gleichungen (8) bis (12) sind die gesuchten Bestimmungsgleichungen für die Lagerkräfte.

Aus der Gleichung (7) erkennt man, daß sich wegen der reibungsfreien Lagerung ($M_x = 0$) die Drallkomponente L_x nicht ändert.
Wegen

$$\dot{\omega}_R = -\dot{\Omega}\sin\alpha$$

bleibt daher ω_x nach (2) konstant.

Lösung 4.4.3

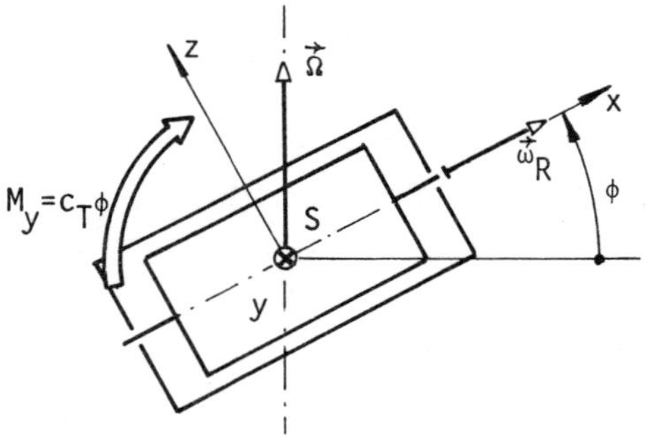

Die Achsen x,y,z sind für Kreisel und Gehäuse stets Trägheitshauptachsen. Daher ist der Drall $\vec{L}_S$ für Kreisel samt Gehäuse für den eingeschwungenen Zustand

$$\vec{L}_S = L_x\vec{e}_x + L_y\vec{e}_y + L_z\vec{e}_z$$

mit $L_x = I_x(\omega_R + \Omega\sin\phi) + I_{Gx}\Omega\sin\phi$

$L_y = 0$ (1)

$L_z = (I_z + I_{Gz})\Omega\cos\phi$

Man beachte, daß für den Drall des Kreisels $\vec{\omega}_R + \vec{\Omega}$ verwendet werden muß!

Für den eingeschwungenen Zustand (ϕ = konstant) ändern sich L_x, L_y, L_z nicht. Es ist daher

$$\dot{\vec{L}}_S = L_x \dot{\vec{e}}_x + L_z \dot{\vec{e}}_z \tag{2}$$

Die zeitlichen Änderungen der Einheitsvektoren resultieren aus der Rotation des Führungssystems mit $\vec{\Omega}$ und sind daher:

$$\dot{\vec{e}}_x = \vec{\Omega} \times \vec{e}_x = \Omega\cos\phi . \vec{e}_y$$
$$\dot{\vec{e}}_z = \vec{\Omega} \times \vec{e}_z = \Omega\sin\phi . (-\vec{e}_y) \tag{3}$$

Damit wird aus (2)

$$\dot{\vec{L}}_S = [L_x \Omega\cos\phi - L_z \Omega\sin\phi]\vec{e}_y \tag{4}$$

Wegen $d'\vec{L}_S/dt = 0$ liefert (P.6) ebenfalls über $\dot{\vec{L}}_S = \vec{\Omega}\times\vec{L}_S$ direkt (4).
Mit (4) gibt der Drallsatz:

$$0 = M_x \ , \quad L_x\Omega\cos\phi - L_z\Omega\sin\phi = M_y \ , \quad 0 = M_z \qquad (5),(6),(7)$$

Mit dem Federmoment $M_y = c_T\phi$ folgt aus (6) mit (1) für Ω die quadratische Gleichung:

$$[I_x\omega_R + (I_x + I_{Gx} - I_z - I_{Gz})\Omega\sin\phi]\Omega\cos\phi - c_T\phi = 0 \tag{8}$$

Üblicherweise (z.B. Wendezeiger im Flugzeug) ist ω_R sehr groß gegen Ω, so daß in (8) in der eckigen Klammer der zweite Term gestrichen werden kann. Es bleibt dann

$$\Omega \cong \frac{c_T\phi}{I_x\omega_R\cos\phi} \qquad \left[\frac{\text{Nm}}{\text{kgm}^2\text{s}^{-1}}\right] = \left[\frac{(\text{kgm.s}^{-2})\text{m}}{\text{kgm}^2\text{s}^{-1}}\right] = \left[\text{s}^{-1}\right]$$

Lösung 4.4.4

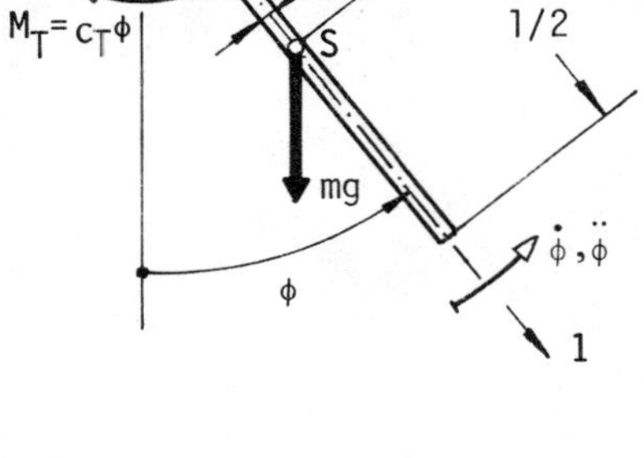

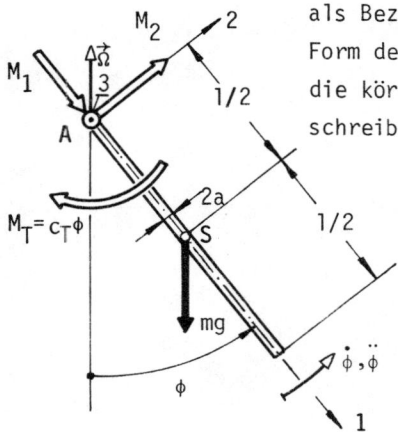

Wir verwenden den inertial- und körperfesten Punkt A als Bezugspunkt für den Drallsatz, den wir in der Form der EULERschen Kreiselgleichungen (P.7) für die körperfesten Trägheitshauptachsen 1,2,3 anschreiben:

$$I_1\dot{\omega}_1 - (I_2 - I_3)\omega_2\omega_3 = M_1$$
$$I_2\dot{\omega}_2 - (I_3 - I_1)\omega_3\omega_1 = M_2 \tag{1}$$
$$I_3\dot{\omega}_3 - (I_1 - I_2)\omega_1\omega_2 = M_3$$

Durch Zerlegung von $\vec{\Omega}$ in die Richtung 1 und 2 und Beachtung der Drehung um die Achse 3 zufolge der Relativbewegung des Stabes gegen die Gabel ergeben sich:

$$\omega_1 = -\Omega\cos\phi \ , \quad \omega_2 = \Omega\sin\phi \ , \quad \omega_3 = \dot{\phi} \tag{2}$$

Wegen $\vec{\Omega}$ = konstant sind die zeitlichen Ableitungen dieser Winkelgeschwindigkeitskomponenten:

$$\dot{\omega}_1 = \Omega\dot{\phi}\sin\phi \;, \qquad \dot{\omega}_2 = \Omega\dot{\phi}\cos\phi \;, \qquad \dot{\omega}_3 = \ddot{\phi} \tag{3}$$

Die Hauptträgheitsmomente des Stabes bezüglich A sind nach (F.6), (F.5):

$$I_1 = \frac{mr^2}{2} \;, \qquad I_2 = I_3 = m\left(\frac{l^2}{3} + \frac{r^2}{4}\right) \tag{4}$$

Mit (2), (3), (4) und den auf den Stab wirkenden Momenten bezüglich der Achsen 1,2,3 folgt aus den Gleichungen (1):

$$\frac{mr^2}{2}\Omega\dot{\phi}\sin\phi = M_1 \tag{5}$$

$$m\left(\frac{l^2}{3} + \frac{r^2}{4}\right)\Omega\dot{\phi}.\cos\phi + m\left(\frac{l^2}{3} - \frac{r^2}{4}\right)\Omega\dot{\phi}.\cos\phi = M_2 \tag{6}$$

$$m\left(\frac{l^2}{3} + \frac{r^2}{4}\right)\ddot{\phi} - m\left(\frac{l^2}{3} - \frac{r^2}{4}\right)\Omega^2.\sin\phi.\cos\phi = -c_T\phi - mg\frac{l}{2}.\sin\phi \tag{7}$$

a) Für kleine Winkel ϕ ($\cos\phi \to 1$, $\sin\phi \to \phi$) liefert die Bewegungsgleichung (7)

$$\ddot{\phi} + K\phi = 0 \qquad \text{mit} \qquad K = \frac{\frac{c_T}{m} + \frac{g.l}{2} - \left(\frac{l^2}{3} - \frac{r^2}{4}\right)\Omega^2}{\frac{l^2}{3} + \frac{r^2}{4}} \tag{8}$$

Dies ist nur für $K > 0$ eine Schwingungsgleichung. Damit ergibt sich für Ω^2 die Grenze:

$$\Omega^2 < \left(\frac{c_T}{m} + \frac{g.l}{2}\right)\Big/\left(\frac{l^2}{3} - \frac{r^2}{4}\right) \qquad \text{wenn} \quad \frac{r^2}{4} \leq \frac{l^2}{3} \;. \tag{9}$$

Für $\frac{r^2}{4} \geq \frac{l^2}{3}$ kann Ω^2 beliebig groß sein; K ist dann stets positiv.

b) Da die Gabel mit Ω = konstant um ihre vertikale Achse rotieren soll, entartet der Drallsatz bezüglich dieser Drehachse unter Beachtung der Orientierungsumkehr der Momente zu:

$$0 = M_A + M_1\cos\phi - M_2\sin\phi \tag{10}$$

Um jetzt M_1 und M_2 aus (5), (6) in (10) einsetzen zu können, muß zunächst $\dot{\phi}(\phi)$ bestimmt werden.

Die Bewegungsgleichung (7) kann mit $\ddot{\phi} = \frac{d\dot{\phi}}{d\phi}.\dot{\phi}$ integriert werden und liefert mit den Anfangsbedingungen $\phi = 0$, $\dot{\phi} = \nu$ die Beziehung:

$$\left(\frac{l^2}{3} + \frac{r^2}{4}\right)(\dot{\phi}^2 - \nu^2) = -\frac{c_T}{m}\phi^2 - gl(1 - \cos\phi) + \left(\frac{l^2}{3} - \frac{r^2}{4}\right)\frac{\Omega^2}{2}(1 - \cos2\phi) \tag{11}$$

aus der die Winkelgeschwindigkeit $\dot{\phi}(\phi)$ als $\dot{\phi} = \pm\, f(\phi)$ bestimmt werden kann. Das Vorzeichen der Wurzel wechselt mit der Bewegungsrichtung.

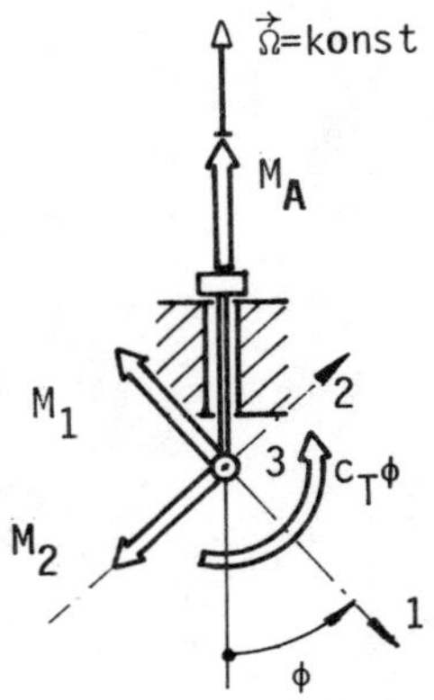

Damit folgen über die beiden Gleichungen (5),(6) M_1 und M_2 als Funktionen von ϕ, die, in (10) eingesetzt, das für eine Drehung mit Ω = konstant benötigte Antriebsmoment liefern:

$$M_A(\phi) = m(\frac{l^2}{3} - \frac{r^2}{4})\Omega\dot{\phi}.\sin 2\phi \tag{12}$$

Anmerkung: Bei diesem Beispiel wäre im Gegensatz zu den Aufgaben 4.4.1 bis 4.4.3 die Anwendung des Drallsatzes in der Form (P.6) nicht zweckmäßiger, da sich hier die Lage der Trägheitshauptachsen in bezug auf ein mit der Gabel mitrotierendes Führungssystem zufolge der Schwingung des Stabes ändert.

Lösung 4.4.5

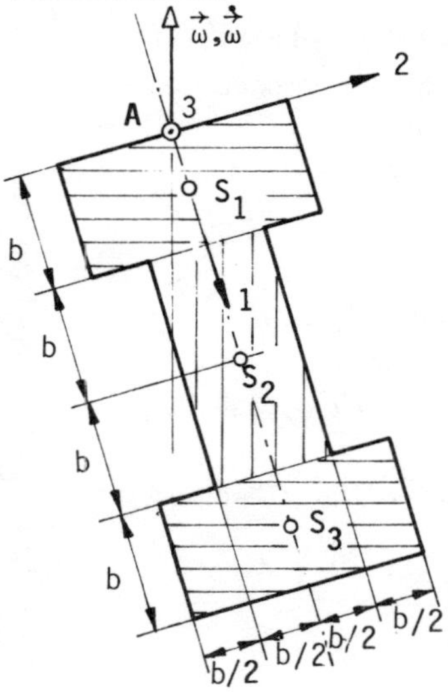

a) Für die homogene, dünne Platte sind die eingezeichneten Achsen 1,2,3 aus Symmetriegründen Trägheitshauptachsen.

Zur Berechnung der Trägheitsmomente unterteilen wir die Platte z.B. in die 3 Rechtecke mit S_1, S_2, S_3. Da es sich um eine dünne Platte handelt, berechnen wir unter Verwendung der Flächenträgheitsmomente der Einzelrechtecke (F.9) und des STEINERschen Satzes (F.8) die Flächenträgheitsmomente J_i um die Achsen 1,2,3 und multiplizieren diese sodann mit der Masse $\overline{m}$ pro Flächeneinheit.

$$I_1 = \left[\frac{(2b)^3.b}{12}.2 + \frac{b^3.2b}{12}\right]\overline{m} = \frac{3b^4}{2}\,\overline{m} \tag{1}$$

$$I_2 = \left[(\frac{b^3.2b}{12} + 2b^2(\frac{b}{2})^2) + (\frac{(2b)^3.b}{12} + 2b^2.(2b)^2) + (\frac{b^3.2b}{12} + 2b^2(\frac{7b}{2})^2\right]\overline{m} =$$
$$= 34b^4\,\overline{m} \tag{2}$$

Da für das polare Flächenträgheitsmoment J_3 gilt: $J_3 = J_1 + J_2$, folgt für I_3:

$$I_3 = I_1 + I_2 = \frac{71b^4}{2}\,\overline{m} \tag{3}$$

b) In der Zerlegung nach den Trägheitshauptachsen 1,2,3 stellt sich der Drall der Scheibe in der folgenden Form dar:

$$\vec{L} = I_1\omega_1\vec{e}_1 + I_2\omega_2\vec{e}_2 + I_3\omega_3\vec{e}_3 \quad (4)$$

Die Komponenten der Winkelgeschwindigkeit $\vec{\omega}$ sind:

$$\omega_1 = -\omega.\cos\alpha \;, \qquad \omega_2 = \omega.\sin\alpha \;, \qquad \omega_3 = 0 \quad (5)$$

Mit den Trägheitsmomenten nach (1) und (2) folgt der Drall aus (4) und (5) zu

$$\vec{L} = \overline{m}\, b^4\omega(-\tfrac{3}{2}\cos\alpha.\vec{e}_1 + 34.\sin\alpha.\vec{e}_2)$$

c) Die im Punkt A auf die Platte wirkenden Momente M_1, M_2, M_3 erhalten wir zweckmäßigerweise aus den EULERgleichungen (P.7). Wegen $\omega_3 = 0$ wird :

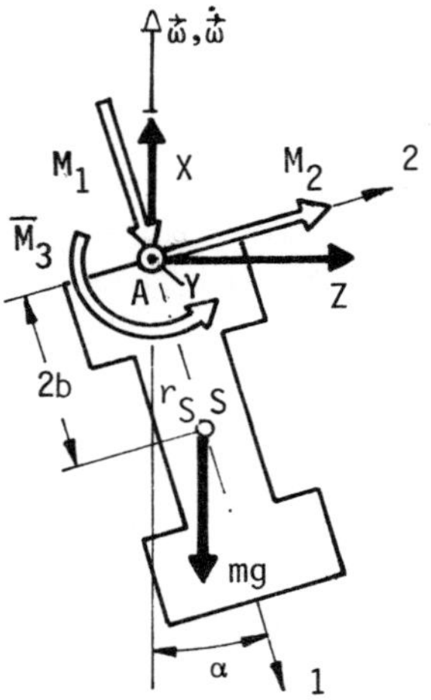

$$I_1\dot{\omega}_1 = M_1$$
$$I_2\dot{\omega}_2 = M_2 \quad (6)$$
$$-(I_1 - I_2)\omega_1\omega_2 = M_3 = \overline{M}_3 - mg.(2b.\sin\alpha)$$

Mit den Trägheitsmomenten nach (1), (2) und den Winkelgeschwindigkeitskomponenten nach (5) ergibt sich:

$$M_1 = -\frac{3b^4}{2}\,\overline{m}\,\dot{\omega}.\cos\alpha$$
$$M_2 = 34b^4\,\overline{m}\,\dot{\omega}.\sin\alpha \quad (7)$$
$$\overline{M}_3 = -\frac{65}{2}\,b^4\,\overline{m}\,\omega^2.\sin\alpha.\cos\alpha + 12b^3\overline{m}g.\sin\alpha$$

Die auf die Platte wirkenden Kräfte X, Y, Z erhalten wir aus dem

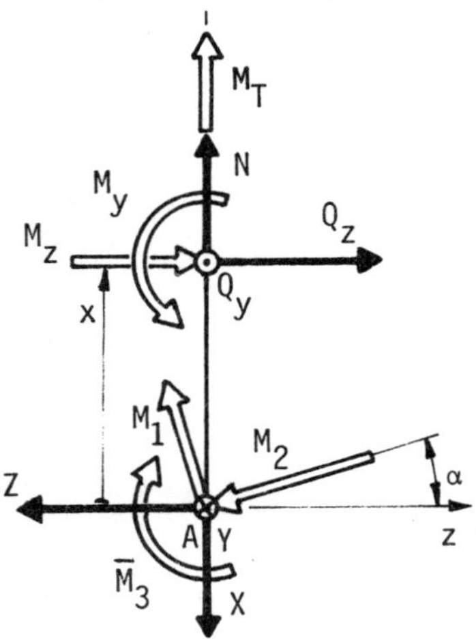

Schwerpunktsatz $m\vec{a}_S = \Sigma\vec{F}_i$:

$$ma_{S,x} = 0 = X - mg$$
$$ma_{S,y} = -mr_S\dot{\omega} = Y \quad (8)$$
$$ma_{S,z} = -mr_S\omega^2 = Z$$

Mit $m = 6b^2\overline{m}$ und $r_S = 2b.\sin\alpha$ wird

$X = mg$, $Y = -6\overline{m}b^3\dot{\omega}.\sin\alpha$, $Z = -6\overline{m}b^3\omega^2.\sin\alpha$

Zur Ermittlung der Schnittgrößen der Stange an der Stelle x müssen die in (7) und (8) für die Platte ermittelten Momente und Kräfte entgegengesetzt orientiert im Punkt A auf die Stange aufgebracht werden.

Da wir nur Schnittgrößen, die durch die Platte verursacht werden, ermitteln wollen, sind nun für das Stangenstück der Länge x die Gleichgewichtsbedingungen anzusetzen. Damit sich die gesuchten Schnittgrößen in den Gleichungen nicht verkoppeln, wählen wir für die Gleichgewichtsbedingungen (E.1) die Richtungen x,y,z und die Schnittstelle als Bezugspunkt für die Momentensummen. Wir erhalten damit:

$$N - X = 0 \qquad M_T + M_1\cos\alpha - M_2\sin\alpha = 0$$
$$Q_y - Y = 0 \qquad M_y - x.Z - \overline{M}_3 = 0$$
$$Q_z - Z = 0 \qquad M_z + x.Y - M_1\sin\alpha - M_2\cos\alpha = 0$$

Mit (7) und (8) erhalten wir sodann:

$$N = 6\,\overline{m}\,b^2 g \qquad M_T = \overline{m}\,b^4.\dot{\omega}(34.\sin^2\alpha + \tfrac{3}{2}.\cos^2\alpha)$$
$$Q_y = -12\,\overline{m}\,b^3\dot{\omega}.\sin\alpha \qquad M_y = -\overline{m}\,b^4.\omega^2.(\frac{12x}{b} + \frac{65}{2}.\cos\alpha)\sin\alpha + 12b^3\overline{m}g\sin\alpha$$
$$Q_z = -12\,\overline{m}\,b^3\omega^2\sin\alpha \qquad M_z = \overline{m}\,b^4.\dot{\omega}(\frac{12x}{b} + \frac{65}{2}.\cos\alpha)\sin\alpha$$

Lösung 4.5.1

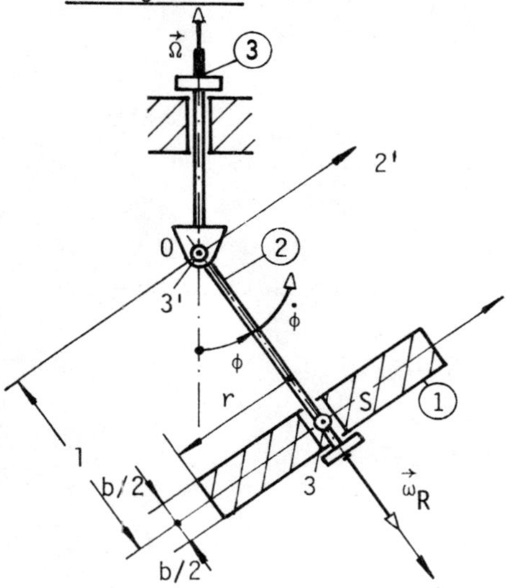

Für die Bewegungsenergie der Scheibe kann unter Verwendung der Trägheitsmomente bezüglich der Trägheitshauptachsen durch den Schwerpunkt S oder den raum- und körperfesten Punkt 0 angesetzt werden (R.2):

$$E_{kin} = mv_S^2/2 + I_1\omega_1^2/2 + I_2\omega_2^2/2 + I_3\omega_3^2/2 \tag{1}$$

oder

$$E_{kin} = I_1\omega_1^2/2 + I_{2'}\omega_2^2/2 + I_{3'}\omega_3^2/2 \tag{2}$$

Dabei sind ω_1, ω_2, ω_3 die Winkelgeschwindigkeitskomponenten der Scheibe bezüglich des festen Systems im betrachteten Augenblick:

$$\omega_1 = \omega_R - \Omega\cos\phi\ , \qquad \omega_2 = \Omega\sin\phi\ , \qquad \omega_3 = \dot{\phi} \tag{3}$$

Für die Schwerpunktsgeschwindigkeit v_S gilt:

$$v_S^2 = (\dot{\phi}l)^2 + (\Omega l\sin\phi)^2 \tag{4}$$

Die Trägheitsmomente der homogenen Scheibe bezüglich S sind (F.6):

$$I_1 = \frac{mr^2}{2}\ , \qquad I_2 = I_3 = \frac{m}{4}(r^2 + \frac{b^2}{3}) \tag{5}$$

Die Trägheitsmomente bezüglich der Achsen 1, 2', 3' durch 0 erhalten wir aus (5) mit Hilfe des STEINERschen Satzes (F.5) zu:

$$I_1 = \frac{mr^2}{2}, \qquad I_{2'} = I_{3'} = \frac{m}{4}(r^2 + \frac{b^2}{3}) + ml^2 \tag{6}$$

Durch Einsetzen von (3) und (6) in (2) oder von (3), (4) und (5) in (1) erhält man die Bewegungsenergie der Scheibe im betrachteten Augenblick zu:

$$E_{kin} = \frac{m}{2}\left[\frac{r^2}{2}(\omega_R - \Omega\cos\phi)^2 + (\frac{r^2}{4} + \frac{b^2}{12} + l^2)(\Omega^2\sin^2\phi + \dot{\phi}^2)\right] \tag{7}$$

Lösung 4.5.2

Man betrachtet zunächst, ohne auf die spezifischen Unterschiede der beiden Körper einzugehen, das reine Rollen eines Rades (Radius r, Masse m, Massenträgheitsmoment $I_S = mi^2$) auf einer schiefen Ebene der Neigung α.

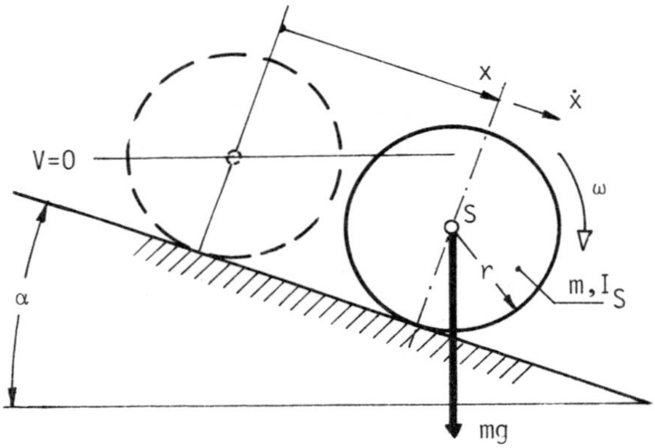

Die Geschwindigkeit $\dot{x}$ an der Stelle x läßt sich am günstigsten mit dem Energiesatz $E_{kin} + E_{pot} =$ konst. berechnen, weil die Kontaktkräfte zwischen Rad und Unterlage leistungslos sind und damit nicht im Energiesatz aufscheinen.

An der Stelle x = 0 wird die potentielle Energie mit $E_{pot}|_{x=0} = 0$ gewählt, und für die kinetische Energie gilt $E_{kin}|_{x=0} = 0$ wegen der Anfangsbedingung $\dot{x}|_{x=0} = 0$. Für eine beliebige Stelle x folgt mit der Winkelgeschwindigkeit ω des Rades:

$$E_{pot} = -mg.x.\sin\alpha \; , \; E_{kin} = \frac{m\dot{x}^2}{2} + \frac{I_S\omega^2}{2} \tag{1), (2}$$

Unter Berücksichtigung der Rollbedingung $r\omega = \dot{x}$ liefert der Energiesatz $E_{kin} + E_{pot} = (E_{kin} + E_{pot})_{x=0}$ (S.3) die Gleichung:

$$\frac{m\dot{x}^2}{2}\,(1 + \frac{I_S}{mr^2}) - mg.x.\sin\alpha = 0 \tag{3}$$

und mit $I_S = mi^2$ die Geschwindigkeit $\dot{x} = \sqrt{\frac{2g.x.\sin\alpha}{1 + (i/r)^2}}$ (4)

Als einzige körperspezifische Größe ist hierin der Ausdruck $(i/r)^2$ enthalten. Der Trägheitsradius i_R des dünnen Ringes entspricht wegen der homogenen Massenverteilung am Umfang praktisch seinem Rollradius r_R (F.6).

Also wird

$$(i_R/r_R)^2 \cong (r_R/r_R)^2 = 1 \tag{5}$$

Das Verhältnis Trägheitsradius i_{SCH} zu Rollradius r_{SCH} der homogenen Scheibe bestimmt sich aus (F.6)

$$I_{S,SCH} = \frac{mr_{SCH}^2}{2} = mi_{SCH}^2 \quad \text{zu} \quad (i_{SCH}/r_{SCH})^2 = 1/2 \tag{6}$$

Da der Wert $(i_{SCH}/r_{SCH})^2 = 1/2$ kleiner ist als $(i_R/r_R)^2 = 1$, ist auch die Geschwindigkeit der Scheibe stets größer als die des Ringes. Der Ring erreicht also später die Stelle $x = l$ und zwar, nach (4) und (5), mit der Geschwindigkeit

$$\dot{x}_R = \sqrt{g.l.\sin\alpha}$$

die Scheibe früher, nach (4) und (6), mit der Geschwindigkeit

$$\dot{x}_{SCH} = \sqrt{\frac{4}{3}\,gl.\sin\alpha}$$

Lösung 4.5.3

Unter der Voraussetzung, daß kein Gleiten zwischen Block und Walzen auftritt, sind die Kontaktkräfte leistungslos und das System hat nur einen Freiheitsgrad. Da nur die Geschwindigkeit $\dot{x}(x)$ ermittelt werden soll, ist es zweckmäßig, den Arbeitssatz (R.4) anzuwenden.

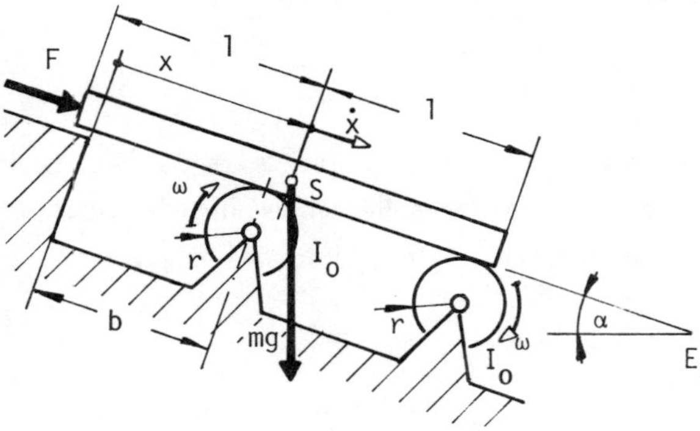

Wir betrachten zunächst die Bewegung des Blockes im ersten Bereich $b \leq x \leq l$, in dem die konstante Schubkraft F wirkt.

Die Bewegungsenergie von Block und Walzen ist (R.2):

$$E_{kin,1} = \frac{m\dot{x}^2}{2} + 2I_0 \cdot \frac{\omega^2}{2} \tag{1}$$

Mit der Rollbedingung $\dot{x} = r\omega$ folgt somit:

$$E_{kin}(x) = (m + 2I_0/r^2)\frac{\dot{x}^2}{2} \tag{2}$$

Die über das Wegstück $(x - b)$ von der Kraft F und dem Gewicht des Blockes geleistete Arbeit ist (P.1)

$$W_1 = (F + mg.\sin\alpha)(x - b) \tag{3}$$

Da die kinetische Energie in der Anfangslage $x = b$ Null ist, liefert der Arbeitssatz $E_{kin}(x) - E_{kin,0} = W_1$ mit den Gleichungen (2) und (3) unmittelbar eine Bestimmungsgleichung für $\dot{x}(x)$:

$$(m + 2I_o/r^2)\frac{\dot{x}^2}{2} = (F + mg.\sin\alpha)(x - b) \qquad (4)$$

Daraus folgt für den Bereich $b \leq x \leq l$

$$\dot{x}^2 = \frac{2(F + mg.\sin\alpha)(x - b)}{(m + 2I_o/r^2)} \qquad (5)$$

Im zweiten Bereich $l \leq x \leq (l + b)$ gilt für die kinetische Energie des Systems derselbe Ausdruck (1) wie im ersten Bereich. Die von der Kraft F und dem Gewicht des Balkens geleistete Arbeit setzt sich jedoch aus der Arbeit von F und Gewicht im ersten Bereich und jener des Gewichtes im zweiten Bereich zusammen:

$$W_{1+2} = (F + mg.\sin\alpha)(l - b) + mg.\sin\alpha.(x - l) \qquad (6)$$

Mit der kinetischen Energie nach (2) und der bis zur Position x geleisteten Arbeit (6) der äußeren Kräfte des Systems liefert sodann der Arbeitssatz analog zum ersten Bereich:

$$\dot{x}^2 = \frac{2[F.(l - b) + mg.\sin\alpha.(x - b)]}{(m + 2I_o/r^2)} \qquad l \leq x \leq (l + b) \qquad (7)$$

Im dritten Bereich $(b + l) \leq x \leq (b + 2l)$ betrachten wir nur noch das System Block und zweite Walze. Die Bewegungsenergie bestimmt sich damit entsprechend (2) zu:

$$E_{kin,3} = (m + I_o/r^2)\frac{\dot{x}^2}{2} \qquad (8)$$

Zur Anwendung des Arbeitssatzes brauchen wir jetzt, weil sich der Ausdruck für die kinetische Energie gegenüber den anderen Bereichen geändert hat, die kinetische Energie $E_{kin,3,0}$ am Bereichsbeginn, also bei $x = l + b$.

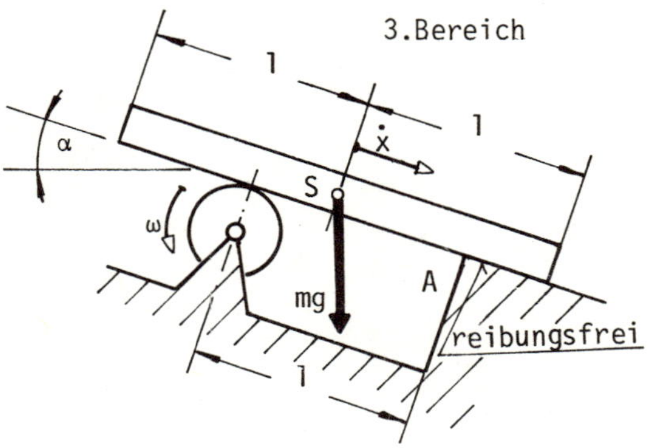

$$E_{kin,3,0} = \frac{1}{2}(m + I_o/r^2)\dot{x}^2\Big|_{x=l+b} \qquad (9)$$

Mit der nach (7) bestimmten Geschwindigkeit $\dot{x}\big|_{x=l+b}$ folgt aus (9):

$$E_{kin,3,0} = [F(l - b) + mgl.\sin\alpha] \cdot \frac{m + I_o/r^2}{m + 2I_o/r^2} \qquad (10)$$

In diesem Bereich, also ab $x = l + b$ leistet nur das Blockgewicht Arbeit, da die Auflagerfläche ab A reibungsfrei ist:

$$W_3 = mg.\sin\alpha.[x - (l + b)] \tag{11}$$

Über den Arbeitssatz $E_{kin,3} - E_{kin,3,0} = W_3$ erhält man wieder unter Verwendung von (8), (10) und (11) eine Beziehung für die Geschwindigkeit $\dot{x}$:

$$\dot{x}^2 = \frac{2[F(l-b) + mgl.\sin\alpha]}{(m + 2I_o/r^2)} + \frac{2mg.\sin\alpha[x - (l + b)]}{(m + I_o/r^2)} \tag{12}$$

Lösung 4.5.4

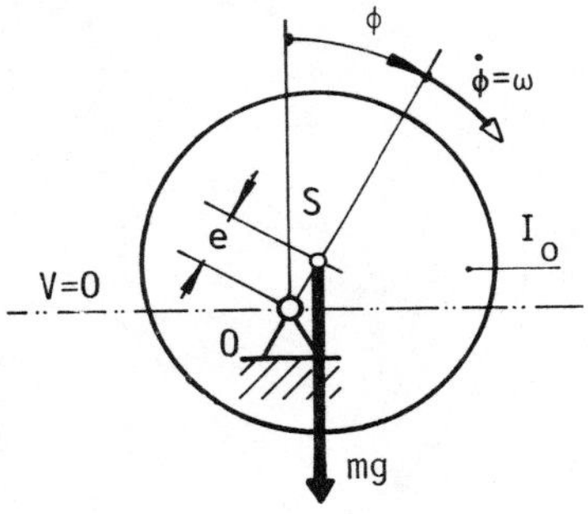

Da auf das Schwungrad keine dissipativen Kräfte wirken, verwenden wir zweckmäßigerweise den Energiesatz (S.3). Wir wählen für die potentielle Energie E_{pot} das Niveau $E_{pot}=0$ für $\phi=\pi/2$, also in der Höhe der Drehachse durch 0.
Sodann lautet der Energiesatz mit der gegebenen Winkelgeschwindigkeit $\omega = \omega_A$ für $\phi = 0$:

$$E_{kin}(\phi) + E_{pot}(\phi) = E_{kin}|_{\phi=0} + E_{pot}|_{\phi=0}$$

$$I_o\omega^2/2 + mg\, e.\cos\phi = I_o\omega_A^2/2 + mg.e \tag{1}$$

Aus (1) ergibt sich mit $I_o = mi_o^2$: $\omega^2 = \omega_A^2 + \frac{2ge}{i_o^2}(1 - \cos\phi)$ (2)

Wie man aus (2) erkennt, treten die Extremwerte der Winkelgeschwindigkeit bei $\phi = 0$ und $\phi = \pi$ auf:

$$\omega^2\Big|_{\phi=0} = \omega_{min}^2 = \omega_A^2 \tag{3}$$

$$\omega^2\Big|_{\phi=\pi} = \omega_{max}^2 = \omega_A^2 + 4ge/i_o^2 \tag{4}$$

Über die Definition $\omega_m = (\omega_{max} + \omega_{min})/2$ folgt aus (3) und (4):

$$\omega_m = \frac{\omega_A}{2}\left(1 + \sqrt{1 + \frac{4ge}{\omega_A^2 i_o^2}}\right) \tag{5}$$

Für den Ungleichförmigkeitsgrad $\delta = (\omega_{max} - \omega_{min})/\omega_m$ kann über die Definition für ω_m die folgende Beziehung gefunden werden:

$$\delta.\omega_m = \frac{\omega_{max} - \omega_{min}}{\omega_m} \cdot \frac{(\omega_{max} + \omega_{min})}{2} = \frac{\omega_{max}^2 - \omega_{min}^2}{2\omega_m} \tag{6}$$

Mit (3) und (4) folgt dann der Ungleichförmigkeitsgrad aus (6) zu:

$$\delta = \frac{2ge}{i_o^2\omega_m^2} ; \left[\frac{ms^{-2}.m}{m^2.s^{-2}}\right] = [1] \tag{7}$$

Man sieht, daß bei gegebener Exzentrizität e der Ungleichförmigkeitsgrad δ umso kleiner ist, je größer der Trägheitsradius i_o und die mittlere Winkelgeschwindigkeit ω_m sind.

Zur zahlenmäßigen Veranschaulichung betrachten wir ein Schwungrad in Form einer homogenen, zylindrischen Scheibe mit

$$r = 0{,}2\ \text{m} \qquad \text{und} \qquad e = r/100$$

Der Trägheitsradius i_o folgt über den STEINERschen Satz (F.5), (F.6)

$$i_o^2 = i_s^2 + e^2 = \frac{r^2}{2} + \left(\frac{r}{100}\right)^2 \cong \frac{r^2}{2}$$

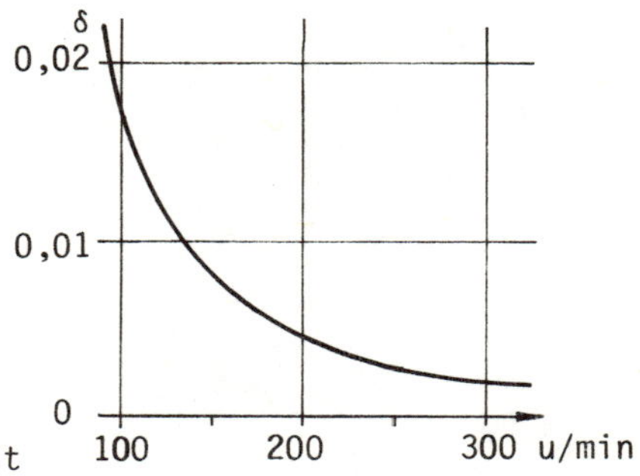

Damit wird der Ungleichförmigkeitsgrad

$$\delta = \frac{2.9{,}81.\frac{r}{100}}{\frac{r^2}{2}.\omega_m^2} = \frac{1{,}96}{\omega_m^2}$$

Ersetzt man ω_m durch den Wert N_m in Umdrehungen pro Minute bzw. durch n_m in Umdrehungen pro Sekunde, so ergibt sich mit

$$\omega_m = N_m\,\pi/30 = 2\pi n_m$$
$$\delta = 179/N_m^2 = 0{,}0496/n_m^2$$

Lösung 4.5.5

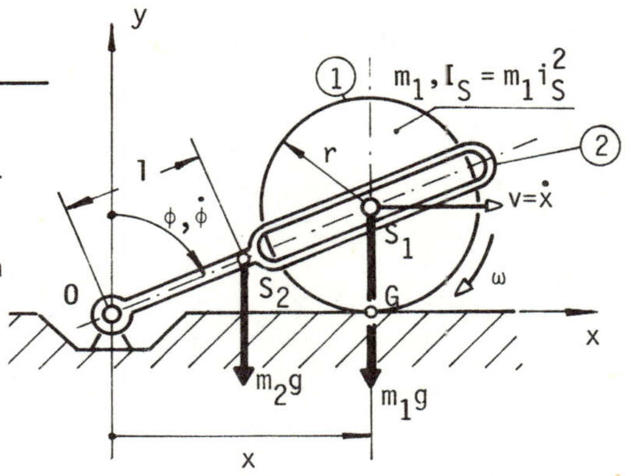

Für gleitfreies Rollen der Walze hat das System Walze und Führungskulisse nur einen Freiheitsgrad. Da vorausgesetzt ist, daß zwischen Kulissenführung und Walzenachse keine Reibung auftritt, sind die dort auftretenden gegengleichen Normalkräfte in Summe leistungslos. Die von der Unterlage auf die Walze übertragenen Kräfte sind wegen das gleitfreien Rollens ebenfalls leistungslos. Der Energiesatz liefert daher unmittelbar den gesuchten Zusammenhang $v(\phi)$.

Die Bewegungsenergie des Systems ist

$$E_{kin} = \frac{1}{2}(I_o\dot{\phi}^2 + m_1 v^2 + I_S\omega^2) \tag{1}$$

Da die potentielle Energie der Walze konstant bleibt, ändert sich die potentielle Energie des Systems nur durch die Lage der Kulisse. Wir setzen

$$E_{pot} = m_2 g.l.\cos\phi \tag{2}$$

Für den in (1) benötigten Zusammenhang zwischen $\dot{\phi}$ und v entnehmen wir zunächst der Skizze den geometrischen Zusammenhang:

$$x = r.\tan\phi$$

Daraus folgt: $v = \dot{x} = r\dot{\phi}/\cos^2\phi$ (3)

Die Rollbedingung für die Walze ist $\omega = v/r$. (4)

Mit den kinematischen Beziehungen (3) und (4) sowie $I_S = m_1 i_S^2$ folgt aus (1):

$$E_{kin} = \left[\frac{I_o\cos^4\phi}{r^2} + m_1(1 + i_S^2/r^2)\right]\frac{v^2}{2} \tag{5}$$

Der Energiesatz (S.3) liefert nun mit der gegebenen Anfangsbedingung $\phi = \phi_o$, $\dot{\phi} = 0$ (und damit $v = 0$) aus (5) und (2):

$$\left[\frac{I_o\cos^4\phi}{r^2} + m_1(1 + i_S^2/r^2)\right]\frac{v^2}{2} + m_2 gl.\cos\phi = m_2 gl.\cos\phi_o \tag{6}$$

Daraus folgt unmittelbar:

$$v^2(\phi) = \frac{2m_2 gl(\cos\phi_o - \cos\phi)}{(I_o/r^2)\cos^4\phi + m_1(1 + i_S^2/r^2)}$$

Lösung 4.5.6

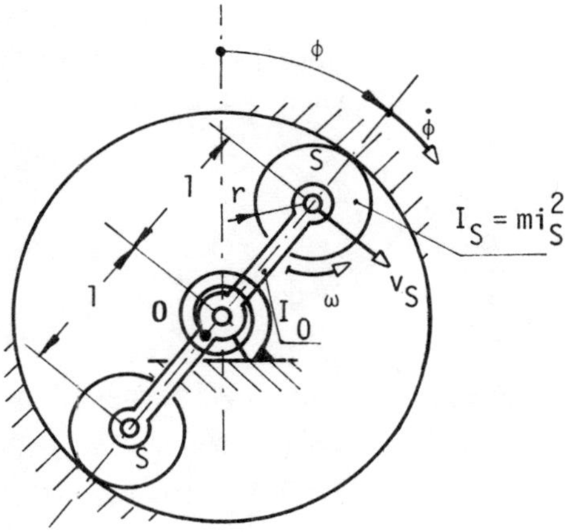

Die kinetische Energie des Gesamtsystems ist :

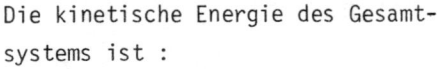

$$E_{kin} = I_o\frac{\dot{\phi}^2}{2} + 2\left[\frac{mv_S^2}{2} + \frac{mi_S^2\omega^2}{2}\right] \tag{1}$$

Mit $v_S = l\dot{\phi}$ und der Rollbedingung $v_S = r\omega$ liefert (1):

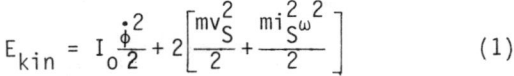

$$E_{kin} = \left[I_o + 2m(1 + i_S^2/r^2)l^2\right]\frac{\dot{\phi}^2}{2} \tag{2}$$

Wegen der symmetrischen Anordnung des Schwingers ist der Anteil der potentiellen Energie zufolge der Gewichte unabhängig von der Lage.

Wir benötigen daher nur die potentielle Energie der Drehfeder (S.2):

$$E_{pot} = c_T\phi^2/2 \tag{3}$$

Mit (2) und (3) lautet der Energiesatz (S.3):

$$\frac{1}{2}\left[I_o + 2m(1+i_S^2/r^2)l^2\right]\dot{\phi}^2 + c_T\phi^2/2 = \text{konstant} . \tag{4}$$

Durch Ableitung dieser Gleichung nach der Zeit erhält man:

$$\left[I_o + 2m(1 + i_S^2/r^2)l^2\right]\dot{\phi}\ddot{\phi} + c_T\phi\dot{\phi} = 0 \tag{5}$$

Dies ist die Gleichung einer ungedämpften, harmonischen Schwingung (Q.1). Die gesuchte Schwingungsdauer ergibt sich zu:

$$\tau = 2\pi.\sqrt{\frac{I_o + 2m(1+i_S^2/r^2)l^2}{c_T}} \quad ; \left[\left(\frac{kgm^2 + kgm^2}{Nm}\right)^{1/2}\right] = \left[\left(\frac{kgm^2}{kgms^{-2}.m}\right)^{1/2}\right] = [s]$$

Lösung 4.5.7

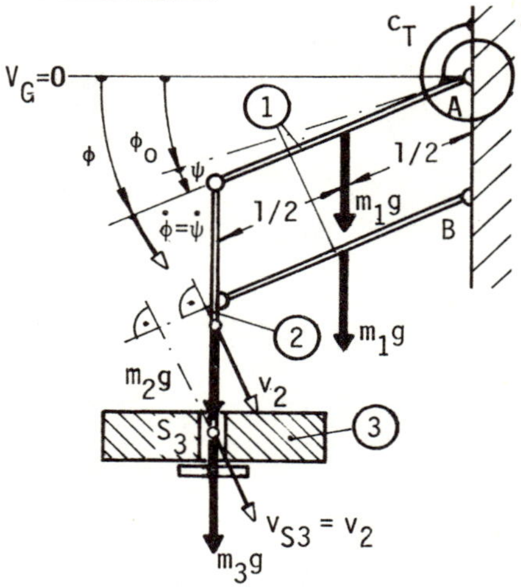

a) Die Bewegungsenergie des Systems setzt sich zusammen:
aus der Bewegungsenergie $E_{kin,1}$ der beiden Stäbe 1, die Drehungen um die Punkte A bzw. B ausführen:

$$E_{kin,1} = 2(m_1l^2/3)\frac{\dot{\phi}^2}{2} \tag{1}$$

aus der Bewegungsenergie $E_{kin,2}$ des Stabes 2, der sich zufolge der Parallelführung translatorisch mit der Geschwindigkeit

$v_2 = l\dot{\phi}$ bewegt:

$$E_{kin,2} = m_2(l\dot{\phi})^2/2 \tag{2}$$

und der Bewegungsenergie $E_{kin,3}$ des Rades 3 , das dieselbe Translation $v_{S3} = v_2 = l\dot{\phi}$ wie der Stab 2 ausführt und zusätzlich noch mit ω_3 rotiert (R.2):

$$E_{kin,3} = m_3(l\dot{\phi})^2/2 + I_3\omega_3^2/2 \tag{3}$$

Die gesamte Bewegungsenergie $E_{kin} = E_{kin,1} + E_{kin,2} + E_{kin,3}$ ist somit:

$$E_{kin} = \frac{1}{2}(2m_1/3 + m_2 + m_3)(l\dot{\phi})^2 + I_3\omega_3^2/2 \tag{4}$$

b) c) Zur Herleitung der Schwingungsgleichung verwenden wir den Energiesatz und benötigen hiefür noch die potentielle Energie des Systems. Wir wählen die Lage $\phi = 0$ als Bezugsniveau $E_{pot,G}=0$ für die potentielle Energie $E_{pot,G}$ aller Teile mit Ausnahme der Feder, und erhalten damit:

$$E_{pot,G} = -2(m_1 g.\frac{l}{2}\sin\phi) - (m_2 + m_3)gl.\sin\phi = -(m_1 + m_2 + m_3)gl.\sin\phi \qquad (5)$$

Die potentielle Energie $E_{pot,F}$ der linearen Drehfeder mit zunächst noch unbekanntem Winkel $\phi=\alpha$ der ungespannten Feder ist (S.2):

$$E_{pot,F} = \frac{c_T(\phi - \alpha)^2}{2} \qquad (6)$$

Mit (4),(5) und (6) liefert der Energiesatz $E_{kin}+E_{pot,G}+E_{pot,F}$ = konstant die Gleichung:

$$(\frac{2m_1}{3} + m_2 + m_3)\frac{(l\dot{\phi})^2}{2} + I_3\omega_3^2/2 - (m_1 + m_2 + m_3)gl.\sin\phi + \frac{c_T(\phi - \alpha)^2}{2} = \text{konst.} \qquad (7)$$

Da auf das Rad 3 kein Drehmoment um die Achse 2 auftritt, bleibt ω_3 konstant. Die Ableitung von (7) nach der Zeit liefert daher:

$$(\frac{2m_1}{3} + m_2 + m_3)l^2\ddot{\phi}\dot{\phi} - (m_1 + m_2 + m_3)gl\dot{\phi}.\cos\phi + c_T(\phi - \alpha)\dot{\phi} = 0 \qquad (8)$$

Setzt man in (8) $\ddot{\phi} = 0$, $\phi = \phi_o$, so erhält man für die Gleichgewichtslage ϕ_o die Beziehung

$$-(m_1 + m_2 + m_3)gl.\cos\phi_o + c_T(\phi_o - \alpha) = 0 \qquad (9)$$

aus der der Vorspannwinkel α folgt:

$$\alpha = \phi_o - \frac{(m_1 + m_2 + m_3)gl}{c_T} . \cos\phi_o \qquad (10)$$

Für die Beschreibung der Bewegung des Systems um die Gleichgewichtslage ϕ_o mit kleinen Winkelamplituden ersetzen wir in der Bewegungsgleichung (8) ϕ durch $(\phi_o + \psi)$ bzw. $\ddot{\phi}$ durch $\ddot{\psi}$:

$$(2m_1/3 + m_2 + m_3)l^2\ddot{\psi} - (m_1 + m_2 + m_3)gl.\cos(\phi_o + \psi) + c_T(\phi_o + \psi - \alpha) = 0 \qquad (11)$$

Für die Linearisierung bezüglich ψ schreiben wir zunächst:
$\cos(\phi_o + \psi) = \cos\phi_o\cos\psi - \sin\phi_o\sin\psi$ und setzen $\cos\psi \cong 1$ bzw. $\sin\psi \cong \psi$, also
$\cos(\phi_o + \psi) \cong \cos\phi_o - \psi.\sin\phi_o$. (12)

Mit (12) lautet die Gleichung (11) für kleine Winkel ψ:

$$(2m_1/3 + m_2 + m_3)l^2\ddot{\psi} + [c_T + (m_1 + m_2 + m_3)gl.\sin\phi_o].\psi =$$

$$(m_1 + m_2 + m_3)gl.\cos\phi_o - c_T(\phi_o - \alpha) \qquad (13)$$

Die rechte Seite dieser Gleichung entspricht der Beziehung (9), ist also Null für den nach (10) bestimmten Vorspannwinkel α. Damit ist also (13) die Gleichung einer harmonischen Schwingung um die Lage $\psi = 0$. (Q.1).

Für die gesuchte Kreisfrequenz ω erhält man:

$$\omega^2 = \frac{c_T + (m_1+m_2+m_3)gl.\sin\phi_o}{(2m_1/3+m_2+m_3)l^2} \tag{14}$$

Mit den gewonnenen Ergebnissen soll nun als Zahlenbeispiel eine andere Fragestellung behandelt werden:

Wie groß sind Drehfederkonstante c_T und Vorspannwinkel α, wenn das System um die Lage $\phi_o = 0$ je Sekunde ν Schwingungen ausführt?

Setzt man in (14) $\omega = 2\pi\nu$ und $\phi_o = 0$ ein, so hat man:

$$c_T = (2m_1/3 + m_2 + m_3)l^2(2\pi\nu)^2 \tag{15}$$

Nach (10) kann dann mit c_T der nötige Vorspannwinkel α ermittelt werden:

$$\alpha = -(m_1 + m_2 + m_3)gl/c_T \tag{16}$$

Die speziellen Werte: $m_1 = m_2 = m_3/2 = 0{,}5$ kg; $l = 0{,}3$ m, $\nu = 1$ Hz

geben $c_T = 6{,}514\ \text{kgm}^2\text{s}^{-2} = 6{,}514$ Nm

$\alpha = -0{,}9036 = -51{,}77^o$

Lösung 4.5.8

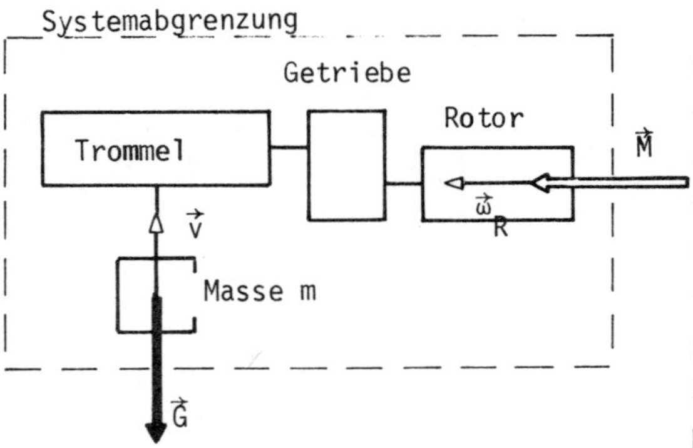

Diese Aufgabenstellung ist ein typisches Beispiel für die Anwendung des Arbeitssatzes (R.4) in differentieller Form, in der er die Leistungsbilanz des Systems darstellt: die zeitliche Änderung der Bewegungsenergie des Systems ist gleich der Summe der Leistungen aller am System angreifenden äußeren und inneren Kräfte $\vec{F}_i$ und Momente $\vec{M}_k$.

$$\frac{dE_{kin}}{dt} = P \quad \text{mit} \quad P = \sum_i(\vec{F}_i.\vec{v}_i) + \sum_k(\vec{M}_k.\vec{\omega}_k) \tag{1}$$

Die Bewegungsenergie des Gesamtsystems ist (R.2):

$$E_{kin} = I_R\omega_R^2/2 + I_T\omega_T^2/2 + mv^2/2 \tag{2}$$

Mit den kinematischen Beziehungen:

$$\omega_R = u\,\omega_T\,, \qquad v = r\,\omega_T \qquad (3),(4)$$

läßt sich (2) in der folgenden Form schreiben:

$$E_{kin} = (u^2I_R/r^2 + I_T/r^2 + m).v^2/2 \tag{5}$$

Man beachte, daß das Übersetzungsverhältnis u in die Bewegungsenergie quadratisch eingeht.

Die vom Stator dem System zugeführte Leistung ist (R.3):

$$P_R = \vec{M}(\omega_R).\vec{\omega}_R = M_o(1 - k\omega_R).\omega_R$$

oder mit (3) und (4)

$$P_R = M_o\left(1 - k\frac{uv}{r}\right)\frac{uv}{r} \qquad (6)$$

Die Verlustleistung P_V, die durch im einzelnen nicht bekannte innere Kräfte und Momente (Reibung) entsteht, berücksichtigt man durch Multiplikation der zugeführten Leistung P_R mit dem Wirkungsgrad η. Der Wirkungsgrad η entspricht im stationären Betrieb dem Verhältnis Nutzleistung zu Eingangsleistung.

Die Leistung des Gewichtes G beim Heben der Masse m ist:

$$P_G = \vec{G}.\vec{v} = -G.v \qquad (7)$$

Mit (5), (6) und (7) folgt aus (1) unter Berücksichtigung des Wirkungsgrades η :

$$(I_R.u^2/r^2 + I_T/r^2 + m)\cancel{v}\dot{v} = \eta.M_o\left(1 - \frac{ku}{r}.v\right)\frac{u}{r}.\cancel{v} - G.\cancel{v} \qquad (8)$$

a) Die sich asymptotisch einstellende Geschwindigkeit v_a erhalten wir für $\dot{v} = 0$ aus (8) zu

$$v_a = \frac{r}{k}.\frac{1}{u} - \frac{Gr^2}{\eta M_o k}\left(\frac{1}{u}\right)^2 \qquad (9)$$

Zur Bestimmung des Maximums von v_a in Abhängigkeit vom Übersetzungsverhältnis u leiten wir (9) nach $1/u = \bar{u}$ ab und setzen die Ableitung Null:

$$\frac{dv_a}{d\bar{u}} = \frac{r}{k} - \frac{2Gr^2}{\eta M_o k}.\bar{u} = 0 \qquad (10)$$

Aus (10) wird $u_{optimum} = 1/\bar{u}_{opt} = \frac{2Gr}{\eta M_o}$ und damit mit (9) $v_{a,max} = \frac{\eta M_o}{4kG}$ unabhängig von r.

b) Die Differentialgleichung (8) für v(t) hat die Form

$$\frac{dv}{dt} + Av = B \quad \text{mit} \quad A = (\eta M_o k u^2)/(\bar{m} r^2) \;, \quad B = (\eta M_o u/r - G)/\bar{m} \,, \qquad (11)$$

$$\bar{m} = (I_R u^2/r^2 + I_T/r^2 + m)$$

Der Lösungsansatz $v_h(t) = C_1 e^{\alpha t}$ für die homogenen Differentialgleichung liefert

$$\alpha = -A$$

Der Ansatz $x_p = C_2$ für die partikuläre Lösung ergibt $C_2 = B/A$. Somit ist

$$v(t) = C_1 e^{-At} + B/A \tag{12}$$

Für die Integrationskonstante C_1 erhält man aus der Anfangsbedingung $v = 0$ für $t = 0$:

$$C_1 = -B/A \tag{13}$$

Damit wird

$$v(t) = \frac{B}{A}(1 - e^{-At}) = v_a(1 - e^{-At}),$$

und nach Rückeinsetzen für A und v_a aus (11) und (9)

$$v(t) = \frac{r}{ku}\cdot\left(1 - \frac{Gr}{\eta M_o u}\right)\cdot\left[1 - e^{-(\eta k M_o u^2)t/(\bar{m}r^2)}\right] \tag{14}$$

Man erkennt, daß $\eta M_o u > Gr$ sein muß, damit die Last gehoben werden kann.

Lösung 4.5.9

a) Für die Lösung dieser kinematischen Aufgabe betrachten wir die jeweils gleichen Geschwindigkeiten der Kontaktpunkte von je zwei Körpern.

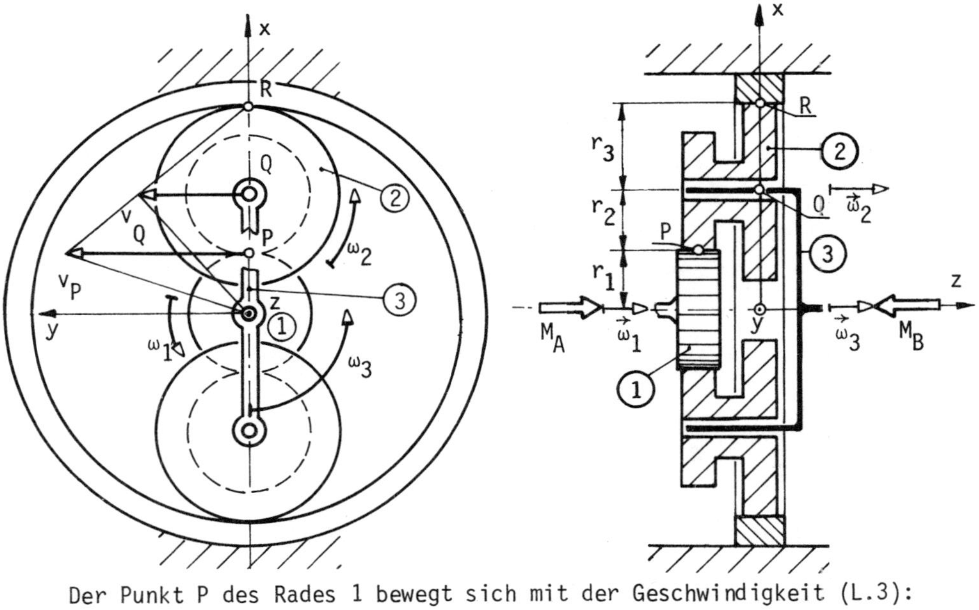

Der Punkt P des Rades 1 bewegt sich mit der Geschwindigkeit (L.3):

$$v_P = r_1\omega_1 \tag{1}$$

Da der Punkt R des Rades 2 im betrachteten Augenblick in Ruhe ist, ist v_P andererseits gleich

$$v_P = -(r_2 + r_3)\omega_2 \tag{2}$$

und weiters

$$v_Q = -r_3\omega_2 \tag{3}$$

Als Punkt des Steges hat Q die Geschwindigkeit

$$v_Q = (r_1 + r_2)\omega_3 \tag{4}$$

Durch Gleichsetzen von v_P aus (1) und (2) folgt

$$\omega_2 = \frac{-r_1}{r_2 + r_3}.\omega_1 \tag{5}$$

Mit (5) ergibt sich aus (3) und (4):

$$\omega_3 = u_{31}\omega_1 \quad \text{mit} \quad u_{31} = \frac{r_1 r_3}{(r_1 + r_2)(r_2 + r_3)}\ , \quad v_Q = \frac{r_1 r_3 \omega_1}{(r_2 + r_3)} \tag{6),(7}$$

b) Das Planetenrad 2 rotiert mit der Winkelgeschwindigkeit ω_2 gegen das feste Bezugssystem und sein Schwerpunkt bewegt sich mit der Geschwindigkeit v_Q. Für die kinetische Energie $E_{kin,2}$ eines Planetenrades ergibt sich somit (R.2):

$$E_{kin,2} = m.v_Q^2/2 + I_2.\omega_2^2/2$$

Mit (7) und (5) ergibt sich somit:

$$E_{kin,2} = (mr_3^2 + I_2).\left(\frac{r_1}{r_2 + r_3}\right)^2.\omega_1^2/2 \tag{8}$$

c) Bei gleitfreiem Abrollen und reibungslosen Lagerungen sind die Kontakt- und Lagerkräfte leistungslos. Wir wenden daher, wie bei dem vorigen Beispiel,wieder den Arbeitssatz in differentieller Form an:

$$\frac{dE_{kin}}{dt} = P \tag{9}$$

Die Bewegungsenergie des Systems setzt sich zusammen aus Anteilen des Sonnenrades 1, der Planetenräder 2 und des Steges 3:

$$E_{kin} = I_1\omega_1^2/2 + 2E_{kin,2} + I_3\omega_3^2/2$$

Mit (8) und ω_3 nach (6) folgt

$$E_{kin} = \overline{I}\omega_1^2/2 \quad \text{mit} \quad \overline{I} = \left[I_1 + 2(mr_3^2 + I_2).\left(\frac{r_1}{r_2 + r_3}\right)^2 + I_3 u_{31}^2\right] \tag{10}$$

Die Summe P der Leistung ist: $P = M_A.\omega_1 - M_B.\omega_3$, mit ω_3 nach (6) folgt

$$P = (M_A - u_{31}.M_B)\omega_1 \tag{11}$$

Mit (10) und (11) liefert (9):

$$\overline{I}\not{\omega}_1\dot{\omega}_1 = (M_A - u_{31}M_B)\not{\omega}_1 \tag{12}$$

Für konstante Momente M_A und M_B ergibt die Integration von (12) mit der Anfangsbedingung $\omega_1 = \omega_{10}$ für $t = 0$:

$$\omega_1(t) = \omega_{10} + t.(M_A - u_{31}M_B)/I \tag{13}$$

Damit die Winkelgeschwindigkeit ω_1 in der Zeit t_E auf $2\omega_{10}$ ansteigt, muß gelten:

$$2\omega_{10} = \omega_{10} + t_E(M_A - u_{31}M_B)/I$$

woraus folgt:

$$M_A = \frac{I\omega_{10}}{t_E} + u_{31}M_B \quad \left[\frac{kgm^2.s^{-1}}{s} + Nm\right] = [Nm]$$

Bemerkung: Die Behandlung des Punktes c) unter Verwendung von Schwerpunkt- und Drallsatz für die Einzelkörper wäre umständlich, weil die Kontaktkräfte in den Punkten R, P, Q zunächst in den Gleichungen aufscheinen und dann eliminiert werden müssen.

Lösung 4.6.1

a) Die Auftreffgeschwindigkeit v_E der Punktmasse m unmittelbar vor dem Stoß erhält man am einfachsten aus dem Energiesatz. Für die aus der Höhe h ohne Anfangsgeschwindigkeit losgelassene Masse m gilt:

$$\frac{m}{2}v_E^2 = mgh \qquad \text{daraus} \qquad v_E = \sqrt{2gh} \tag{1}$$

b) Da zwischen Ebene und Masse bei Reibungsfreiheit nur eine Kraft normal zur Ebene übertragen werden kann, steht der auf die Masse wirkende Stoßantrieb normal zur Ebene (Richtung $\vec{e}$). Daher kann sich auch nur die Geschwindigkeitskomponente, die normal zur Ebene steht,beim Stoß ändern. Da beim vollkommen elastischen Stoß die Bewegungsenergie konstant bleibt und die Ebene keine Bewegungsenergie erhält, muß für die Geschwindigkeit v' nach dem Stoß gelten (T.2):

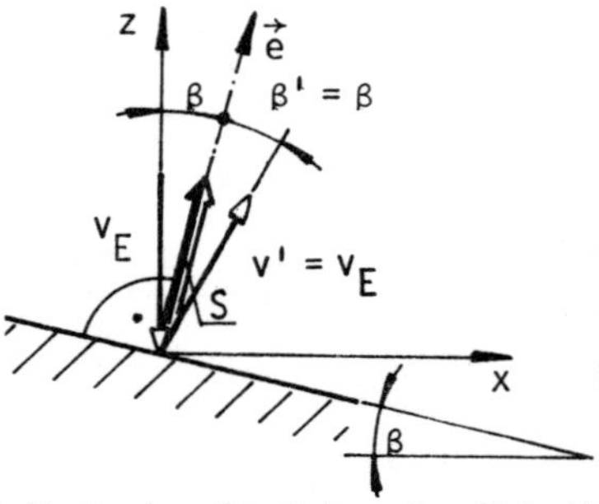

$$mv_E^2/2 = mv'^2/2 \tag{2}$$

somit $v' = v_E$.

Die Richtung von v' ergibt sich dadurch, daß die Geschwindigkeitskomponente normal zu $\vec{e}$ unverändert bleibt. Es ist also $\beta' = \beta$.

Der Stoßantrieb (T.1) ist

$$\vec{S} = m\vec{v}' - m\vec{v}_E = 2mv_E \cos\beta.\vec{e} \tag{3}$$

c) Nach dem Stoß beschreibt die Masse eine Wurfparabel mit der Anfangsgeschwindigkeit v_E und dem Winkel $\alpha = \frac{\pi}{2} - 2\beta$ gegen die horizontale x-Achse.

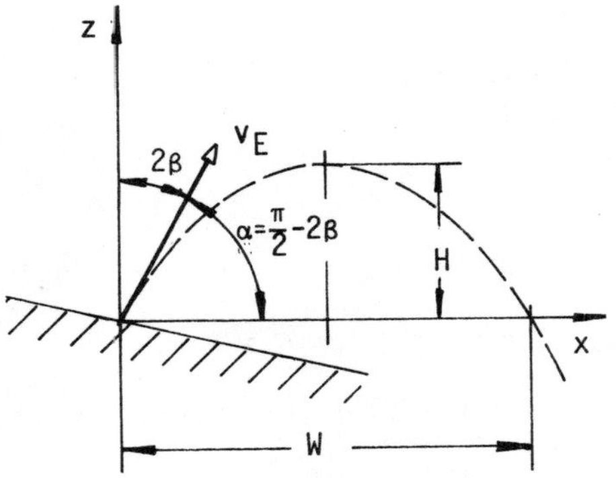

Die Gleichung der Wurfparabel ist in der Lösung zur Aufgabe 4.1.1 hergeleitet:

$$z(x) = x.\tan\alpha - \frac{g}{2}.\frac{x^2}{(v_E\cos\alpha)^2} \tag{4}$$

Die Wurfweite W ergibt sich aus (4) für $z = 0$ zu:

$$W = \frac{2v_E^2}{g}.\sin\alpha.\cos\alpha = \frac{v_E^2.\sin2\alpha}{g} \tag{5}$$

d) Die maximale Wurfweite W_{max} folgt aus (5) für $\sin2\alpha = 1$, $\alpha = \pi/4$ zu

$$W_{max} = v_E^2/g\ , \qquad \text{mit(1) zu} \qquad W_{max} = 2h.$$

Der zugehörige Neigungswinkel der Ebene ist $\beta = \pi/8$.

Lösung 4.6.2

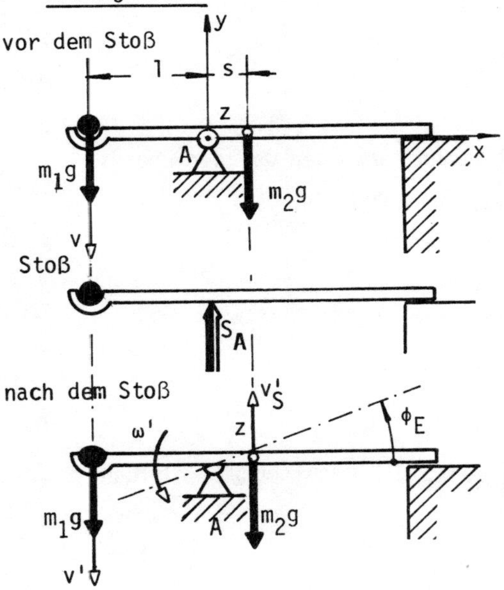

Wir betrachten das System Stab und Punktmasse 1 während des Stoßes, weil dann die zwischen der Masse und dem Stab wirkenden gegengleichen Stoßantriebe in den Gleichungen (T.1) nicht vorkommen. Da die Lagerung in A reibungsfrei ist, hat der dort auftretende Stoßantrieb kein Moment um die Achse durch A, daher muß der Drall des Systems vor und nach dem Stoß bezüglich A gleich sein. Es ergibt sich somit für das Gesamtsystem:

$$\vec{p}\,' - \vec{p} = \vec{S}_A\ , \quad \vec{L}_A' - \vec{L}_A = 0 \tag{1),(2}$$

Da der Stab unmittelbar vor dem Stoß in Ruhe ist, ist der Impuls $\vec{p}$ des Systems nur durch die Bewegung der Masse m_1 gegeben (N.1)

$$\vec{p} = m_1\vec{v} = -m_1 v\,\vec{e}_y \tag{3}$$

Der ebenfalls nur von der Masse m_1 herrührende Drall $\vec{L}_A$ des Systems ist gleich dem Impulsmoment der Masse m_1 bezüglich A:

$$\vec{L}_A = l(-\vec{e}_x)\times m_1\vec{v} = l.m_1 v.\vec{e}_z \tag{4}$$

Unmittelbar nach dem vollkommen unelastischen Stoß bewegt sich die Masse m_1 gemeinsam mit dem Stab, der sich dann mit der Winkelgeschwindigkeit ω' dreht.

Der Gesamtimpuls $\vec{p}'$ des Systems nach dem Stoß ist also:

$$\vec{p}' = m_1\vec{v}' + m_2\vec{v}_S' = -m_1 l\omega'.\vec{e}_y + m_2 s\,\omega'.\vec{e}_y \qquad (5)$$

Der Drall $\vec{L}_A'$ des Systems nach dem Stoß lautet:

$$\vec{L}_A' = (I_A + m_1 l^2)\omega'.\vec{e}_z \qquad (6)$$

wobei $m_1 l^2$ das Trägheitsmoment der Punktmasse m_1 bezüglich A ist.

a) Aus (2) folgt mit (4) und (6) unmittelbar die Winkelgeschwindigkeit ω' nach dem Stoß:

$$\omega' = \frac{l m_1 v}{I_A + m_1 l^2} \qquad (7)$$

b) Zur Ermittlung des Stoßantriebes S_A setzten wir (3) und (5) in (1) ein:

$$\left[(m_2 s - m_1 l).\omega' + m_1 v\right]\vec{e}_y = \vec{S}_A = S_A.\vec{e}_y$$

Mit ω' nach (7) ergibt sich schließlich

$$S_A = \frac{I_A + m_2 s l}{I_A + m_1 l^2}.m_1 v \qquad (8)$$

c) Für die Bewegung des Stabes nach Stoßende verwenden wir den Energiesatz (S.3). Die Bewegungsenergie E_{kin}' nach dem Stoß ist

$$E_{kin}' = (I_A + m_1 l^2)\frac{\omega'^2}{2} \qquad (9)$$

die potentielle Energie wählen wir mit $E_{pot}'=0$.

Im Augenblick des größten Ausschlagwinkels ϕ_E ist

$$E_{kin,E} = 0 \;, E_{pot,E} = (m_2 s - m_1 l)g.\sin\phi_E \qquad (10)$$

Aus dem Energiesatz $E_{kin}'+E'_{pot}=E_{kin,E}+E_{pot,E}$ erhalten wir für den Winkel ϕ_E die Bestimmungsgleichung:

$$\sin\phi_E = \frac{I_A + m_1 l^2}{m_2 s - m_1 l}.\frac{\omega'^2}{2g}$$

Mit (7) folgt

$$\sin\phi_E = \frac{(m_1 v l)^2}{2g(m_2 s - m_1 l)(I_A + m_1 l^2)} \quad \left[\frac{(kg.ms^{-1}.m)^2}{ms^{-2}.kgm.kgm^2}\right] = [1] \qquad (11)$$

Damit ein Ausschlagwinkel ϕ_E zwischen 0 und $\pi/2$ auftritt, muß $m_2 s - m_1 l > 0$ sein und der Wert der rechten Seite von (11) zwischen 0 und 1 liegen.

d) Energieverlust $E_{kin}-E_{kin}'$ ergibt sich mit $E_{kin}=m_1 v^2/2$, E_{kin}' nach (9) und ω' nach (7) zu

$$E_{kin}-E_{kin}' = \frac{1}{2}m_1 v^2\left[I_A/(I_A + m_1 l^2)\right]$$

Lösung 4.6.3

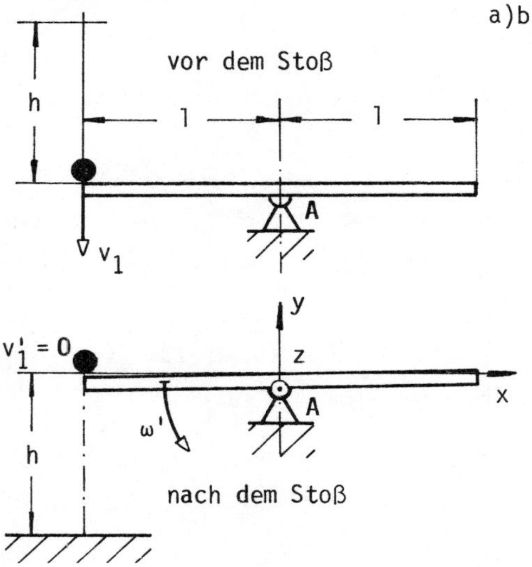

a)b) Die Auftreffgeschwindigkeit v der Punktmasse m auf das Stabende nach der Fallhöhe h ist

$$v_1 = \sqrt{2gh} \tag{1}$$

Die Fallzeit t_1 entlang der Fallhöhe h ergibt sich aus:

$$h = \frac{g}{2}t_1^2 \quad \text{zu} \quad t_1 = \sqrt{2h/g} \tag{2}$$

Aus den selben, wie in der Lösung 4.6.2 angegebenen Gründen ist es auch hier zweckmäßig, während des Stoßvorgangs Punktmasse und Stab als ein System zu betrachten. Der Gesamtdrall des Systems bezüglich A bleibt beim Stoß erhalten (T.1):

$$\vec{L}_A' = \vec{L}_A \tag{3}$$

Der Gesamtdrall vor dem Stoß ergibt sich durch das Impulsmoment der Masse m zu

$$\vec{L}_A = m_1 v_1 l \, \vec{e}_z \tag{4}$$

Da die Masse unmittelbar nach dem Stoß in Ruhe sein soll ($v_1' = 0$), ist der Drall nach dem Stoß:

$$\vec{L}_A' = I_A \, \omega' . \vec{e}_z \tag{5}$$

Mit (4) und (5) gibt (3):

$$I_A \omega' = m_1 v_1 l \tag{6}$$

Beim vollkommen elastischen Stoß bleibt die Bewegungsenergie des Systems erhalten:

$$\frac{m_1 v_1^2}{2} = I_A \frac{\omega'^2}{2} \tag{7}$$

Aus den beiden Gleichungen (6) und (7) können nun ω' und das erforderliche Trägheitsmoment I_A bestimmt werden:

$$\omega' = v_1/l \,, \qquad I_A = m_1 l^2 \qquad (8),(9)$$

Für den dünnen, homogenen Stab der Masse m_2, Länge 2l ist (F.6) $I_A = m_2 l^2/3$. Damit gibt (9) die erforderliche Stabmasse:

$$m_2 = 3m_1 \tag{10}$$

c) Da die Masse m_1 nach dem Stoß wieder aus dem Stillstand die Höhe h bis zum Auftreffen auf den Boden durchfällt, ist die weitere Fallzeit ebenfalls durch (2) gegeben.
Bei Vernachlässigung der Stoßdauer ist daher die gesamte Fallzeit $2t_1$.

Lösung 4.6.4

a) Die Winkelgeschwindigkeit ω_E der Stange vor dem Auftreffen bestimmt man am einfachsten mit dem Energiesatz (S.3).

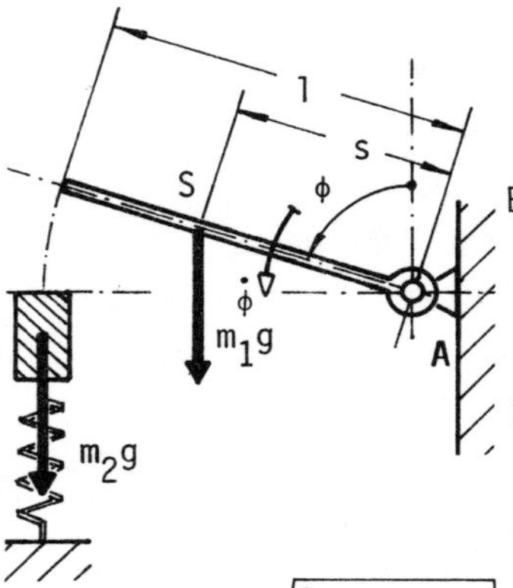

Mit den Anfangsbedingungen $\dot{\phi} = 0$, $\phi = \phi_o$ (Stange in Ruhe) und dem gewählten Niveau für $V = 0$ in Höhe des Aufhängepunktes A folgt:

$E_{kin,0} = 0$, $\quad E_{pot,0} = m_1 g . s . \cos\phi_o$

und für die Position unmittelbar vor dem Auftreffen mit $\phi = \frac{\pi}{2}$ und $\dot{\phi} = \omega_E$

$E_{kin,E} = I_A \omega_E^2/2$, $\quad E_{pot,E} = 0$

Der Energiesatz $E_{kin,0} + E_{pot,0} = E_{kin,E} + E_{pot,E}$ liefert dann die gesuchte Winkelgeschwindigkeit

$$\omega_E = \sqrt{\frac{2sm_1 g}{I_A}\cos\phi_o} \tag{1}$$

b) Da beim Stoß des Systems Klappe und Masse m_2 die als masselos betrachtete Feder keinen Stoßantrieb aufnimmt, kann nur im Punkt A ein äußerer Stoßantrieb auftreten. Dieser hat kein Moment um A, daher ist (T.1):

$$L_A' - L_A = 0$$

Dies bedeutet hier:

$$(I_A \omega' + m_2 v' l) - I_A \omega_E = 0 \tag{2}$$

Der Term $I_A \omega'$ ist der Drall der Klappe unmittelbar nach dem Stoß, der Term $mv'l$ der Drall (das Impulsmoment) bezüglich A der sich unmittelbar nach dem Stoß mit der Geschwindigkeit v' translatorisch bewegenden Masse m_2.
Weiters bleibt beim vollkommen elastischen Stoß die gesamte Bewegungsenergie des Systems erhalten:

$$I_A \omega_E^2/2 = I_A \omega'^2/2 + m_2 v'^2/2 \tag{3}$$

Die Gleichungen (2) und (3) sind zwei Gleichungen für v' und ω'. Man erhält:

$$v' = \omega_E l . \left[2I_A/(I_A + m_2 l^2)\right], \qquad \omega' = \omega_E\left[(I_A - m_2 l^2)/(I_A + m_2 l^2)\right] \quad (4),(5)$$

vor dem Stoß

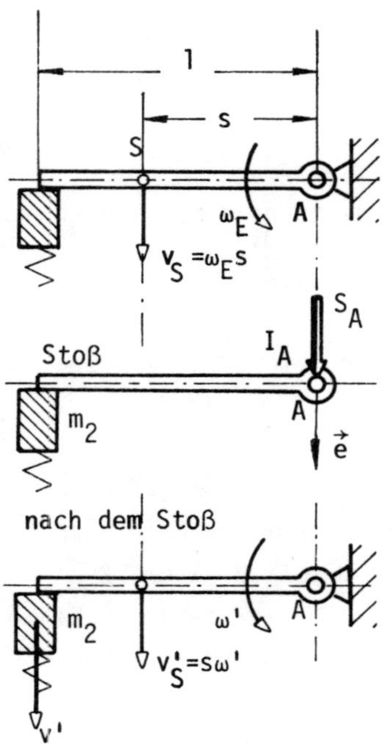

Aus (5) sieht man: stets ist $|\omega'| < |\omega_E|$; $\omega' = 0$ für $I_A = m_2 l^2$; für $I_A < m_2 l^2$ bewegt sich die Stange nach dem Stoß nach oben. Die Masse m_2 beginnt nach dem Stoß eine Schwingung mit der Anfangsgeschwindigkeit v'.

c) Der Stoßantrieb $\vec{S}_A$ folgt aus:

$$\vec{S}_A = \vec{p}\,' - \vec{p} \tag{6}$$

Der Gesamtimpuls des Systems vor dem Stoß ist

$$\vec{p} = m_1 v_S \vec{e} = m_1 s \omega_E \vec{e} \tag{7}$$

Nach dem Stoß hat auch die Masse m_2 einen Impuls. Somit gilt

$$\vec{p}\,' = m_1 v'_S \vec{e} + m_2 v' \vec{e} = (m_1 s\omega' + m_2 v')\vec{e} \tag{8}$$

Setzt man nun (7) und (8) in (6) ein und verwendet v' und ω' aus (4) und (5), so folgt:

$$S_A = 2m_2 l \omega_E \cdot \frac{I_A - m_1 s l}{I_A + m_2 l^2} \tag{9}$$

Der Stoßantrieb im Lager A verschwindet, wenn $I_A = m_1 s l$.

Lösung 4.6.5

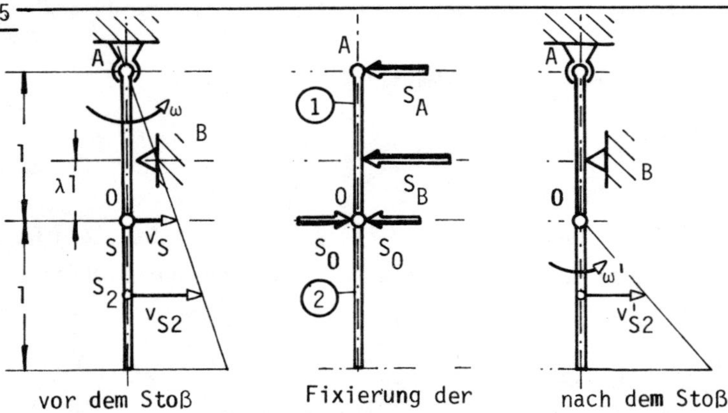

a) Wir betrachten zunächst nur den Stab 2. Dieser führt unmittelbar vor dem Stoß eine Drehbewegung um die feste Achse A aus, nach dem Stoß eine Drehbewegung um die fixierte Achse O. Da auf diesen Stab 2 nur in O ein Stoßantrieb wirkt, muß sein Drall bezüglich der fixierten Lage der Achse O vor und nach dem Stoß denselben Wert haben (T.1).

Der Drall des Stabes 2 unmittelbar vor dem Stoß ist (P.1)

$$L_{0,2} = I_{S,2}\omega + mv_{S,2}\cdot(l/2) \qquad (1)$$

und unmittelbar nach dem Stoß

$$L_{0,2} = [I_{S,2} + m(l/2)^2]\omega' \qquad (2)$$

Mit der Schwerpunktsgeschwindigkeit $v_{S,2} = \omega(3l/2)$ und dem Trägheitsmoment des Stabes (F.6)

$$I_{S,2} = ml^2/12 \qquad (3)$$

gibt die Gleichsetzung von (1) und (2)

$$\omega' = \frac{5}{2}\omega \qquad (4)$$

b) Zur Ermittlung des Stoßantriebes S_A im Lager A ist es am zweckmäßigsten, den Gesamtdrall beider Stäbe bezüglich des Punktes B zu betrachten: der Stoßantrieb in 0 ist gegengleich für die Stäbe 1 und 2 ("innerer Stoßantrieb" für das System), der in B auftretende Stoßantrieb hat kein Moment um B. S_0 und S_B treten also in der Gleichung (T.1) nicht auf:

$$L_B' - L_B = S_A\cdot(l - \lambda l) \qquad (5)$$

Unmittelbar vor dem Stoß drehen sich beide Stäbe in gestreckter Lage mit ω um die Achse A. Die Geschwindigkeit des Gesamtschwerpunktes S ist also $v_S = l\cdot\omega$ und das Trägheitsmoment für beide Stäbe gemeinsam (F.6)

$$I_S = 2m(2l)^2/12 = 2ml^2/3 \qquad (6)$$

Damit wird

$$L_B = I_S\omega + 2mv_S\cdot(\lambda l) = 2ml^2\omega\cdot(\frac{1}{3} + \lambda) \qquad (7)$$

Der Drall L_B' des Systems unmittelbar nach dem Stoß ergibt sich zufolge der Bewegung des Stabes 2 mit der Winkelgeschwindigkeit ω' um 0; dabei ist $v_{S,2}' = \omega'\cdot(l/2)$. Mit (3) folgt:

$$L_B' = I_{S,2}\omega' + mv_{S,2}'(l/2 + \lambda l) = ml^2\omega'(\frac{1}{3} + \frac{\lambda}{2}) \qquad (8)$$

Setzt man (7) und (8) in (5) ein, so wird mit ω' nach (4)

$$S_A = ml\omega\cdot\frac{2 - 9\lambda}{12(1 - \lambda)} \qquad (9)$$

c) Aus (9) entnimmt man, daß der Stoßantrieb S_A verschwindet, wenn $\lambda = 2/9$.

d) Mit $I_A = 8ml^2/3$, (für beide Stäbe gemeinsam), $I_{0,2} = ml^2/3$ und ω' nach (4) ist die Differenz der Bewegungsenergie vor und nach dem Stoß:

$$E_{kin} - E_{kin}' = I_A\omega^2/2 - I_{0,2}\omega'^2/2 = 7ml^2\omega^2/24$$

ZUSAMMENSTELLUNG DER BENÖTIGTEN GRUNDLAGEN AUS DER MECHANIK

A. Gleichgewichtsbedingungen

Allgemeines räumliches Kraftsystem:

(A.1) $\sum_i F_{ix} = 0 \qquad \sum_i F_{iy} = 0 \qquad \sum_i F_{iz} = 0$

(A.2) $\sum_i M_{ix} = 0 \qquad \sum_i M_{iy} = 0 \qquad \sum_i M_{iz} = 0$

Ebenes Kraftsystem:

(A.3) $\sum_i F_{ix} = 0 \qquad \sum_i F_{iy} = 0 \qquad \sum_i M_{iz} = 0$

Ebenes Kraftsystem, graphische Lösung:

(A.4) Drei Kräfte sind im Gleichgewicht, wenn ihre Wirkungslinien einen gemeinsamen Schnittpunkt haben und ihre Vektorsumme Null ist. (Bei parallelen Kräften siehe B. Seileck).

(A.5) Vier Kräfte sind im Gleichgewicht, wenn die aus je zwei dieser Kräfte gebildeten zwei Teilresultierenden mit gleichem Betrag entgegengesetzt orientiert in derselben Wirkungslinie liegen.

B. Seileck

(B.1) Die Seilstrahlen des Lageplans sind parallel zu den Polstrahlen des Kräfteplans. Zwei Polstrahlen, die eine Kraft im Kräfteplan aufspannen, entsprechen zwei Seilstrahlen, die sich auf der Wirkungslinie dieser Kraft im Lageplan schneiden.

C. Statisch bestimmte, ebene Fachwerke

(C.1) Idealisierende Annahmen: die Stabachsen sind gerade; die Stäbe sind durch reibungsfreie Gelenke (Knoten) verbunden; die Achsen sämtlicher an einem Knoten angeschlossenen Stäbe schneiden sich in einem Punkt; äußere Kräfte greifen nur in den Knoten an.

Graphische Lösung, Cremonaplan:

(C.2) Anfängliche Ermittlung der Stützkräfte ist nicht immer nötig bzw. nicht immer möglich.

(C.3) Kräfte, die an einem inneren Knoten angreifen, müssen durch Hilfsstäbe und zusätzliche Gelenke herausgeführt werden. Belastungen und Stützkräfte sind so einzuzeichnen, daß ihre Vektoren außerhalb des Fachwerkes liegen.

(C.4) Erkennen der unbelasteten Stäbe (Nullstäbe) auf Grund des Knotengleichgewichtes:

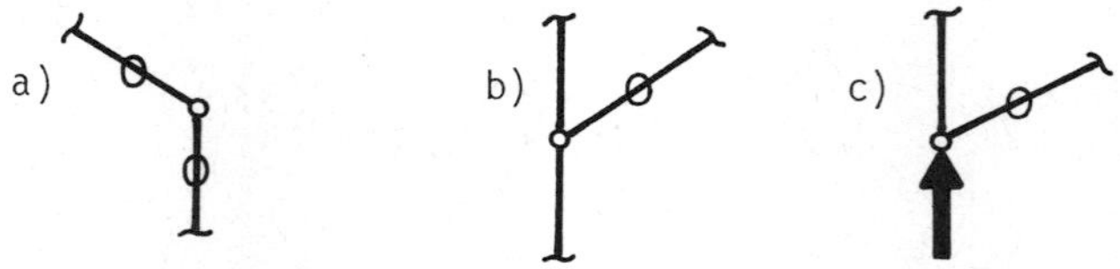

(C.5) Jede Kraft kommt im Kräfteplan genau einmal vor; alle Kräfte eines Knotens bilden einen geschlossenen Polygonzug im Kräfteplan.

(C.6) CULMANN-Schnitt (graphisch) bzw. RITTER-Schnitt (rechnerisch) ist ein beliebiger Schnitt, der das Fachwerk in zwei getrennte Teile zerlegt und nicht mehr als 3 Stäbe mit noch unbekannten Stabkräften schneidet, deren Richtungen nicht durch einen gemeinsamen Schnittpunkt gehen. Die drei unbekannten Stabkräfte können aus den Gleichgewichtsbedingungen für einen der beiden Teile bestimmt werden.

D. Haften, Gleitreibung, Seilreibung

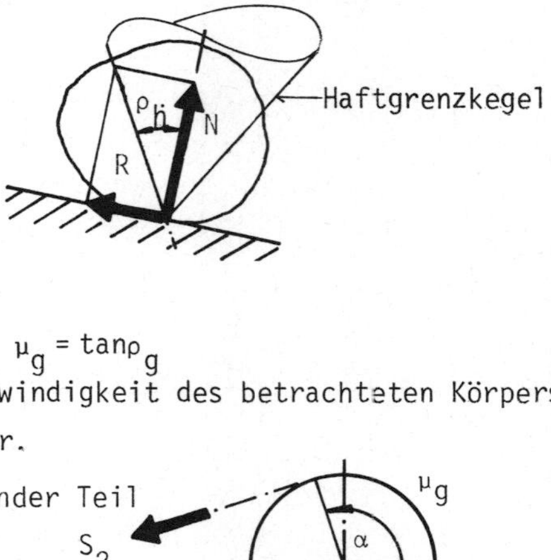

(D.1) Haftbedingung: $|R| \leq \mu_h . N$

μ_h...Haftgrenzzahl, $\mu_h = \tan\rho_h$

(D.2) Gleitreibung: $R = \mu_g . N$,

μ_g...Gleitreibungskoeffizient, $\mu_g = \tan\rho_g$

R zeigt gegen die Relativgeschwindigkeit des betrachteten Körpers in bezug auf den Kontaktpartner.

(D.3) Gleitendes Seil:

$S_2 = S_1 . e^{\mu_g \alpha}$

(Ohne Einfluß der Seilmasse)

Das Seil gleitet gegenüber der Rolle in Richtung S_2.

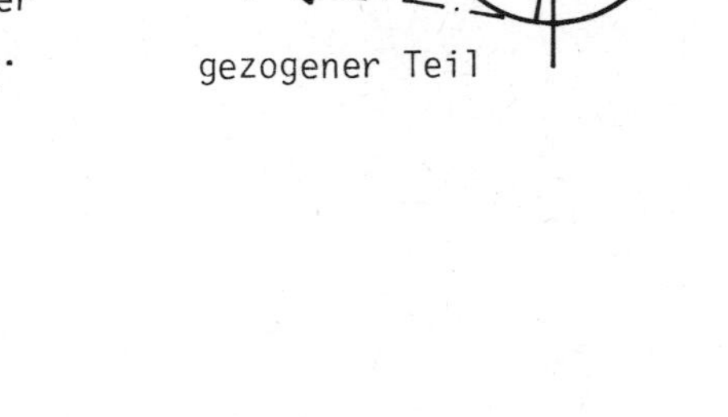

E. Schnittgrößen eines Stabes

(E.1)

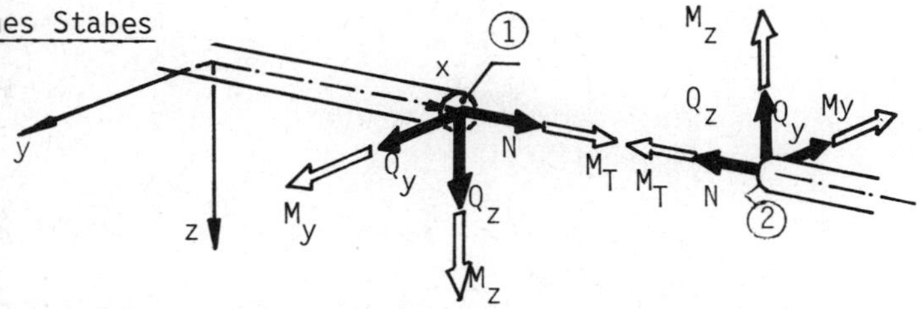

Positive Zählrichtungen für die Schnittgrößen am Schnittufer ① in Richtung der Koordinatenachsen, am Schnittufer ② entgegengesetzt.

N...Normalkraft
Q_y, Q_z...Querkraft
M_T...Torsionsmoment
M_y, M_z...Biegemoment

(E.2) Ebenes Problem:

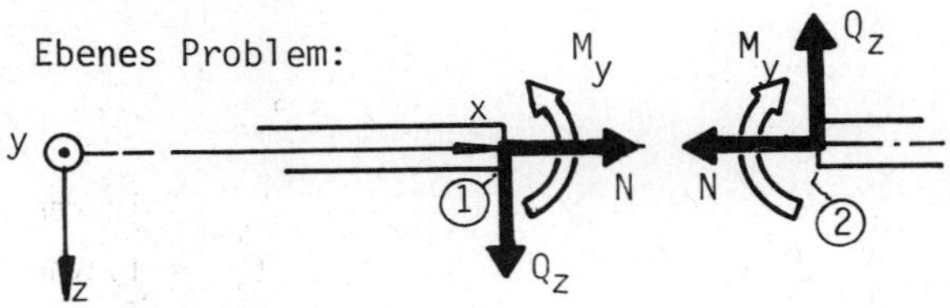

N...Normalkraft
Q_z..Querkraft
M_y..Biegemoment

(E.3) Bei graphischer Ermittlung des Biegemomentes mittels des Seileckes für gerade Träger gilt:

$$M_y(x) = \mu_L \eta(x) \cdot \mu_F H$$

H...Polabstand
$\eta(x)$...Abstand der Seilstrahlen an der Stelle x .

μ_F...Kräftemaßstab
μ_L...Längenmaßstab

F. Schwerpunkt, Trägheitsmoment

Schwerpunkte

(F.1) homogener Körper:

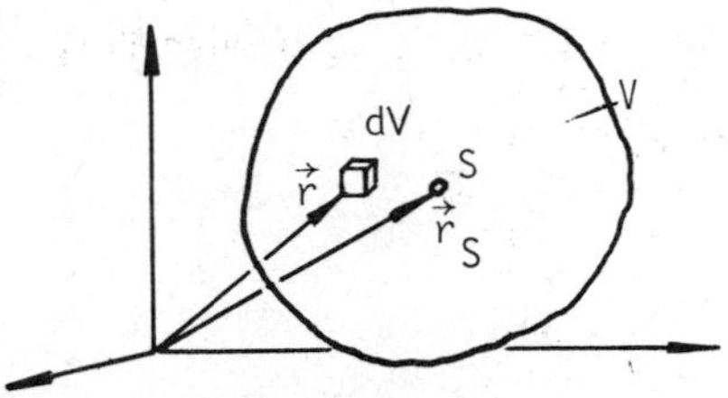

$$\vec{r}_S = \frac{1}{V} \int \vec{r} \cdot dV$$

für zusammengesetzten Körper (Teilschwerpunktsatz):

$$\vec{r}_S = \frac{1}{\sum\limits_i m_i} \cdot \left(\sum_i \vec{r}_{Si} m_i\right)$$

(F.2) für ebene Flächenstücke in der y-z-Ebene:

$$y_S = \frac{1}{f} \int_f y \cdot df \qquad z_S = \frac{1}{f} \int_f z \cdot df$$

für zusammengesetzte Flächen (Teilschwerpunktsatz):

$$y_S = \frac{1}{\sum\limits_i F_i} \cdot \left(\sum_i y_{Si} f_i\right), \quad z_S = \frac{1}{\sum\limits_i F_i} \cdot \left(\sum_i z_{Si} f_i\right)$$

Trägheits-und Deviationsmomente

(F.3) Trägheitsmoment eines Körpers bezüglich einer Achse a

$$I_a = \int p^2 dm$$

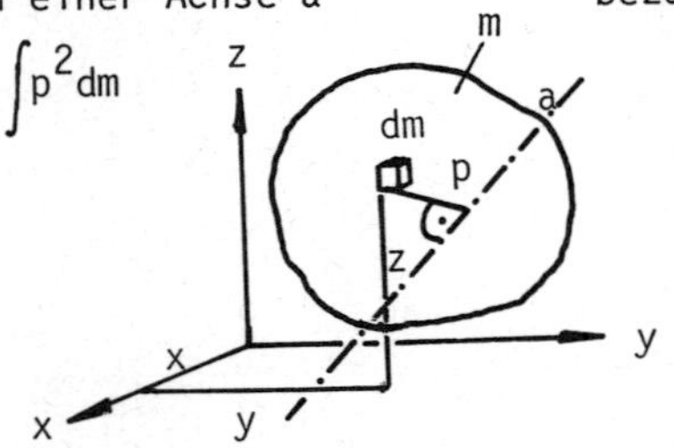

bezüglich der Koordinatenachsen:

$$I_x = \int (y^2+z^2)dm$$
$$I_y = \int (z^2+x^2)dm$$
$$I_z = \int (x^2+y^2)dm$$

zugehöriger Trägheitsradius i

$$I_a = mi_a^2 \qquad I_x = mi_x^2 \quad \text{usw.}$$

(F.4) Deviationsmomente eines Körpers bezüglich der Koordinatenebenen:

$$I_{xy} = I_{yx} = \int xydm$$
$$I_{yz} = I_{zy} = \int yzdm$$
$$I_{zx} = I_{xz} = \int zxdm$$

(F.5) STEINERscher Satz für parallele Achsen

$$I_a = I_s + mh^2$$
$$i_a^2 = i_s^2 + h^2$$

(s...Achse durch den Schwerpunkt!)

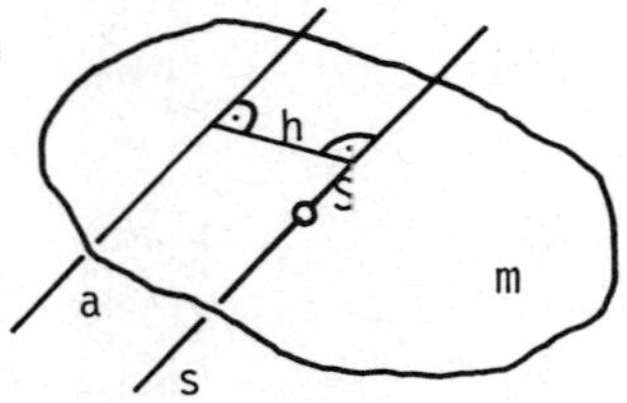

(F.6) Trägheitsmomente homogener Körper mit der Masse m:

Vollzylinder:

$$I_a = \frac{mr^2}{2} \qquad I_d = \frac{m}{4}(r^2 + \frac{l^2}{3})$$

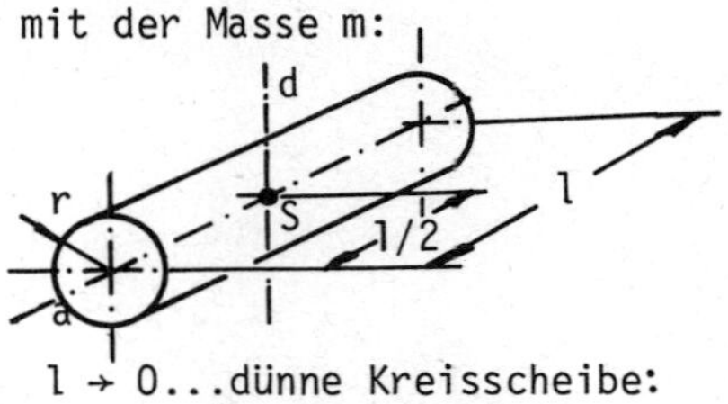

daraus speziell:

$r \to 0$...dünner Stab:

$$I_d = \frac{ml^2}{12}$$

$l \to 0$...dünne Kreisscheibe:

$$I_a = \frac{mr^2}{2} \qquad I_d = \frac{mr^2}{4}$$

dünnwandiges Rohr:

$$I_a = mr^2 \qquad I_d = \frac{m}{2}(r^2 + \frac{l^2}{6})$$

daraus speziell: $l \to 0$... dünner Kreisring

$$I_a = mr^2 \qquad I_d = \frac{mr^2}{2}$$

Vollkugel, Radius r:

$$I = \frac{2}{5} mr^2$$ für jede Achse durch den Mittelpunkt

Quader:

$$I_a = \frac{m}{12}(b^2+h^2)$$

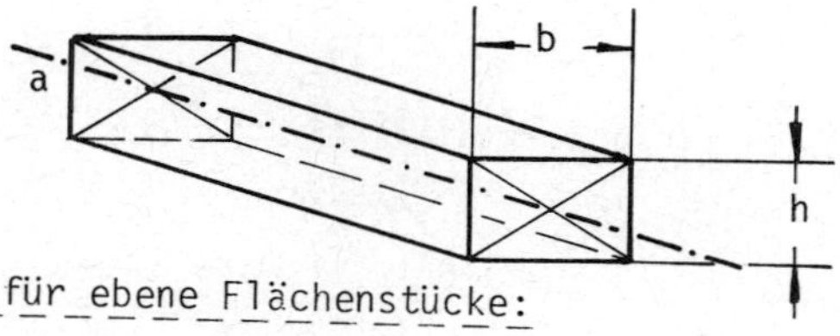

Flächenmomente 2.Grades für ebene Flächenstücke:

(F.7) $J_y = \int z^2 df$

$J_z = \int y^2 df$

$J_x = \int (y^2+z^2) df = J_y + J_z$

$J_{yz} = \int yz df, \quad J_{zx} = 0, \quad J_{xy} = 0$

zugehörige Trägheitsradien i:

$J_x = i_x^2 f, \quad J_y = i_y^2 f, \quad J_z = i_z^2 f$

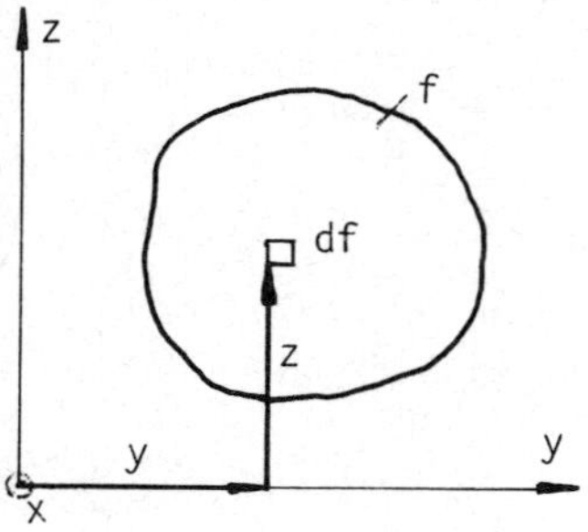

(F.8) STEINERscher Satz für parallele Achsen:

$J_\eta = J_y + z_A^2 . f$

$J_\zeta = J_z + y_A^2 . f$

$J_{\eta\zeta} = J_{yz} + y_A z_A f$

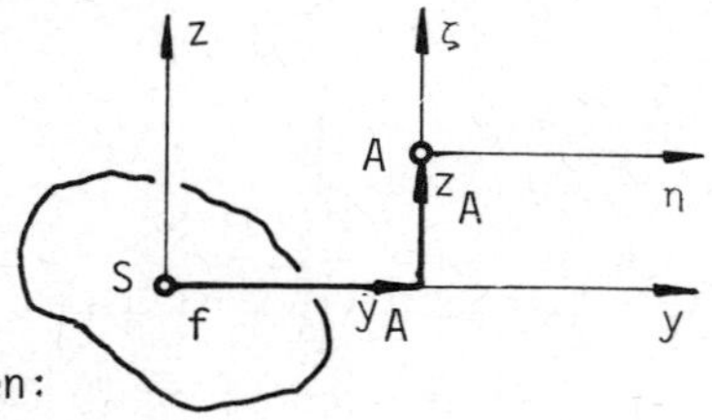

(F.9) Trägheitsmomente spezieller Flächen:

Kreis: $J_y = J_z = f.\frac{r^2}{4} = \frac{\pi r^4}{4}$

$J_x = f.\frac{r^2}{2} = \frac{\pi r^4}{2}$

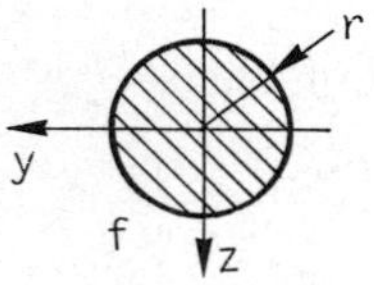

Rechteck:

$J_y = f.\frac{h^2}{12} = \frac{bh^3}{12}$

$J_z = f.\frac{b^2}{12} = \frac{hb^3}{12}$

$J_x = f.\frac{(b^2+h^2)}{12}$

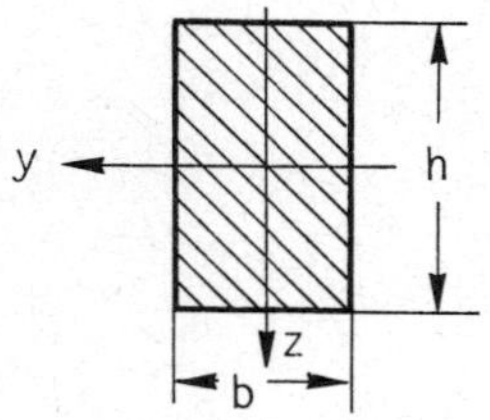

G. Zugstab

(G.1) Zugspannung zufolge Normalkraft N:

$\sigma = N/f$

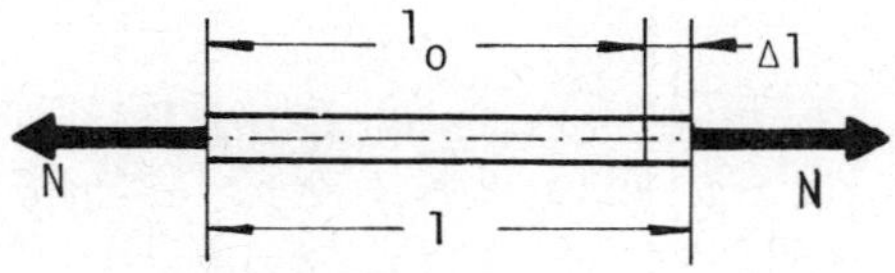

Querschnitt f

(G.2) HOOKEsches Gesetz einachsig:

Elastizitätsmodul E

$\sigma = E.\varepsilon$ mit Längsdehnung $\varepsilon = \Delta l/l_o$; $\Delta l = N.l_o/(E.f)$

H. Biegeträger

(H.1) Differentialgleichung der Biegelinie

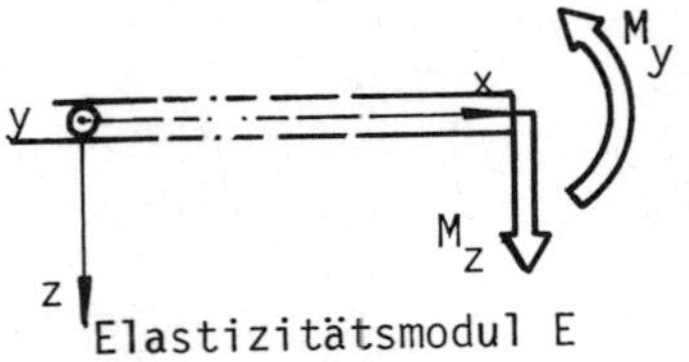

a) $\frac{d^2w}{dx^2} = -\frac{M_y(x)}{EJ_y(x)}$ b) $\frac{d^2v}{dx^2} = \frac{M_z(x)}{EJ_z(x)}$

$w(x)$...Durchbiegung in z-Richtung

$v(x)$...Durchbiegung in y-Richtung $J_y = \int z^2 df \quad J_z = \int y^2 df$

J_y, J_z..Flächenträgheitsmomente des Querschnittes an der Stelle x bezüglich der durch den Flächenschwerpunkt gelegten Trägheitshauptachsen, die zur y-bzw. z-Achse parallel sind.

(H.2) Verfahren von MOHR zur Bestimmung der Durchbiegung (Biegung in der x-z-Ebene) :

Auf den Ersatzträger wird die fiktive Belastung $\overline{q}(x)$ aufgebracht:

$$\overline{q}(x) = \frac{(EJ)_o}{EJ_y(x)} \cdot M_y(x)$$

$M_y(x)$...Biegemoment des Originalträgers

$EJ_y(x)$..Biegesteifigkeit des Originalträgers

$(EJ)_o$...beliebige Bezugs-steifigkeit

Mit dem über die Gleichgewichtsbedingungen ermittelten fiktiven Biegemoment $\overline{M}_y(x)$ bzw. der fiktiven Querkraft $\overline{Q}(x)$ des Ersatzträgers gilt für die Durchbiegung $w(x)$ des Originalträgers:

$$w(x) = \frac{\overline{M}_y(x)}{(EJ)_o} ; \qquad \frac{dw(x)}{dx} = \frac{\overline{Q}(x)}{(EJ)_o}$$

Zuordnung zwischen:

Originalträger

Ersatzträger

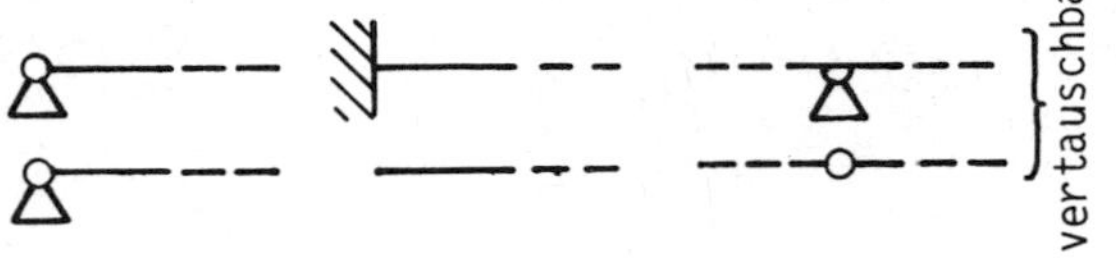

(H.3) Verteilung der Normalspannung σ_x zufolge Biegung über den Querschnitt

$$\sigma_x(x,y,z) = \frac{M_y(x)}{J_y(x)} \cdot z - \frac{M_z(x)}{J_z(x)} \cdot y$$

(H.4) Maximale Randspannungen bei Biegung in der x-z-Ebene:

$$\sigma_x(x)\big|_{Rand} = \frac{M_y(x)}{J_y(x)} \cdot z_{Rand} = \frac{M_y(x)}{W_y(x)} \cdot \mathrm{sign}(z_{Rand})$$

$W_{yi}(x) = J_y(x)/|e_i|$...Widerstandsmomente des Querschnittes

e_i ...maximaler Abstand der oberen bzw. unteren Querschnittsberandung von der y-Achse.

(H.5) Durchbiegungen für Träger mit konstanter Biegesteifigkeit EJ_y

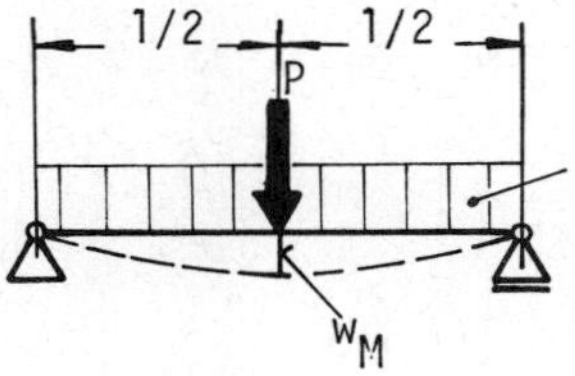

$$w_M = \frac{Pl^3}{48EJ_y} + \frac{5ql^4}{384EJ_y}$$

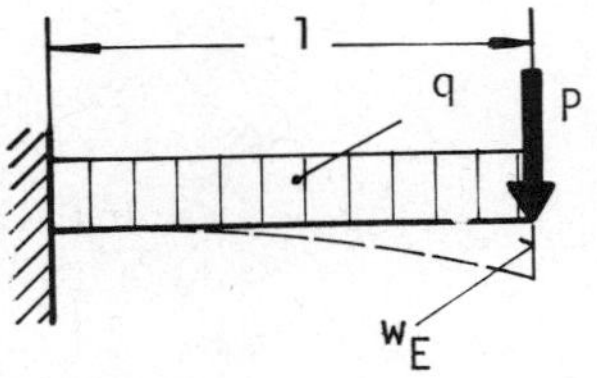

$$w_E = \frac{Pl^3}{3EJ_y} + \frac{ql^4}{8EJ_y}$$

I. Torsionsstab mit Kreis- oder Kreisringquerschnitt

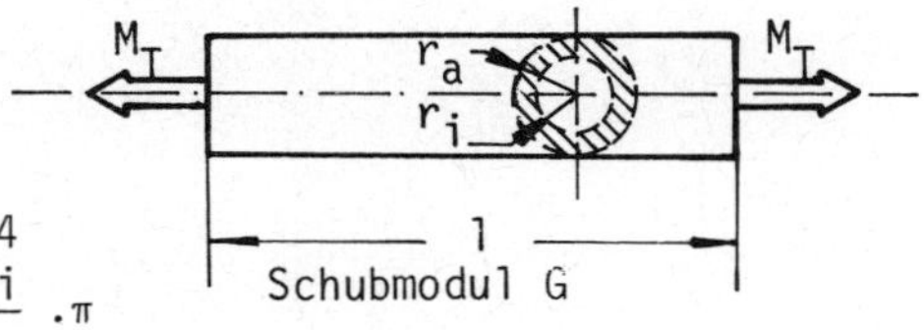

(I.1) Relativer Verdrehwinkel ψ der Endquerschnitte:

$$\psi = \frac{M_T l}{GJ_p} \quad \text{mit} \quad J_p = \frac{r_a^4 - r_i^4}{2} \cdot \pi$$

(I.2) Schubspannungsverteilung über den Querschnitt

$$\tau(r) = \frac{M_T}{J_p} \cdot r \qquad \text{für} \quad r_i \leq r \leq r_a$$

J. Federn mit linearen Kennlinien

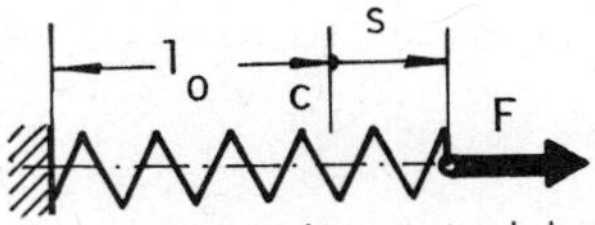

(J.1) Zug-, Druckfeder:

$$F = c.s$$

l_o...Länge der ungedehnten Feder

c....Federkonstante

(J.2) Ersatzfederkonstante c für den Zugstab (G.1):

$$c = \frac{E.f}{l_o} \text{ , damit Längskraft } \quad N = c.\Delta l$$

(J.3) Drehfeder (Torsionsfeder):

$$M_T = c_T.\psi$$

c_T...Drehfederkonstante

ψ ...relativer Verdrehwinkel gegen die entspannte Lage

M_T...Drehmoment

(J.4) Ersatzkonstante c_T für Torsionsstab (I.1):

$$c_T = \frac{G.J_p}{l} \text{ , damit } \quad M_T = c_T.\psi$$

K. Kinematik der Punktbewegung

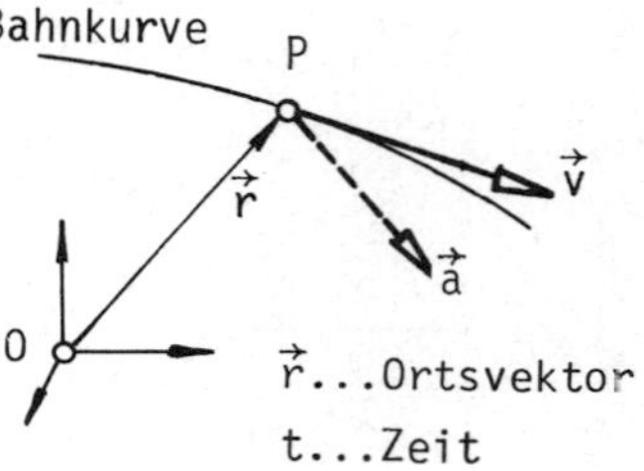

$\vec{r}$...Ortsvektor

t...Zeit

(K.1) Geschwindigkeit:

$$\vec{v}(t) = \frac{d\vec{r}}{dt} = \dot{\vec{r}}$$

(K.2) Beschleunigung:

$$\vec{a}(t) = \frac{d\vec{v}}{dt} = \frac{d^2\vec{r}}{dt^2} = \ddot{\vec{r}}$$

(K.3) Darstellung in natürlichen Koordinaten:

$$\vec{v} = v\,\vec{e}_t \qquad \text{mit } v = \frac{ds}{dt} = \dot{s}$$

$$\vec{a} = \frac{dv}{dt}\vec{e}_t + \frac{v^2}{\rho}\vec{e}_n =$$

$$= a_t\,\vec{e}_t + a_n\,\vec{e}_n$$

Schmiegebene σ an die Bahnkurve im Punkt P

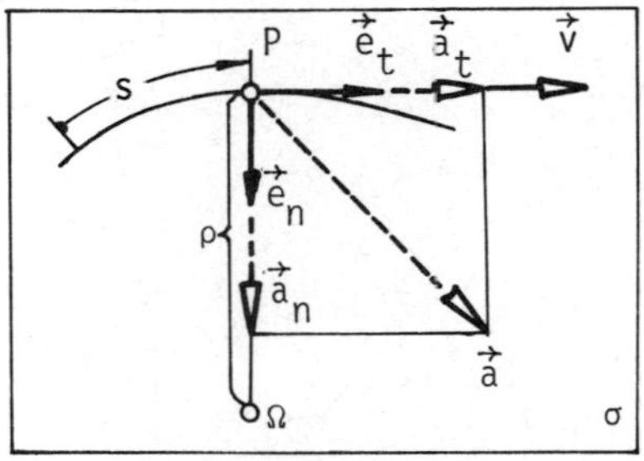

s...Bogenlänge

ρ...Krümmungsradius

$\vec{e}_t, \vec{e}_n$..Einheitsvektoren in der Schmiegebene

(K.4) Zeitfreie Gleichung:

$$a_t\,ds = v\,dv$$

(K.5) Darstellung in kartesischen Koordinaten x, y, z:

Ortsvektor: $\vec{r} = x\,\vec{e}_x + y\,\vec{e}_y + z\,\vec{e}_z$

Geschwindigkeit: $\vec{v} = \dot{x}\,\vec{e}_x + \dot{y}\,\vec{e}_y + \dot{z}\,\vec{e}_z$

Beschleunigung: $\vec{a} = \ddot{x}\,\vec{e}_x + \ddot{y}\,\vec{e}_y + \ddot{z}\,\vec{e}_z$

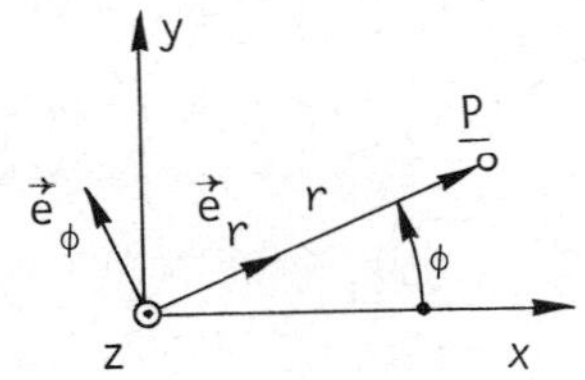

(K.6) Darstellung in Zylinderkoordinaten r, ϕ, z:

mit $\dot{\phi} = \omega$: $\dot{\vec{e}}_r = \omega\,\vec{e}_\phi$, $\dot{\vec{e}}_\phi = -\omega\,\vec{e}_r$

Ortsvektor: $\vec{R} = r\,\vec{e}_r + z\,\vec{e}_z$

Geschwindigkeit: $\vec{v} = \dot{\vec{R}} = \dot{r}\,\vec{e}_r + r\omega\,\vec{e}_\phi + \dot{z}\,\vec{e}_z$

$= v_r\,\vec{e}_r + v_\phi\,\vec{e}_\phi + v_z\,\vec{e}_z$

Beschleunigung: $\vec{a} = (\ddot{r} - r\omega^2)\vec{e}_r + (r\dot{\omega} + 2\dot{r}\omega)\vec{e}_\phi + \ddot{z}\,\vec{e}_z =$

$= a_r\vec{e}_r + a_\phi\,\vec{e}_\phi + a_z\vec{e}_z$

L. Kinematik des starren Körpers

Räumliche Bewegung:

(L.1) Geschwindigkeiten:

$$\vec{v}_P = \vec{v}_A + \vec{v}_{PA} = \vec{v}_A + (\vec{\omega} \times \vec{r}_{PA})$$

(L.2) Beschleunigungen:

$$\vec{a}_P = \vec{a}_A + \vec{a}_{PA} =$$
$$= \vec{a}_A + (\dot{\vec{\omega}} \times \vec{r}_{PA}) + \left[\vec{\omega} \times (\vec{\omega} \times \vec{r}_{PA})\right]$$

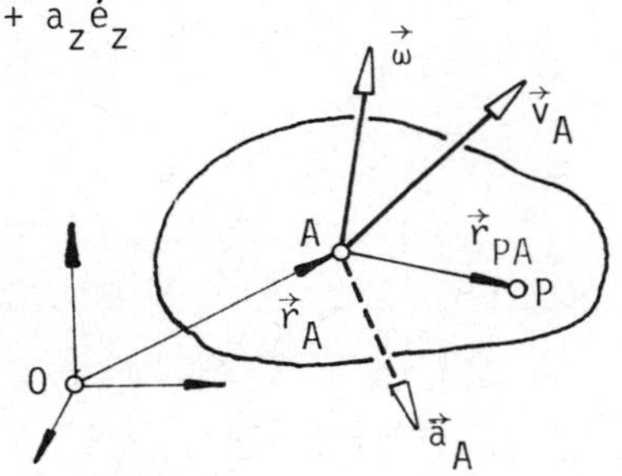

$\vec{\omega}$...Winkelgeschwindigkeitsvektor des starren Körpers

A,P..beliebige, körperfeste Punkte

Ebene Bewegung:

(L.3) Geschwindigkeiten:

$$\vec{v}_P = \vec{v}_A + \vec{v}_{PA}$$

$$\vec{v}_{PA} \perp \vec{r}_{PA},\quad v_{PA} = \omega r_{PA}$$

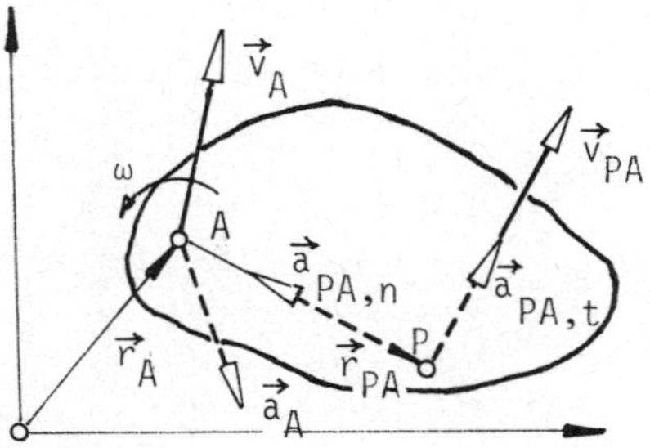

(L.4) Beschleunigungen:

$$\vec{a}_P = \vec{a}_A + \vec{a}_{PA} = \vec{a}_A + \vec{a}_{PA,t} + \vec{a}_{PA,n}$$

$$\vec{a}_{PA,n} \perp \vec{v}_{PA};\quad a_{PA,n} = \omega^2 r_{PA} = v_{PA}^2 / r_{PA}$$

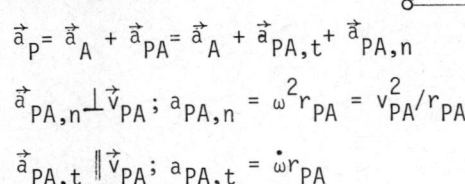

$$\vec{a}_{PA,t} \parallel \vec{v}_{PA};\quad a_{PA,t} = \dot{\omega} r_{PA}$$

Zur graphischen Behandlung der ebenen Kinematik:

die Zusammenhänge (L.3) und (L.4) werden graphisch dargestellt.

(L.5) Die Konfiguration des Lageplanes tritt geometrisch ähnlich im Geschwindigkeits- und Beschleunigungsplan auf.

(L.6) Ein betrachteter körperfester Punkt, der Krümmungmittelpunkt Ω seiner Bahnkurve und der Geschwindigkeitspol des Körpers liegen auf einer Normalen zur Geschwindigkeit des Punktes.

(L.7) Die Normalbeschleunigung $a_n = v^2/\rho$ wird nach dem Höhensatz konstruiert:

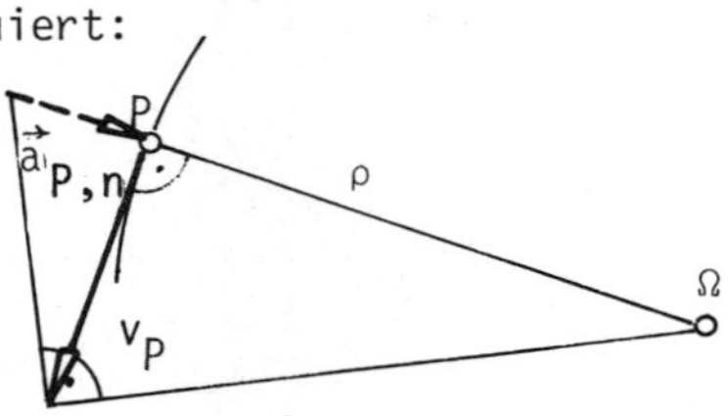

analog für $\vec{a}_{PA,n}$ $(\Omega \to A)$

M. Kinematik der Relativbewegung:

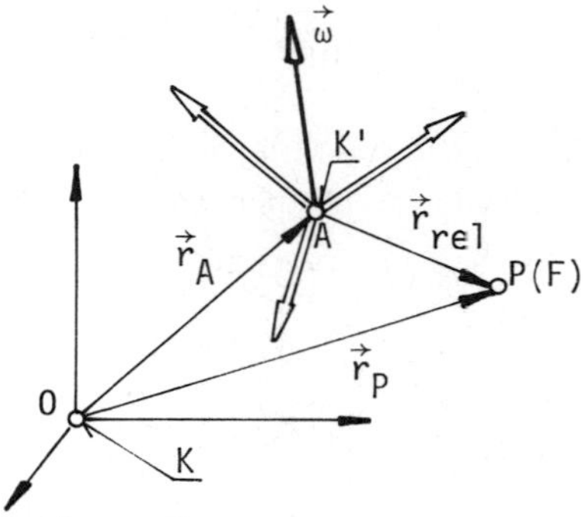

System K' bewegt sich mit $\vec{r}_A(t)$, $\vec{\omega}(t)$ im System K; Punkt P beliebig bewegt; F ist jener in K' feste Punkt, der sich im betrachteten Augenblick mit P deckt.

Im betrachteten Augenblick ist : $\vec{r}_{FA} = \vec{r}_{rel}$

Zeitliche Ableitungen : $\frac{d}{dt}$...bezüglich System K

$\frac{d'}{dt}$...bezüglich System K'

(M.1) Geschwindigkeit: $\vec{v}_P = \frac{d\vec{r}_P}{dt} = \vec{v}_F + \vec{v}_{rel}$

mit Führungsgeschwindigkeit: $\vec{v}_F = \vec{v}_A + \vec{v}_{FA} = \vec{v}_A + (\vec{\omega} \times \vec{r}_{rel})$

Relativgeschwindigkeit: $\vec{v}_{rel} = \frac{d'\vec{r}_{rel}}{dt}$

(M.2) Beschleunigung:

$$\vec{a}_P = \frac{d\vec{v}_P}{dt} = \vec{a}_F + \vec{a}_{rel} + \vec{a}_{cor}$$

mit Führungsbeschl.: $\vec{a}_F = \vec{a}_A + \vec{a}_{FA} = \vec{a}_A + (\frac{d\vec{\omega}}{dt} x \vec{r}_{rel}) + [\vec{\omega} x (\vec{\omega} x \vec{r}_{rel})]$

Relativbeschl.: $\vec{a}_{rel} = \frac{d'\vec{v}_{rel}}{dt}$

Coriolisbeschl.: $\vec{a}_{cor} = 2\vec{\omega} \times \vec{v}_{rel}$

Graphische Behandlung ebener Probleme

(M.3) Konstruktion der Coriolisbeschleunigung

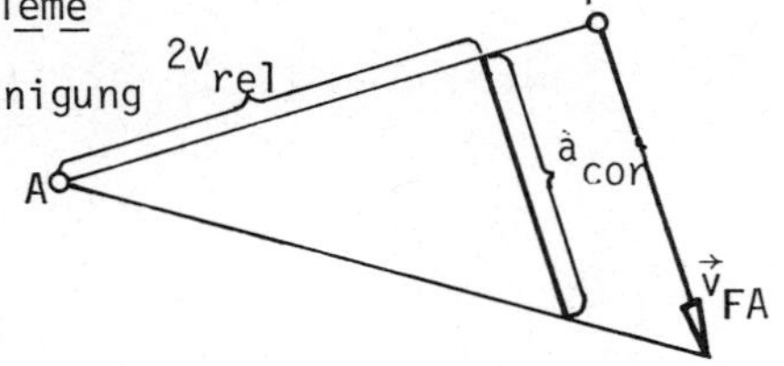

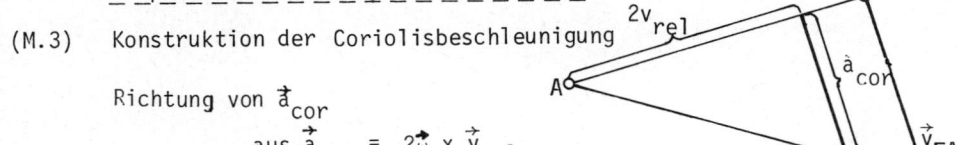

Richtung von $\vec{a}_{cor}$

aus $\vec{a}_{cor} = 2\vec{\omega} \times \vec{v}_{rel}$

N. Impuls, Schwerpunktsatz

(N.1) Impuls eines Körpers $\vec{p} = m\,\vec{v}_S$, $\vec{v}_S$ Geschwindigkeit des Schwerpunktes S

(N.2) In einem Inertialsystem gilt:

$$m\,\vec{a}_S = \sum_i \vec{F}_i$$

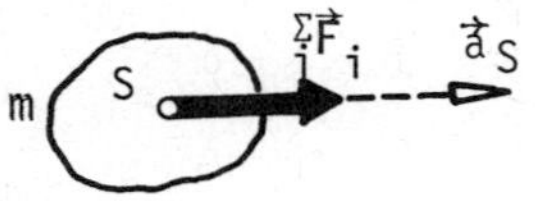

Masse mal Beschleunigung des Schwerpunktes eines Körpers ist gleich der Summe aller auf diesen Körper wirkenden Kräfte.
Dies gilt auch für ein System von Körpern und dessen Schwerpunkt.

P. Drall, Drallsatz

(P.1) Definition des Dralles bezüglich eines beliebig bewegten Punktes A

$$\vec{L}_A = \int (\vec{r}_{PA} \times \vec{v}_{PA})dm\,, \qquad \vec{v}_{PA} = \vec{v}_P - \vec{v}_A = \dot{\vec{r}}_{PA}$$

$$\vec{L}_A = \vec{L}_S + (\vec{r}_{SA} \times m\vec{v}_{SA})\,, \quad \vec{v}_{SA} = \vec{v}_S - \vec{v}_A = \dot{\vec{r}}_{SA}$$

S...Körperschwerpunkt

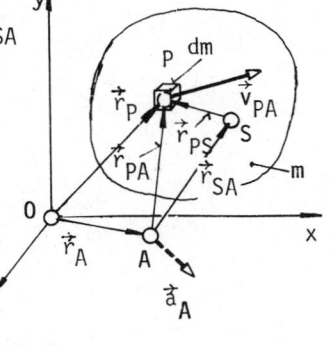

(P.2) Drallsatz bezüglich A

$$\frac{d\vec{L}_A}{dt} + (\vec{r}_{SA} \times m\,\vec{a}_A) = \sum_i \vec{M}_{i,A}$$

$\vec{a}_A$ ..Beschleunigung gegen Inertialsystem

$\frac{d}{dt}$...Ableitung bezüglich Inertialsystem

$\Sigma\vec{M}_{i,A}$..Summe der Momente aller Kräfte bezüglich A

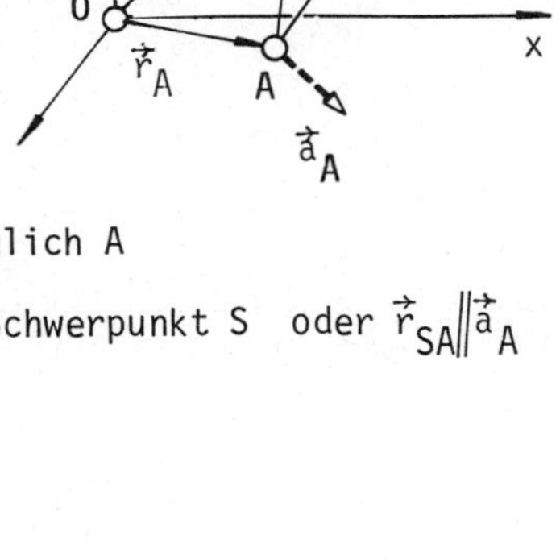

$(\vec{r}_{SA} \times m\,\vec{a}_A) = 0$ wenn A inertialfest oder Schwerpunkt S oder $\vec{r}_{SA} \parallel \vec{a}_A$

Drall, Drallsatz für den starren Körper

(P.3) Drall eines starren Körpers bezüglich eines körperfesten Punktes A

$$\begin{pmatrix} L_x \\ L_y \\ L_z \end{pmatrix}_A = \begin{pmatrix} I_x & -I_{xy} & -I_{xz} \\ -I_{xy} & I_y & -I_{yz} \\ -I_{xz} & -I_{yz} & I_z \end{pmatrix}_A \begin{pmatrix} \omega_x \\ \omega_y \\ \omega_z \end{pmatrix}$$

$\vec{\omega}$..Winkelgeschwindigkeit des Körpers in einem Inertialsystem

(P.4) Ebene Bewegung:

$$I_S \dot{\omega} = \sum_i M_{i,S}$$

I_S...Trägheitsmoment des Körpers um die Achse durch S normal zur Ebene.

$\sum_i M_{i,S}$...Summe der Momente aller auf den Körper wirkenden Kräfte um dieselbe Achse.

(P.5) Drehung um eine feste Achse a:

$$I_a \dot{\omega} = \sum_i M_{i,a}$$

analog zu (P.4), (P.4) gilt ebenfalls.

(P.6) Drallsatz in bezug auf ein Führungssystem, das mit der Winkelgeschwindigkeit $\vec{\Omega}$ in einem Interialsystem rotiert:

$$\frac{d\vec{L}_A}{dt} = \frac{d'\vec{L}_A}{dt} + (\vec{\Omega} \times \vec{L}_A) = \sum_i \vec{M}_{i,A}$$

$\frac{d'}{dt}$...zeitliche Ableitung im Führungssystem

A... Schwerpunkt oder inertialfester Punkt

(P.7) EULERsche Kreiselgleichungen für die körperfesten Trägheitshauptachsen 1, 2, 3 als Führungssystem entsprechend (P.6)

$$I_1\dot{\omega}_1 - (I_2 - I_3)\omega_2\omega_3 = M_1$$
$$I_2\dot{\omega}_2 - (I_3 - I_1)\omega_3\omega_1 = M_2$$
$$I_3\dot{\omega}_3 - (I_1 - I_2)\omega_1\omega_2 = M_3$$

mit $\vec{\omega}$...Winkelgeschwindigkeit des Körpers (≡1,2,3-System) in einem Inertialsystem

Q. Lineare Schwingungen

(Q.1) Ungedämpfte freie Schwingung:

Form der Differentialgleichung: $\ddot{x} + \omega^2 x = 0$

Lösungsansatz: $x(t) = C_1 \cos\omega t + C_2 \sin\omega t$

oder : $x(t) = A \cos(\omega t - \varepsilon)$

Zusammenhänge:

$\omega = 2\pi f$ — ω...Kreisfrequenz $[s^{-1}]$

$f = 1/\tau$ — f...Frequenz $[s^{-1}]$

τ...Schwingungsdauer [s]

(Q.2) Gedämpfte, freie Schwingung:

Form der Differentialgl.: $\ddot{x} + 2\lambda\dot{x} + \omega^2 x = 0$

Lösungsansatz: $x(t) = e^{-\lambda t}(C_1 \cos\mu t + C_2 \sin\mu t)$

oder: $x(t) = Ae^{-\lambda t}\cos(\mu t-\varepsilon)$

mit $\mu=\sqrt{\omega^2-\lambda^2}$ reell, $\mu = 2\pi f = 2\pi/\tau$ analog (Q.1)

(Q.3) Gedämpfte, erzwungene Schwingung:

Form der Differentialgl.: $\ddot{x} + 2\lambda\dot{x} + \omega^2 x = S_o + S_1\cos\Omega t + S_2\sin\Omega t$

Lösungsansatz: $x(t) = x_h(t) + x_p(t)$

$x_h(t)$...Lösung der homogenen Differentialgl. nach (Q.2)
$x_p(t)$...partikuläre Lösung

Der Ansatz: $x_p(t) = K_o + K_1\cos\Omega t + K_2\sin\Omega t$

liefert: $K_o = S_o/\omega^2$

$$K_1 = \frac{S_1(\omega^2-\Omega^2) - 2\lambda\Omega S_2}{(\omega^2-\Omega^2)^2 + (2\lambda\Omega)^2}$$

$$K_2 = \frac{2\lambda\Omega S_1 + (\omega^2-\Omega^2)S_2}{(\omega^2-\Omega^2)^2 + (2\lambda\Omega)^2}$$

Der Ansatz: $x_p(t) = A\cos(\Omega t-\eta) + K_o$

liefert: $A = \sqrt{K_1^2 + K_2^2}$, $\tan\eta = K_2/K_1$ $K_o=S_o/\omega^2$

R. Arbeit, kinetische Energie, Leistung; Arbeitssatz

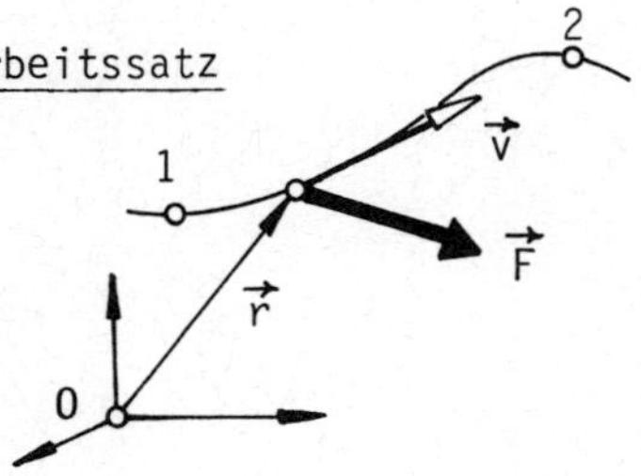

(R.1) Arbeit W einer Einzelkraft $\vec{F}$:

$d W=\vec{F}.d\vec{r}$ $\qquad W\Big|_1^2 = \int_1^2 \vec{F}.d\vec{r} = \int_1^2 \vec{F}.\vec{v}.dt$

(R.2) Kinetische Energie (Bewegungsenergie):

$E_{kin} = \frac{1}{2}\int v^2 dm$

Starrer Körper

Für Schwerpunkt S und Trägheitsmoment I_a um die momentane Drehachse a durch S:

$E_{kin} = mv_S^2/2 + I_a\omega^2/2$

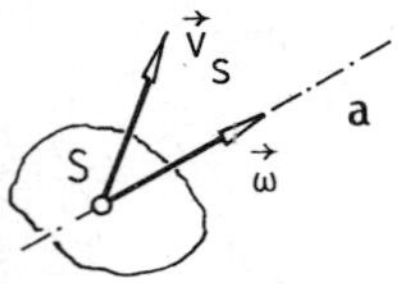

Für Schwerpunkt S und kartesische Koordinaten:

$E_{kin} = mv_S^2/2 + \frac{1}{2}(I_x\omega_x^2+I_y\omega_y^2+I_z\omega_z^2-2I_{xy}\omega_x\omega_y-2I_{yz}\omega_y\omega_z-2I_{zx}\omega_z\omega_x)$

Für feste Drehachse a:

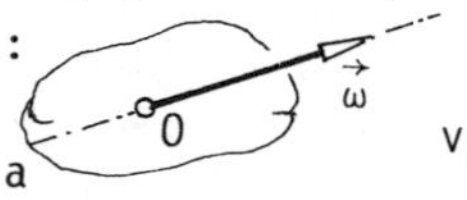

$E_{kin} = I_a\omega^2/2$ $\qquad v_0 = 0$

(R.3) Leistung P: $P = \frac{dW}{dt}$, W...Arbeit gemäß (R.1)

Einzelkraft $\vec{F}$: $P = \vec{F}.\vec{v}$

Kräftepaar: $P = \vec{M}.\vec{\omega}$ $\qquad \vec{M}$...Momentenvektor des Kräftepaares

$\vec{\omega}$...Winkelgeschwindigkeit des Körpers

(R.4) Arbeitssatz: für zwei Bewegungszustände 1, 2 eines Systems in einem Inertialsystem gilt:

$E_{kin,2} - E_{kin,1} = W\Big|_1^2$ $\qquad E_{kin}$ gemäß (R.2), W gemäß (R.1)

S. Potentielle Energie, Energiesatz

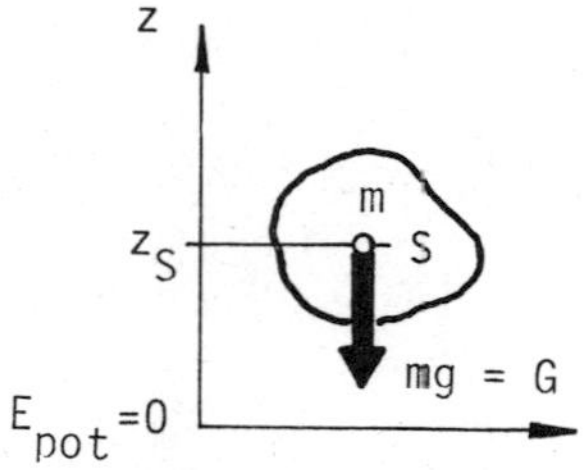

(S.1) Potentielle Energie E_{pot} einer Masse m im "homogenen Schwerefeld":

$E_{pot} = mg.z_S$

$z_S = 0$ beliebiges Niveau

(S.2) Potentielle Energie E_{pot} einer linearen Feder:

$E_{pot} = cs^2/2$ $\qquad$ Bezeichnungen siehe (J.1)

bzw. Drehfeder

$E_{pot} = c_T.\psi^2/2$ $\qquad$ Bezeichnungen siehe (J.3)

(S.3) Energiesatz: für ein bewegtes System von Körpern unter dem Einfluß nur konservativer Kräfte:

$E_{kin} + E_{pot} = E = \text{konst.}$

Die Summe aus kinetischer Energie und potentieller Energie des Systems ist während der Bewegung konstant.

T. Idealisierte Gesetze für den reibungsfreien Stoß

Näherung: über die Stoßdauer keine Lageänderung, aber plötzliche Änderung des Bewegungszustandes. Stoßantrieb in Richtung der gemeinsamen Flächennormalen der Stoßstelle. Die kontinuierlich wirkenden Kräfte (Gewicht, Federkraft, ...) werden während des Stoßes vernachlässigt.

(T.1) Für jeden Stoßpartner gilt:

$$m_i \vec{v}_s' - m_i \vec{v}_s = \sum_i \vec{S}_i$$

Impuls nach dem Stoß minus Impuls vor dem Stoß ist gleich der Summe der auf den Körper wirkenden Stoßantriebe $\vec{S}_i$.

$$\vec{L}_A' - \vec{L}_A = \sum_j (\vec{r}_{jA} \times \vec{S}_j)$$

Drall nach dem Stoß minus Drall vor dem Stoß ist gleich der Summe der Momente der auf den Körper wirkenden Stoßantriebe bezüglich A.

A...Schwerpunkt oder inertialfester Punkt.

(T.2) Vollkommen elastischer Stoß:
Bewegungsenergie des Systems bleibt beim Stoß erhalten:

$$E_{kin}' = E_{kin} \qquad \text{(entspricht Stoßziffer k=1)}$$

(T.3) Vollkommen unelastischer Stoß:
Unmittelbar nach dem Stoß keine Relativgeschwindigkeit der Kontaktstellen in Richtung des Stoßantriebs der beiden Stoßpartner. (entspricht Stoßziffer k=0)

Franz Ziegler

Technische Mechanik der festen und flüssigen Körper

Zweite, verbesserte Auflage

1992. Etwa 335 Abb. Etwa 570 Seiten.
Broschiert DM 85,–, öS 595,–
Hörerpreis: öS 476,–
ISBN 3-211-82335-2

Preisänderungen vorbehalten

Dieses Lehrbuch bietet eine einheitliche Darstellung der Theorien und der praktischen Entwurfsgrundlagen, die allen Zweigen der Festkörper- und Strömungsmechanik gemeinsam sind. Der Aufbau dieses Werkes sollte für den fortgeschrittenen Studenten und den praktisch tätigen Ingenieur ebenso ansprechend sein wie für den beginnenden Ingenieurstudenten. Es kann mit Vorteil als begleitende Lektüre für Vorlesungen über Statik, Dynamik, Festigkeitslehre, Hydromechanik und Kontinuumsmechanik eingesetzt werden. Das grundlegende Wissen aus der Angewandten Mechanik und die aufgezeigten Verbindungen ihrer Teilgebiete könnten helfen, die Herausforderungen, die der Ingenieurgesellschaft durch die moderne Welt der Hochtechnologie erwachsen, zu bewältigen. Nach der erweiterten englischen Fassung dieses Lehrbuches, die unter dem Titel *Mechanics of Solids and Fluids* im Springer-Verlag New York 1991 erschienen ist, stellt die vorliegende zweite Auflage eine korrigierte und um zwei Anhänge erweiterte Fassung der ersten 1985 erschienenen Auflage dar.

Springer-Verlag Wien New York

Heinz Parkus

Mechanik der festen Körper

Vierter, unveränderter Nachdruck 1988
der 2., neubearbeiteten und um 123 Aufgaben erweiterten Auflage

1988. 281 Abbildungen.
X, 368 Seiten
Geheftet DM 70,–, öS 490,–
ISBN 3-211-80777-2

Preisänderungen vorbehalten

Aus den Besprechungen zur zweiten Auflage:

„Verglichen mit anderen Darstellungen der Mechanik des festen Körpers mit ähnlichem Stoffumfang unterscheidet sich das vorliegende Buch vor allem darin, daß mit verhältnismäßig wenig Seiten ein recht großes Gebiet erfaßt wird. Der Verfasser erreicht diese Konzentration durch eine vom Üblichen abweichende Stoffaufteilung und die Herleitung der Grundgesetze für Massenpunkte und starre Körper aus den allgemeinen Prinzipien für deformierbare Körper. Ferner werden neben den für gewöhnlich in einem Mechanikkurs vorausgesetzten Mathematikkenntnissen hier bereits im ersten Viertel Sätze aus der Vektoranalysis herangezogen. Die dadurch erreichte Staffelung des Stoffes ermöglicht es, im Rahmen der nur 368 Seiten sich mit Gebieten zu befassen, die sonst fast ausschließlich in der den betreffenden Gegenständen gewidmeten Spezialliteratur zu finden sind ...“

ZAMP Zeitschrift für angewandte Mathematik und Physik

„... Das Druckwerk umfaßt die theoretischen Grundlagen mit einer sehr breiten Anwendung, so daß den Studierenden des Maschinenbaues und der Technischen Physik sowie dem Praktiker ein sehr interessantes wie nützliches Buch über Festkörpermechanik in die Hand gegeben wird.“

ZAMM Zeitschrift für angewandte Mathematik und Mechanik

Springer-Verlag Wien New York

K. Desoyer, P. Kopacek,
N. Girsule, R. Probst

Mechanik auf dem Bildschirm - mit dem C 64

1988. 278 Abbildungen. IX, 230 Seiten
mit einer Programmdiskette für C 64.
Gebunden DM 85,–, öS 590,–
ISBN 3-211-82085-X

Preisänderungen vorbehalten

In der Kombination von Lehrbuch und Programmdiskette wird hier ein neuer Weg beschritten:
Der an der Mechanik Interessierte hat die Möglichkeit, die wesentlichen Grundlagen dieses Fachgebietes mit seinem C 64 an Hand ausgewählter Beispiele einzuüben und zu vertiefen. Diejenigen, die vor allem am Rechner selbst und seinen Anwendungsmöglichkeiten interessiert sind, können so ihr Gerät sinnvoll und effizient einsetzen. Die Gestaltung der Programme bietet darüber hinaus Möglichkeiten zur spielerischen Auflockerung der Lerneinheiten.

Es werden die wesentlichen Grundlagen aus den Teilgebieten Statik, Festigkeitslehre, Kinematik und Kinetik innerhalb des Fachgebiets der Mechanik enzyklopädisch erläutert. Der Bogen spannt sich dabei von der einführenden Mechanik innerhalb des Physikunterrichts in der Oberstufe der Gymnasien über die spezielle Mechanik, wie sie an Technischen Höheren Schulen unterrichtet wird, bis hin zu den einführenden Mechanik-Vorlesungen an den Technischen Universitäten.

Die Programmbeschreibungen wurden so aufgebaut, daß auch „Neueinsteiger“ keine Probleme damit haben werden.

Springer-Verlag Wien New York